U0166244

人工智能
基础与进阶
（Python编程）

周 越 编著

上海交通大学出版社
SHANGHAI JIAO TONG UNIVERSITY PRESS

内容提要

本书为一本 Python 初级入门教程，主要为初学者介绍了当前人工智能发展中使用最为广泛的计算机编程语言——Python 语言的基础知识。本书分 Python 语言基础篇和 Python 语言应用篇，介绍了 Python 语言的编写规范和 Python 的发展历史，同时还介绍了有关人工智能领域相关功能库的安装和使用方法，并提供了一些配套的实战练习。本书与《人工智能基础与进阶》共同形成一套适合人工智能初学者的教材，同时也适合广大对人工智能相关领域感兴趣的读者。

图书在版编目(CIP)数据

人工智能基础与进阶：Python 编程 / 周越编著. —
上海：上海交通大学出版社，2020
ISBN 978 - 7 - 313 - 23523 - 7

Ⅰ.①人… Ⅱ.①周… Ⅲ.①人工智能—教材②软件
工具—程序设计—教材 Ⅳ.①TP18②TP311.561

中国版本图书馆 CIP 数据核字(2020)第 128630 号

人工智能基础与进阶(Python 编程)
RENGONG ZHINENG JICHU YU JINJIE (Python BIANCHENG)

编　　著：周　越
出版发行：上海交通大学出版社　　地　　址：上海市番禺路 951 号
邮政编码：200030　　电　　话：021 - 64071208
印　　制：上海万卷印刷股份有限公司　　经　　销：全国新华书店
开　　本：787 mm×1092 mm　1/16　　印　　张：14.75
字　　数：301 千字
版　　次：2020 年 8 月第 1 版　　印　　次：2020 年 8 月第 1 次印刷
书　　号：ISBN 978 - 7 - 313 - 23523 - 7
定　　价：54.00 元

前　言

本书与《人工智能基础与进阶》共同形成一套面向人工智能初学者的基础与实践教材。为了能够使读者对人工智能学习有更多的兴趣且易于理解，作者在这两本书中试图尽可能少地使用过于专业的数学知识进行讲解。然而，在人工智能这门学科中，对概率、逻辑、统计和代数等数学知识的学习是不可避免的，因此作者将《人工智能基础与进阶》一书中的部分内容设定为拓展阅读部分，以便读者在掌握了更深入的知识之后再对这些内容做详尽的阅读和深入的理解。

与本书配套的《人工智能基础与进阶》分基础篇和进阶篇。从难易程度来讲，进阶篇中涉及数学知识的章节较难，因此对于读者的基础知识要求略高一些。考虑到读者的年龄与知识背景的不同，以及编写此教材的初衷，作者已尽可能做到深入浅出。作者并不想将本书设定为一本晦涩难懂的教科书，而是希望读者在阅读了本书之后能够对人工智能形成一个初步的概念，并且对这个领域产生兴趣，进而积极主动地去系统学习该领域相关的理论知识。人工智能是一门发展极其迅速且内容丰富的学科，其众多分支领域都值得大家深入探索和学习。下面较为详尽地介绍一下本套教材的章节安排。

在《人工智能基础与进阶》基础篇中，第 1 章主要介绍人工智能的发展概况，包括人工智能的定义、发展历史、发展现状以及对人工智能未来的探讨；第 2 章主要介绍了人工智能的首次“出现”，为何今天提到人工智能总会与计算机联系在一起？人工智能何以走到今天，它的发展脉络又是什么？这些问题都将在这一章中进行探讨；如果我们想将一台计算机打造得像人一样，那么首先要使其像人一样拥有感官系统。如何让冰冷的计算机像人一样做到对环境的感知是第 3 章将要探讨的话题；第 4 章将承接第 3 章的内容，在计算机能够获取环境信息之后，如何检测简单的直线和圆成为这一章讨论的重点话题，此技术最终也将应用到交通场景中的车道检测和交通标志的检测；第 5 章将介绍三种基本搜索策略；第 6 章将介绍一种包含了摄像头、麦克风、激光雷达以及受计算机控制的执行机构的微缩智能车，结合之前章节所学的内容为其赋予一定的“智能”，从而达到实验目标。

在进阶篇中，第 7 章主要介绍了“大数据”这个近期的热点之一，梳理其与人工智能的脉络关系，让读者对大数据有较为清晰的认识；第 8 章主要介绍知识推理，如何使人类的知识表达与推理模式转化为计算机能够存储、运用和理解的知识与演绎推理机制？这个问题将在这一章节进行探讨；第 9 章针对人工智能领域中最常见的分类与回归问题，分别介绍了几种常用模型。前者可以理解为“使用计算机为某个事物打上一个标签”。而后者，即回归模型就是用来描述某个事件与影响它的因素之间关系的模型。这两种方法的思想脉络将贯穿人工智能的学习和发展；第 10 章将重点介绍深度学习网络，为读者呈现出深度神经网络的完整架构；第 11 章将目光投放于人工智能的应用场景——感知信息处理。对语音信息和图像信息的分析与处理是计算机学科中人机交互领域无法逃离的必经之路；第 12 章将结合实践平台和理论知识，指导读者亲自动手完成有挑战性的基于交通标志牌识别的微缩车自动巡航任务，并了解人工智能在计算机视觉中的一些前沿任务和实际效果。

本书为 Python 初级入门教程，主要为初学者介绍了当前人工智能发展中使用最为广泛的计算机编程语言——Python 语言的基础知识。本书分 Python 语言基础篇和 Python 语言应用篇，介绍了 Python 语言的编写规范和 Python 的发展历史，同时还介绍了有关人工智能领域相关功能库的安装和使用方法，并提供了一些配套的实战练习。更重要的是，本书配合《人工智能基础与进阶》书中涉及的人工智能和信息处理的主要算法介绍了 Python 语言的程序设计和使用方法，以便帮助初学者能够快速尝试实践，体会“人工智能”的魅力。

人工智能经过几十年的发展已经成为一门内容丰富的学科，其众多分支领域都值得广大学者认真钻研和理解。作者在编写本套教材的过程中也时刻保持着学习的心态，由于精力和时间所限，书中如若出现错谬之处，还望广大读者告知，不胜感谢。

编　者

2020 年 5 月

目　录

Python 语言基础

Python 语言应用

Python 语言基础

第 *1* 章　Python 的介绍

1.1　Python 的起源与兴起

荷兰工程师吉多·范·罗苏姆(Guido Van Rossum)在 1989 年创立了 Python 编程语言,因此被称为"Python 之父"(见图 1-1)。而"Python"取自英国肥皂剧"巨蟒剧团之飞行马戏团"(Monty Python's Flying Circus),吉多之所以选择用 Python 作为这个编程语言的名字,是因为他实在太喜欢这部肥皂剧了!

图 1-1　Python 之父

图 1-2　Python 编程语言的标志

Python 一词的意思指"大蛇"或是"巨蟒",从图 1-2 所示的标志可以看出来是由两条对称的蛇组成,设计感十足! 由于其通用的性质,Python 语言被广泛用于各种任务,包括 Web 开发、机器学习和数据分析等应用。随着人工智能的兴起,Python 语言也开始受到关注,尤其自 2018 年以后越来越受欢迎。Python 是一种高级面向对象的解释型计算机程序设计语言，具有丰富和强大的库。它已经成为继“Java”“C++”之后的第三大计算机编程语言。

表1-1和表1-2分别列出了2018年和2020年统计得到的几种增长较快的编程语言，也称为PYPL流行程式指数图。PYPL指数是指根据编程语言的相关教程在Google被搜索的热度来分析并确定的值。由表1-1和表1-2可以看出Python语言的占比和上升趋势遥遥领先其他编程语言，可以说是近年来最受欢迎的程序语言！

表1-1　增长较快的几种编程语言(2018年5月)

排　名	变　化	编 程 语 言	占比/%	趋势/%
1	↑	Python	22.8	+5.5
2	↓	Java	22.5	−0.7
3	↑↑	Javascript	8.57	+0.2
4	↓	PHP	8.33	−1.6
5	↓	C#	7.87	−0.7
6	-	C/C++	6.26	−1.2
7	↑	R	4.22	+0.2
8	↓	Objective-C	3.56	−1.0
9	-	Swift	2.8	−0.7
10	-	Matlab	2.33	−0.4

表1-2　增长较快的几种编程语言(2020年1月)

排　名	变　化	编 程 语 言	占比/%	趋势/%
1	-	Python	31.6	+4.3
2	-	Java	17.67	−2.4
3	-	Javascript	8.02	−0.2
4	-	C#	6.87	−0.4
5	-	PHP	6.02	−0.9
6	-	C/C++	5.69	−0.2
7	-	R	3.86	−0.1
8	-	Objective−C	2.5	−0.3
9	-	Swift	2.24	−0.1
10	↑	TypeScript	1.86	+0.2

1.2　Python 的优点与应用领域

相对于其他语言，Python 具有简单易学、可移植、可扩展、可嵌入、丰富的库、免费开源等特点，Python 的难度低于 Java，更适合编程初学者。Python 的主要优点如下：

（1）简单易懂，使用者可以把注意力放在问题上，不用花费太多精力在程序语法上。

（2）开放原始码，因而拥有大量的使用者，这使得 Python 发展速度快且更加完善。

（3）兼容性好，Python 可兼容多种平台，方便使用者进行跨平台设计。

（4）有众多的库可供使用，这让 Python 的应用十分广泛且开发效率非常高。

Python 的应用领域主要包括图形界面、网络爬虫、开发网站、数据库、科学领域、数据挖掘、大数据分析、人工智能、机器学习、深度学习等。

1.3　Python 的安装

Python 是一种跨平台的编程语言，在主要的操作系统，如 Windows、Mac OS、Linux 等都可以安装和使用。Python 的官方网站是：https://www.python.org/，如图 1-3 所示。

*读者也可以使用 Anaconda，它是一种基于 Python 语言的软件包，涵盖了数据科学领域常见的 Python 库，并且自带了 conda 管理系统用来解决环境依赖问题。

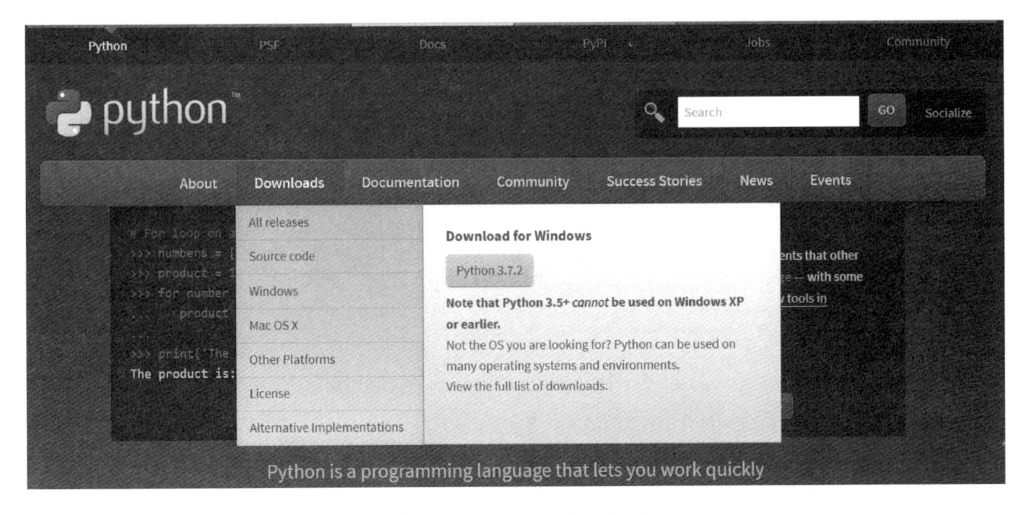

图 1-3　Python 官方网站

1. 版本的差异和选择

Python 共有两种版本：2.x 与 3.x 版本。Python 2.7x 已经被确定为最后一个

* numpy 科学计算库和 Django 网页开发框架等已经发布了不再支持更新 Python 2.x 的消息。

2.x的版本,而 Python 3.x 仍在持续更新,本书使用的是 Python 3.6.5 版本。2.x 与 3.x两种版本的差异不小,建议读者使用 Python 3.x 版本,除非有特定的需求可选择 Python 2.x 版本。

2. 在 Windows 系统上安装 Python

第一步:如图 1-4 所示,在 Python 官方网站的下载区域中选取“Windows”。

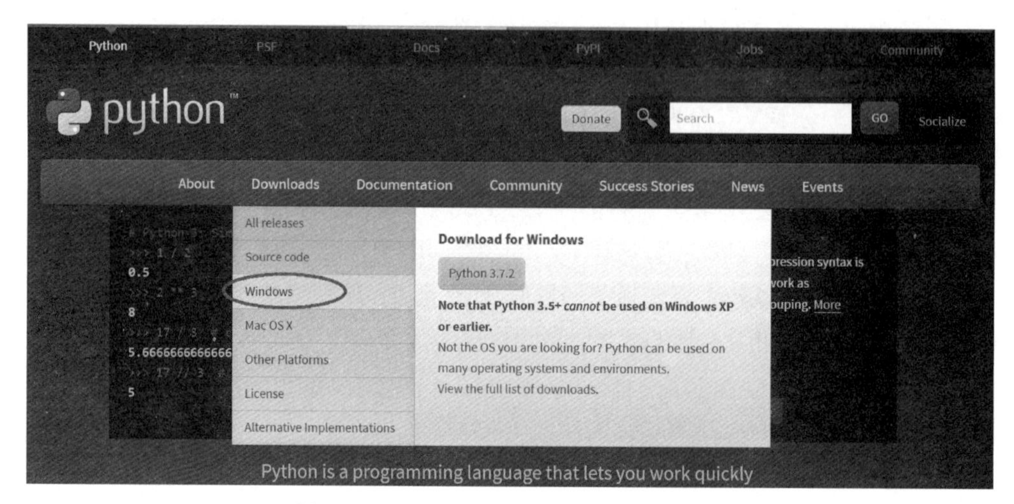

图 1-4　Python 的 Windows 版本下载位置

第二步:选择想要安装的 Python 版本(本书使用 Python 3.6.5),然后如图 1-5 所示根据自己的计算机操作系统选取相应的安装版本(建议下载 executable installer),接着等待下载完成。

- Python 3.6.5 - 2018-03-28
  - Download Windows x86 web-based installer
  - Download Windows x86 executable installer
  - Download Windows x86 embeddable zip file
  - Download Windows x86-64 web-based installer
  - ✓ Download Windows x86-64 executable installer
  - Download Windows x86-64 embeddable zip file
  - Download Windows help file

windows 32 位版本

windows 64位版本

图 1-5　Python 的 Windows 版本选择

第三步:打开已下载的安装包(见图 1-6),并且进行安装操作。

第四步:如图 1-7 所示,勾选“Add Python 3.6 to PATH”,将 Python 添加到系统的路径中,接着点击“Customize installation”。

第五步:如图 1-8 所示,直接单击 Next 进行下一步。

第六步:如图 1-9 所示,自行选择 Python 安装路径,也可以直接选择预设路径。等待安装的过程,然后画面出现“successful”就完成 Python 的安装了。

图 1－6　Python 的 Windows 安装包图例

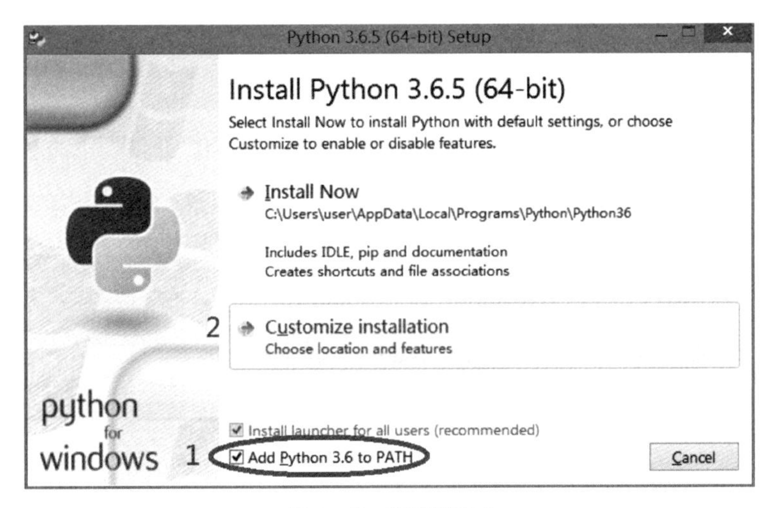

图 1－7　安装界面 1

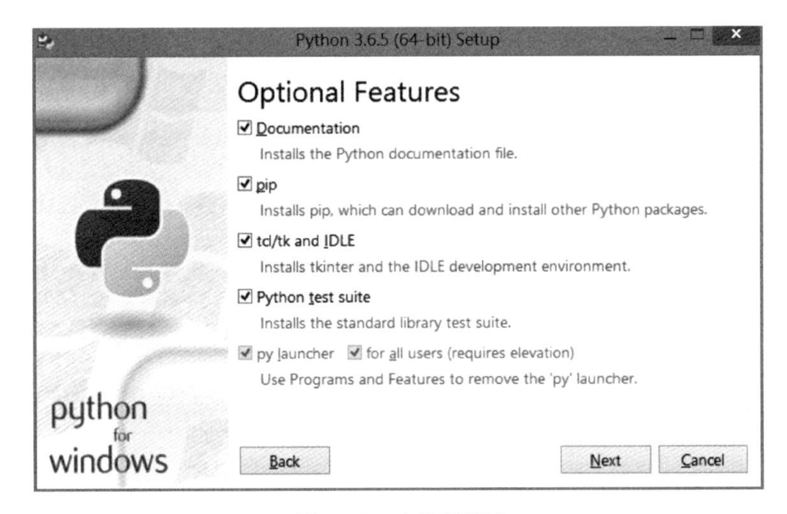

图 1－8　安装界面 2

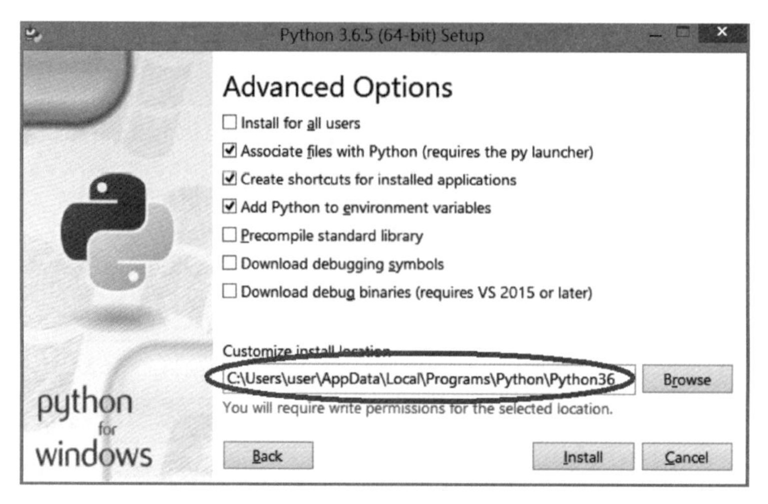

图 1-9 选择安装路径

* cmd 是 command 的缩写,即命令提示符。命令提示符是在操作系统中提示进行命令输入的一种工作符。

第七步:如图 1-10 所示,检查安装是否成功,在"开始"工具列下方搜寻处输入"cmd",选择"cmd.exe"选项,开启 cmd 系统命令执行程序。

图 1-10 开启 cmd 检查安装是否成功

第八步:在 cmd 窗口上,输入 python 后按下回车键,输出与图 1-11 所示相同,表示系统已经成功安装 Python。

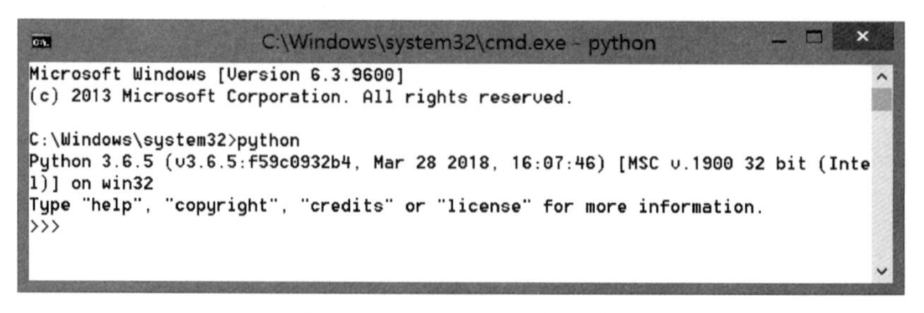

图 1-11 界面显示已安装成功

第九步：如图 1－12 所示，在工具列中可以查看已经安装成功的 Python 3.6。我们将在第 2 章中使用其中的“IDLE”开始编写 Python 代码。

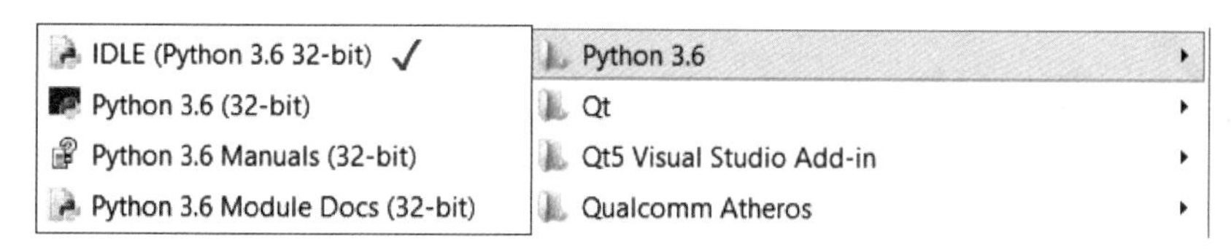

图 1－12　工具列中显示 Python 3.6

第2章　第一个 Python 程序

2.1　使用 IDLE 编辑器

* Python 有多种编辑器，如 Pycharm、Spyder、Vim 和 VScode 等。每种编辑器都有其各自的优缺点。本书使用 IDLE 编辑器来帮助读者学习基础的 Python 语言。

Python 安装完成后，点击 Python 自带的集成开发环境 IDLE 编辑器(见图 2－1)就可以开始写 Python 代码了。下面我们通过简单的代码编写来感受一下 Python 的魅力。

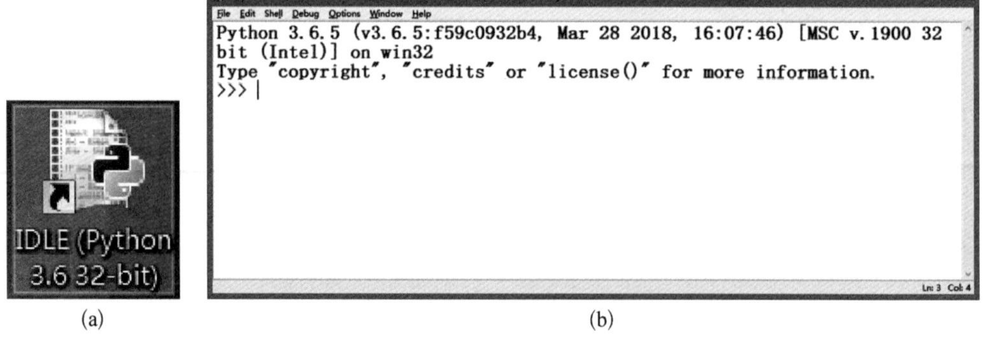

(a)　　　　(b)

图 2－1　IDLE 图标(a)和 IDLE 编辑器界面(b)

2.2　数值计算

在 IDLE 界面窗口中“＞＞＞”后开始编写代码，写完代码后按下回车键开始运行。

示例：如图 2－2 所示，输入 2+3 后按下回车键，执行完会输出 5。

```
Python 3.6.5 Shell
File Edit Shell Debug Options Window Help
Python 3.6.5 (v3.6.5:f59c0932b4, Mar 28 2018, 16:07:46) [MSC v.1900 32
bit (Intel)] on win32
Type "copyright", "credits" or "license()" for more information.
>>> 2+3
5
>>> |
Ln: 5 Col: 4
```

图 2－2　执行加法计算

2.3　Hello Python!

除了可以进行数值计算，Python 又如何输出字串呢？与 C 语言和 C++语言方法十分类似，Python 使用 print( )函数，并在函数中输入参数。

示例：如图 2－3 所示，输入 print(“Hello Python”)后按下回车键，执行完后会输出字串。

* 在编程的过程中，避免使用中文输入法中的“”‘’：！（）等符号，否则会导致编辑器报错。

```
Python 3.6.5 Shell
File Edit Shell Debug Options Window Help
Python 3.6.5 (v3.6.5:f59c0932b4, Mar 28 2018, 16:07:46) [MSC v.1900 32
bit (Intel)] on win32
Type "copyright", "credits" or "license()" for more information.
>>> print("Hello Python!")
Hello Python!
>>> |
Ln: 5 Col: 4
```

图 2－3　执行字串输出

2.4　Python 文件的建立、存储、执行与开启

以上的示例都是在“Python Shell”中直接运行的，如果每次都要重新运行是非常麻烦的，因此在编程设计的过程中，我们需要建立 Python 文件(文件后缀名为.py)方便程序的编写。

2.4.1　文件的建立

如图 2－4 所示，在 Python Shell 窗口中单击功能列 File/New File，建立一个空白的 Python 文件。

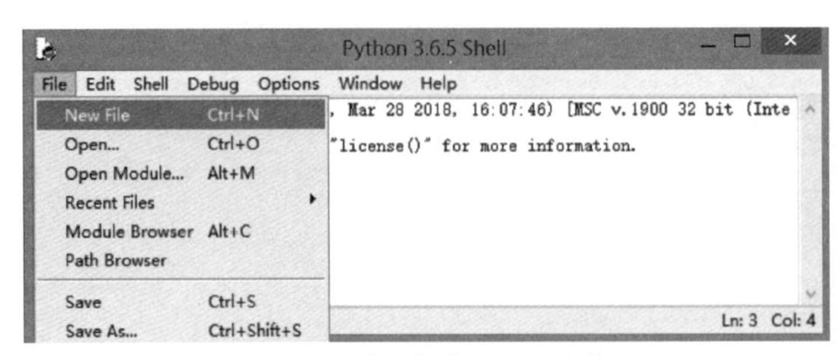

图 2 - 4　建立新的 Python 文件

单击完后会建立一个新的空白文件窗口，预设命名为 Untitled(见图 2 - 5)，接着可以直接输入代码，编辑完成后，必须先存储文件才能执行。

* 注意：要区分中文输入法中的括号()与英文输入法中的括号()，以免编辑器报错。

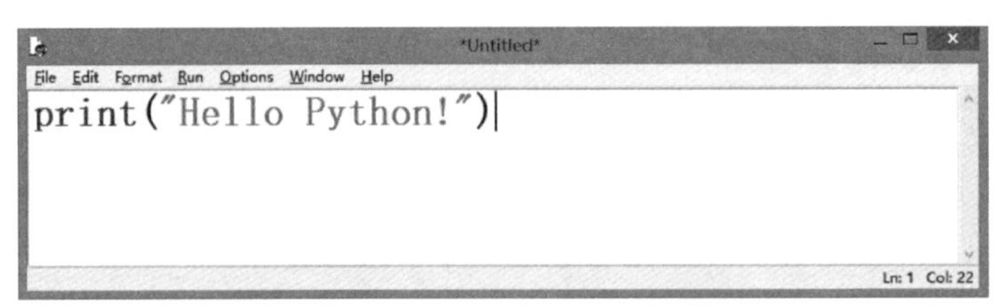

图 2 - 5　预设命名，然后输入代码

2.4.2　文件的存储

代码编辑完成后，单击功能列 File 中的“Save As”存储文件，如图 2 - 6 所示。

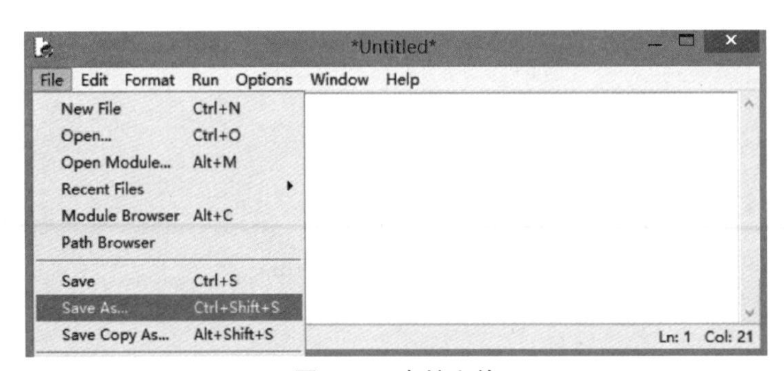

图 2 - 6　存储文件

如图 2 - 7 所示，单击后会出现另存文件的窗口，选择存储位置并命名文件，然后单击“保存”键。

单击保存键后，原来的 Untitled 文件窗口显示更改后的新的设定名称并显示存储位置(见图 2 - 8)。

2.4.3　文件的执行

如何执行文件呢？如图 2 - 9 所示，在文件窗口功能列单击 Run 中的“Run Module”就能执行编写的代码了，并且执行结果会返回显示在“Python Shell”窗口上(见图 2 - 10)。

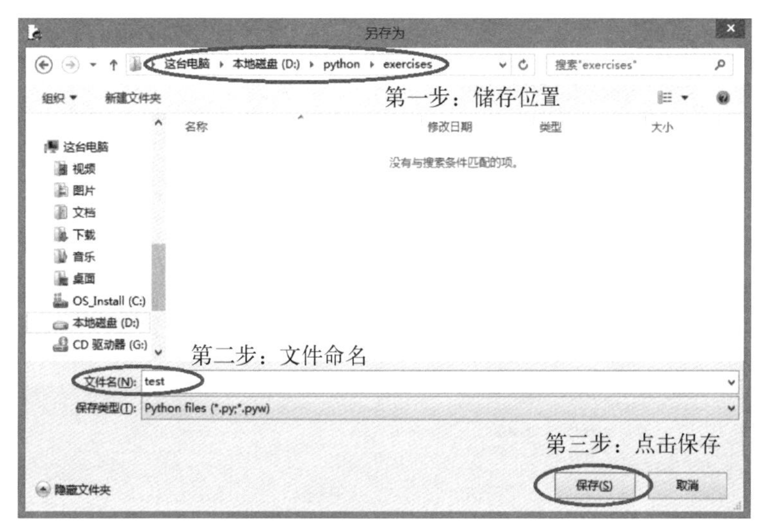

另存为
这台电脑 ▸ 本地磁盘 (D:) ▸ python ▸ exercises
搜索"exercises"
组织 ▾
新建文件夹
第一步：储存位置
名称
修改日期
类型
大小
没有与搜索条件匹配的项。
这台电脑
视频
图片
文档
下载
音乐
桌面
OS_Install (C:)
本地磁盘 (D:)
CD 驱动器 (G:)
第二步：文件命名
文件名(N): test
保存类型(T): Python files (*.py;*.pyw)
第三步：点击保存
隐藏文件夹
保存(S)
取消

图 2 - 7　存储位置与文件命名

test.py - D:/python/exercises/test.py (3.6.5)
File Edit Format Run Options Window Help
print("Hello Python!")
Ln: 1 Col: 22

图 2 - 8　文件名称已更改

test.py - D:/python/exercises/test.py (3.6.5)
File Edit Format Run Options Window Help
print("
hon!")
Python Shell
Check Module Alt+X
Run Module F5
Ln: 1 Col: 22

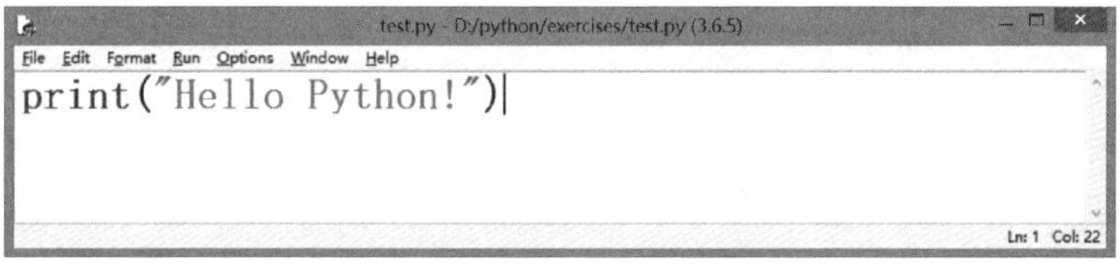

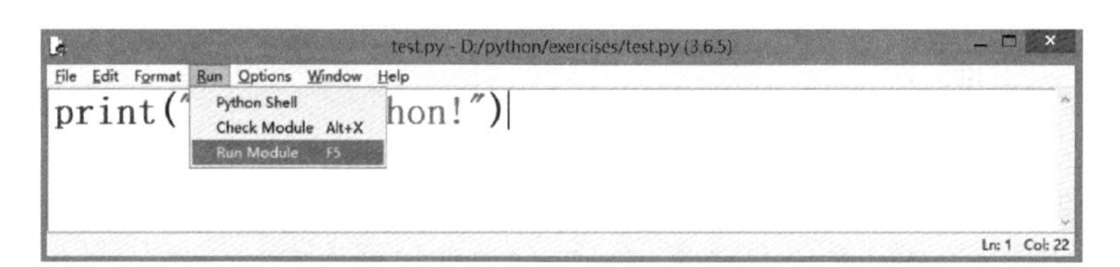

图 2 - 9　执行文件

Python 3.6.5 Shell
File Edit Shell Debug Options Window Help
Python 3.6.5 (v3.6.5:f59c0932b4, Mar 28 2018, 16:07:46) [MSC v.1900 32 bit (Intel)] on win32
Type "copyright", "credits" or "license()" for more information.
>>>
==================== RESTART: D:/python/exercises/test.py ====================
Hello Python!
>>>
Ln: 6 Col: 4

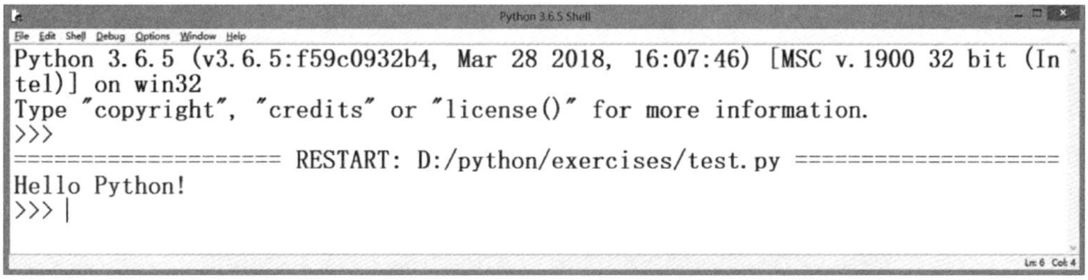

图 2 - 10　Python Shell 窗口显示执行结果

2.4.4　文件的开启

关闭文件后，如果还想要再次编辑和执行文件，则可以单击 Shell 功能列 File 中的“Open”开启文件，如图 2 - 11 所示。

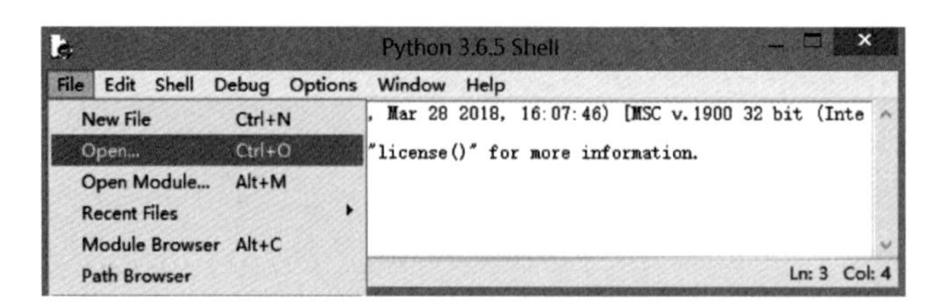

图 2-11 开启文件

接着会跳出一个打开文件的窗口,选择文件位置,然后单击打开(见图 2-12)就能开始编辑以及执行文件了。

图 2-12 选择想要开启的文件

2.5 程序注解

*善用注解能提高代码的可读性!

高质量的代码需要有注解来说明程序里的函数或是变量等,这可以让别人清楚地了解你的代码,也能让你在日后更好地回忆起每行程序码所表示的意义。

Python 的单行注解使用“#”符号,多行注解使用三个双引号或是三个单引号,如图 2-13 所示。

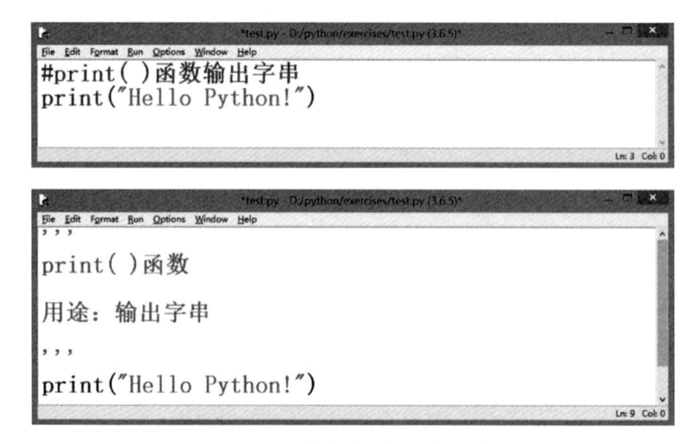

图 2-13 单行与多行代码注解

第 3 章　Python 的基础

我们在第 2 章学会了如何计算数值和输出字串，本章将更详细地介绍变量以及 Python 的基本数据类型和操作。

3.1　认识变量

高质量的代码都是由很多变量组成的，变量包含很多种类型，这将在第 3.3 节中做详细介绍。需要注意的是，变量的命名必须是有意义的，这样才能方便其他人理解代码。

3.1.1　变量的说明

在编程语言中，“＝”不表示数学运算中“等于”的意思，而表示把变量值“赋值”给变量名称，即

（变量名称 ＝ 变量值）

如图 3－1 所示的代码，字串（shanghai jiaotong university）赋值给 School_name

＊关于变量的命名，建议选择有意义的名称，这样其他人在看代码时才能更直观地了解变量的意义。

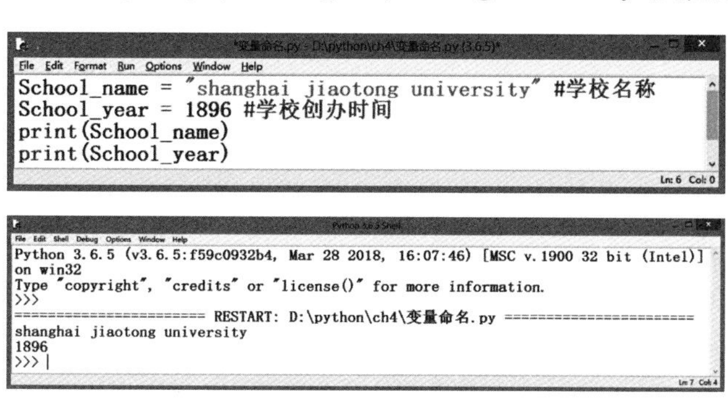

图 3－1　变量的说明

变量;数值(1896)赋值给 School_year 变量。变量的命名与变量的值是有关联的。

3.1.2 变量的命名规则

Python 变量的命名需要遵守一些规则,否则会造成程序语法的错误,这些规则包括如下几方面:

(1) 变量名称的开头只能是英文字母、下划线或中文字。

(2) 变量名称只能由英文字母、中文字、下划线和数字组成。

(3) 变量名称不能包含空格,必要时用下划线(_)连接。

(4) 英文字母大小写不同,则被视为不同的变量名称。

(5) Python 系统保留字(或称关键字)和 Python 内建函数名不能作为变量名称。

(6) 变量名称应尽可能简短且描述清楚。

3.1.3 Python 系统保留字和内建函数

Python 保留特定的标识符号来作为关键字,在程序中起到一定的逻辑功能,这些保留字是不能作为变量来使用的。

如图 3-2 所示,我们可以使用 keyword 关键字模块来查看 Python 所有的系统保留字。

```
Python 3.6.5 (v3.6.5:f59c0932b4, Mar 28 2018, 16:07:46) [MSC v.1
900 32 bit (Intel)] on win32
Type "copyright", "credits" or "license()" for more information.
>>> import keyword
>>> keyword.kwlist
['False', 'None', 'True', 'and', 'as', 'assert', 'break', 'class
', 'continue', 'def', 'del', 'elif', 'else', 'except', 'finally'
, 'for', 'from', 'global', 'if', 'import', 'in', 'is', 'lambda',
'nonlocal', 'not', 'or', 'pass', 'raise', 'return', 'try', 'whil
e', 'with', 'yield']

>>> |
```

图 3-2 Python 系统保留字

以下是 Python 系统内建的函数名称,这些名称也不可以作为变量名称。若不小心将内建函数名称当作了变量名称,虽然程序本身不会报错,但是原函数的功能将无法使用。

['abs', 'all', 'any', 'ascii', 'bin', 'bool', 'bytearray', 'bytes', 'callable', 'chr', 'classmethod', 'compile', 'complex', 'copyright', 'credits', 'delattr', 'dict', 'dir', 'divmod', 'enumerate', 'eval', 'exec', 'exit', 'filter', 'float', 'format', 'frozenset', 'getattr', 'globals', 'hasattr', 'hash', 'help', 'hex', 'id', 'input', 'int', 'isinstance', 'issubclass', 'iter', 'len', 'license', 'list', 'locals', 'map', 'max', 'memoryview', 'min', 'next', 'object', 'oct','open', 'ord', 'pow', 'print', 'property', 'quit', 'range', 'repr', 'reversed', 'round', 'set', 'setattr', 'slice', 'sorted', 'staticmethod', 'str', 'sum', 'super', 'tuple', 'type', 'vars', 'zip']

3.2　基本数学运算

3.2.1　算术运算符号及其用途

如表 3-1 所示，Python 四则运算是指加法(+)、减法(—)、乘法(*)、除法(/)；取余数(%)是指取除法运算中的余数；取整数(//)指取除法运算中的整数；幂(**)指将某数求 n 次幂。图 3-3 所示为一些运算举例。

表 3-1　Python 运算符号及其用途

符　　号	用　　途
+	加法
—	减法
*	乘法
/	除法
%	做完除法取余数
//	做完除法取整数
**	幂

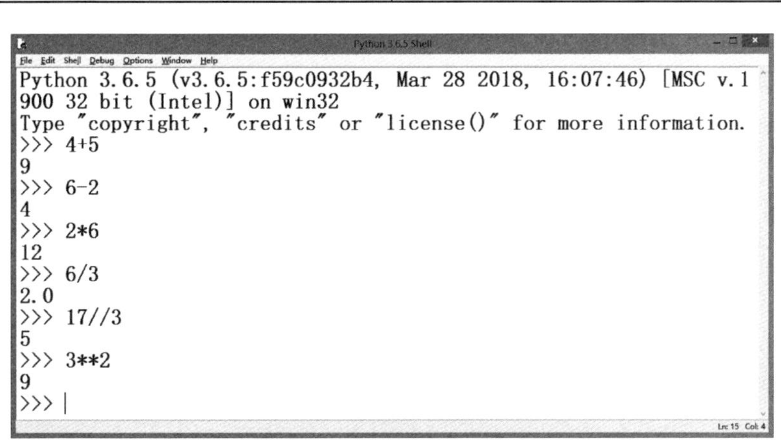

图 3-3　Python 运算举例

3.2.2　运算优先顺序

与数学运算一样，Python 语言在数字运算时，括号里的内容最先运算，其余运算的顺序是：① 次方；② 乘法、除法、取余和取整，依照出现顺序运算；③ 加法和减法，依照出现顺序运算。

3.2.3 赋值运算符

为了简化运算公式，可适当使用赋值运算符（见表 3-2）。

表 3-2 赋值运算符

运算符	描　　述	实　　例
+=	加法赋值运算符	a+=b 等效于 a=a+b
-=	减法赋值运算符	a-=b 等效于 a=a-b
*=	乘法赋值运算符	a*=b 等效于 a=a*b
/=	除法赋值运算符	a/=b 等效于 a=a/b
%=	取余赋值运算符	a%=b 等效于 a=a%b
//=	取整赋值运算符	a//=b 等效于 a=a//b
**=	幂赋值运算符	a**=b 等效于 a=a**b

3.3 基本数据类型

*代码运行时，经常会因为数据类型不同而产生错误信息。善用 type( )函数查看数据类型是非常重要的操作！

大多数的程序都需要定义和收集各种数据，并且使用这些数据作为应用。因此在程序设计之前，我们需要先了解数据类型，清楚知道自己需要什么样的数据，以及每个函数使用的数据。如果数据类型使用错误，则会造成程序语法错误。

Python 与其他程序语言的不同之处在于，定义一个数据不需要特别指定类型，而是根据数据的内容，Python 会自行定义数据类型，非常方便。Python 的数据类型包括：① 字符；② 字符串；③ 整数与浮点数；④ 进制数；⑤ 布尔值；⑥ 列表；⑦ 元组；⑧ 字典；⑨ 集合。第 4～7 章将对第⑥～⑨的数据类型做详细说明。

3.3.1 字符

字符是单一的符号，可以是一个数字、英文字母、汉字或特殊符号。因此计算机需要编码来分类这些字符，有 ASCII、Unicode 和 UTF-8 共 3 种编码。

（1）ASCII：用 1 个字节（8 位二进制）代表一个字符。

（2）Unicode：常用 2 个字节（16 位二进制）代表一个字符，生僻字需要用 4 个字节。

（3）UTF-8：把一个 Unicode 字符根据不同的字符编码成 1～6 个字节，常用的英文字母是 1 个字节，汉字通常是 3 个字节，只有生僻字才会编码成 4～6 个字节。

下面用 3 种编码分别表示字母 A 和汉字“中”，如表 3-3 所示。

表 3 - 3　不同的编码方式

字符	ASCII	Unicode	UTF - 8
A	01000001	00000000 01000001	01000001
中	x	01001110 00101101	11100100 10111000 10101101

chr(ASCII 码)函数可以回传 ASCII 码的字符，ord(字符)函数可以回传字符的 Unicode 码，如图 3 - 4 所示。

* 在逻辑判断时经常使用 ASCII 码来区分数字或英文大小写。例如，ASCII 码十进制：48～57 表示数字 0～9；65～90 表示英文大写 A～Z；97～122 表示英文小写 a～z。

```
Python 3.6.5 Shell
File Edit Shell Debug Options Window Help
Python 3.6.5 (v3.6.5:f59c0932b4, Mar 28 2018, 16:07:46) [MSC v.1900 32 bit (
Intel)] on win32
Type "copyright", "credits" or "license()" for more information.
>>> ASCII_num = 65  #ASCII码
>>> print("ASCII_num的字符是：",chr(ASCII_num)) #输出相对应的字符
ASCII_num的字符是： A
>>> Unicode_num = '中'  #中文字
>>> print("Unicode_num的Unicode编码是：",ord(Unicode_num))  #输出相对应的编码
Unicode_num的Unicode编码是： 20013
>>> print(bin(ord(Unicode_num)))  #二进制表示
0b100111000101101
>>> |
```

图 3 - 4　编码函数的示例

3.3.2　字符串

字符串(string)数据是指两个单引号或是两个双引号之间的一系列字符，建立字符串的示例如图3 - 5所示。

```
Python 3.6.5 Shell
File Edit Shell Debug Options Window Help
Python 3.6.5 (v3.6.5:f59c0932b4, Mar 28 2018, 16:07:46) [MSC v.1
900 32 bit (Intel)] on win32
Type "copyright", "credits" or "license()" for more information.
>>> fruit = 'this is an apple'  #使用单引号的字符串
>>> animal = "this is a dog"  #使用双引号的字符串
>>> print(fruit)
this is an apple
>>> print(animal)
this is a dog
>>> type(fruit)
<class 'str'>
>>> type(animal)
<class 'str'>
>>> |
```

图 3 - 5　建立字符串

3.3.3　整数与浮点数

数字是最常见的数据类型，可以用来记录公司收入、学生成绩或物料库存量等。数字分为整数(int)和浮点数(float)：整数指不带小数点的数值；浮点数指带小数点的数值。Python 在进行算术运算的过程中，会自动更改整数与浮点数的类型。使用 int( )和 float( )函数将数值转换成整数或浮点数类型，如图 3 - 6 所示。

```
Python 3.6.5 (v3.6.5:f59c0932b4, Mar 28 2018, 16:07:46) [MSC v.1
900 32 bit (Intel)] on win32
Type "copyright", "credits" or "license()" for more information.
>>> Student1_score = 95  #学生1成绩为95分
>>> Student2_score = 80  #学生2成绩为80分
>>> Average_score = (Student1_score + Student2_score)/2
>>> print(Student1_score)
95
>>> print(Student2_score)
80
>>> print(Average_score)
87.5
>>> type(Student1_score)
<class 'int'>
>>> type(Student2_score)
<class 'int'>
>>> type(Average_score)
<class 'float'>
>>> #两个整数取平均后为浮点数
```

图 3-6 建立整数与浮点数变量

3.3.4 进制数

我们通常使用的数字是十进制,而数字常见的形式还有二进制、八进制和十六进制,这 3 种数字形式的定义和转换可简要概括如下:

(1) 二进制定义为 0b 开头的数字,bin( )函数可以将十进制数转换成二进制。

(2) 八进制定义为 0o 开头的数字,oct( )函数可以将十进制数转换成八进制。

(3) 十六进制定义为 0x 开头的数字,hex( )函数可以将十进制数转换成十六进制。

从图 3-7 中可以看到整数 100 的二进制、八进制和十六进制数。

```
Python 3.6.5 (v3.6.5:f59c0932b4, Mar 28 2018, 16:07:46) [MSC v.1
900 32 bit (Intel)] on win32
Type "copyright", "credits" or "license()" for more information.
>>> a = 100  #整数100赋值给变量a
>>> print(bin(a))  #输出a的二进制
0b1100100
>>> print(oct(a))  #输出a的八进制
0o144
>>> print(hex(a))  #输出a的十六进制
0x64
>>> |
```

图 3-7 整数 100 的二进制、八进制和十六进制数

3.3.5 布尔值

布尔值(Boolean)有两种:True(正确)和 False(错误),根据这两个值来判断条件是否成立以及接下来的命令是否执行,布尔值的建立如图 3-8 所示。

如果将布尔值强制转换成整数,则 True 为 1,False 为 0,在程序设计中经常用 1 和 0 代表叙述的正确和错误,如图 3-9 所示。

```
Python 3.6.5 (v3.6.5:f59c0932b4, Mar 28 2018, 16:07:46) [MSC v.1
900 32 bit (Intel)] on win32
Type "copyright", "credits" or "license()" for more information.
>>> a = True
>>> b = False
>>> type(a)
<class 'bool'>
>>> type(b)
<class 'bool'>
>>> c = 1 > 2  # 1>2是错误的叙述为false赋值给c
>>> print(c)
False
>>> |
```

图 3-8　建立布尔值

```
Python 3.6.5 (v3.6.5:f59c0932b4, Mar 28 2018, 16:07:46) [MSC v.1
900 32 bit (Intel)] on win32
Type "copyright", "credits" or "license()" for more information.
>>> a = True
>>> print(int(a))  #int( )函数将a强制转换成整数
1
>>> b = False
>>> print(int(b))  #int( )函数将b强制转换成整数
0
>>> |
```

图 3-9　布尔值转换成整数

3.4　条件判断

在程序设计中，有时需要通过很多次的逻辑判断来达成任务所需的功能，比如判断一个学生的成绩是否及格，这样的叙述可使用 if 条件判断。程序设计时也经常需要检查许多条件，并根据判断的结果采取不同的措施。

下面将介绍 if 判断句的使用，其中涉及关系运算符和逻辑运算符，这两种运算符的组合使用可以使 if 判断句的表达更加全面。

3.4.1　关系运算符

关系运算符可以用来判断变量之间的大小关系(见表 3-4)。

表 3-4　关系运算符

关系运算符	描　述	表达式	说　　明
>	大于	a > b	判断 a 是否大于 b
>=	大于等于	a >= b	判断 a 是否大于等于 b
<	小于	a < b	判断 a 是否小于 b

续表

关系运算符	描　述	表达式	说　　明
<=	小于等于	a <= b	判断 a 是否小于等于 b
==	等于	a == b	判断 a 是否等于 b
! =	不等于	a ! = b	判断 a 是否不等于 b

如图 3-10 所示,示例的判断如果正确,则回传 True;如果错误,则回传 False。

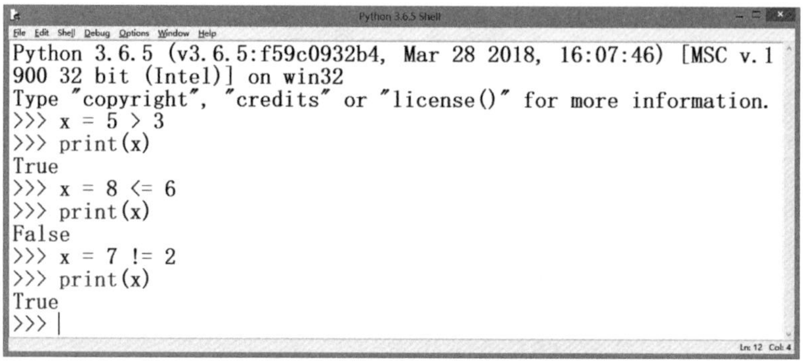
Python 3.6.5 Shell
File Edit Shell Debug Options Window Help
Python 3.6.5 (v3.6.5:f59c0932b4, Mar 28 2018, 16:07:46) [MSC v.1
900 32 bit (Intel)] on win32
Type "copyright", "credits" or "license()" for more information.
>>> x = 5 > 3
>>> print(x)
True
>>> x = 8 <= 6
>>> print(x)
False
>>> x = 7 != 2
>>> print(x)
True
>>> |
Ln: 12 Col: 4

图 3-10　使用关系运算符判断变量大小关系

3.4.2　逻辑运算符

逻辑运算符可用于逻辑判断,包括 3 种: and、or 和 not。

(1) 逻辑运算符 and: 全部为 True 才会回传 True,否则回传 False。

and	True	False
True	True	False
False	False	False

(2) 逻辑运算符 or: 只要一个为 True 就会回传 True;全部为 False,则回传 False。

or	True	False
True	True	True
False	True	False

(3) 逻辑运算符 not: 若为 True,则回传 False;若为 False,则回传 True。

not	True	False
	False	True

根据关系运算符结合逻辑运算符进行条件判断,如图 3 - 11 所示。

```
Python 3.6.5 (v3.6.5:f59c0932b4, Mar 28 2018, 16:07:46) [MSC v.1
900 32 bit (Intel)] on win32
Type "copyright", "credits" or "license()" for more information.
>>> x = ( 5 > 3 ) and ( 2 < 7 )
>>> print(x)
True
>>> x = ( 2 < 5 ) or ( 6 < 2 )
>>> print(x)
True
>>> x = not( 4 > 8 )
>>> print(x)
True
>>> |
```

图 3 - 11　条件判断

3.4.3　if 语句

学习了条件判断之后,我们可以开始使用 Python 语言来编写 if 语句。if 语句包括 3 种,分别是: ① 单一 if 语句;② if-else 语句;③ if-elif-else 语句。我们可以根据程序需要的功能来决定使用哪种 if 语句。

(1) 单一 if 语句。

只有一个条件判断句和执行的操作: 当条件成立时(True),执行操作。

```
if 判断句:
    执行的操作
```

*记得使用半角空格,编程中偶尔会不小心使用到全角空格,这个错误很难被发现。

注意: Python 的程序编写是利用“缩进”来区别程序区块的,if 语句的执行操作不能与判断句并排且必须有空格,建议都使用 4 个空格缩进,否则代码无法运行,如图 3 - 12 所示。

```
age = 19
if age >= 18:
    print("You can drive a car!!!")
```

```
Python 3.6.5 (v3.6.5:f59c0932b4, Mar 28 2018, 16:07:46) [MSC v.1900 32 bit (Int
el)] on win32
Type "copyright", "credits" or "license()" for more information.
>>>
========================= RESTART: D:\python\if.py =========================
You can drive a car!!!
>>> |
```

图 3 - 12　单一 if 语句示例与执行结果

(2) if-else 语句。

一个条件判断句、一个 else 和各自执行的操作：当条件成立时(True)，执行 if 的操作；当条件不成立时(False)，执行 else 的操作，如图 3－13 所示。

```
if 判断句：
    执行 if 的操作
else：
    执行 else 的操作
```

```
StudentA_score = 45  #学生A的成绩
StudentB_score = 80  #学生B的成绩
#判断学生的成绩是否及格
if StudentA_score >= 60:
    print("StudentA 及格了！！！")
else:
    print("StudentA 不及格")
if StudentB_score >= 60:
    print("StudentB 及格了！！！")
else:
    print("StudentB 不及格")
```

```
Python 3.6.5 (v3.6.5:f59c0932b4, Mar 28 2018, 16:07:46) [MSC v.1900 32 bit (Intel)] on win32
Type "copyright", "credits" or "license()" for more information.
>>>
======================== RESTART: D:/python/if_1.py ========================
StudentA 不及格
StudentB 及格了！！！
>>> |
```

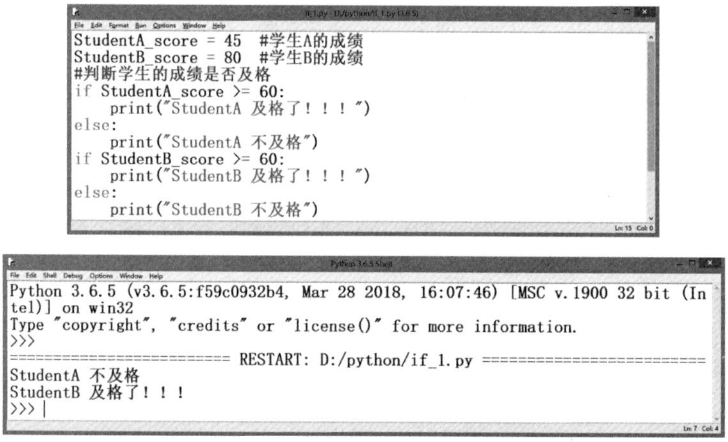

图 3－13　if-else 语句示例与执行结果

(3) if-elif-else 语句。

* 可以同时有多个 elif 语句，但是 if 和 else 语句只能各有一个。

当有多个条件判断句的时候，就需要用到 elif 判断句，这里注意条件判断句需要各自独立，否则会出现逻辑错误：当 if 判断句成立时(True)，则执行 if 操作；当 elif 判断句成立时(True)，则执行 elif 的操作；当以上都不成立时(False)，则执行 else 的操作，如图3－14 所示。

```
if 判断句：
    执行 if 的操作
elif 判断句：
    执行 elif 的操作
elif 判断句：
    执行 elif 的操作
else：
    执行 else 的操作
```

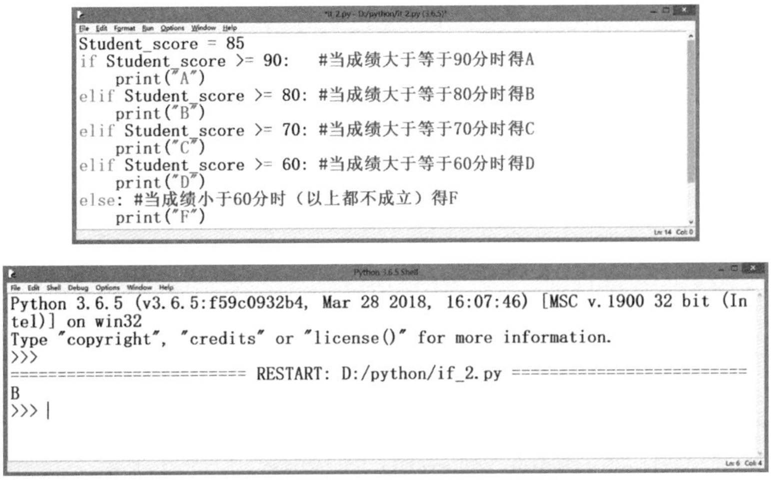

```
Student_score = 85
if Student_score >= 90:   #当成绩大于等于90分时得A
    print("A")
elif Student_score >= 80: #当成绩大于等于80分时得B
    print("B")
elif Student_score >= 70: #当成绩大于等于70分时得C
    print("C")
elif Student_score >= 60: #当成绩大于等于60分时得D
    print("D")
else: #当成绩小于60分时（以上都不成立）得F
    print("F")
```

```
Python 3.6.5 (v3.6.5:f59c0932b4, Mar 28 2018, 16:07:46) [MSC v.1900 32 bit (In
tel)] on win32
Type "copyright", "credits" or "license()" for more information.
>>>
======================== RESTART: D:/python/if_2.py ========================
B
>>> |
```

图 3-14　if-elif-else 语句示例与执行结果

3.5　基本输入与输出

第 2.3 节介绍了如何使用 print( )函数输出数据到屏幕上，那又如何在屏幕上输入数据呢？在 3.4.3 节介绍的 if 语句中，如果能够通过使用者自行输入数据来做条件判断，会不会更方便、更具有实用性呢？

* 在程序中经常使用 print( )函数来检查变量值是否正确。

3.5.1　Python 辅助说明的函数 help( )

如果我们需要了解 Python 的函数和指令的使用说明，那么就需要用到 help( )函数。如图 3-15 所示为一个简单的示例，这里使用 help( )函数输出数据到屏幕的 print( )函数。

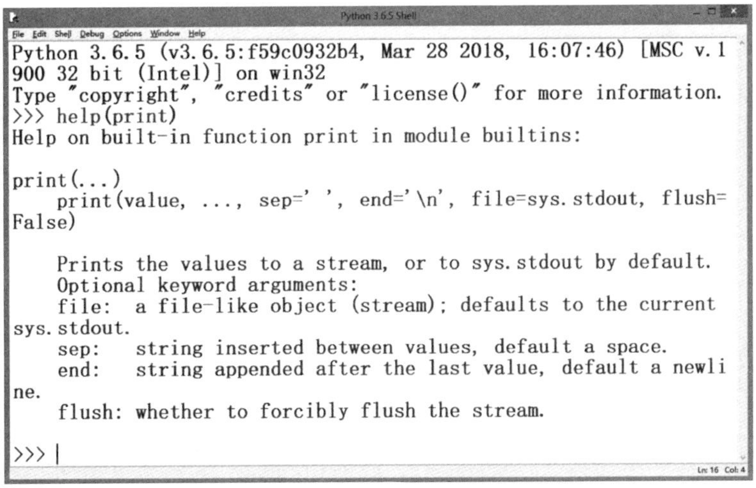

```
Python 3.6.5 (v3.6.5:f59c0932b4, Mar 28 2018, 16:07:46) [MSC v.1
900 32 bit (Intel)] on win32
Type "copyright", "credits" or "license()" for more information.
>>> help(print)
Help on built-in function print in module builtins:

print(...)
    print(value, ..., sep=' ', end='\n', file=sys.stdout, flush=
False)

    Prints the values to a stream, or to sys.stdout by default.
    Optional keyword arguments:
    file:  a file-like object (stream); defaults to the current
sys.stdout.
    sep:   string inserted between values, default a space.
    end:   string appended after the last value, default a newli
ne.
    flush: whether to forcibly flush the stream.

>>> |
```

图 3-15　help( )函数示例

3.5.2 Python 输出数据到屏幕上的函数 print( )

在 3.5.1 节中，我们可以清楚地看到 print( )函数的说明，下面介绍函数需要的参数。

```
print(value, ..., sep=' ', end='\n', file=sys.stdout, flush=False)
```

value：输出的数据，可以一次输出多项数据，每个数据间用逗号隔开。

sep：输出多项数据时，可以设定数据间用什么字符分隔，预设是空白字符(见图 3－16)。

end：数据输出结束时插入的字符，预设是换行字符。

file：数据输出位置，预设是 sys.stdout，即指屏幕。

flush：输出是否缓冲，预设是 False。

```
Python 3.6.5 (v3.6.5:f59c0932b4, Mar 28 2018, 16:07:46) [MSC v.1
900 32 bit (Intel)] on win32
Type "copyright", "credits" or "license()" for more information.
>>> print("肉夹馍售价", 15, sep=':', end='RMB')
肉夹馍售价:15RMB
>>> #print输出字串和数字用冒号隔开，结尾用RMB字串
```

图 3－16　print( )函数参数示例

3.5.3 Python 格式化字符串 print( )输出

使用格式化字符串输出的表达式为 print("....输出字符串...."%(变量设定))，如表 3－5 所示。

表 3－5　格式化符号

符　号	描　述
%c	格式化字符及其 ASCII 码输出
%s	格式化字符串输出
%o	格式化无符号八进制数输出
%x	格式化无符号十六进制数输出
%d	格式化整数输出
%f	格式化浮点数输出

* 可以先使用 type( )函数检查变量的数据类型，再决定格式化符号。

图 3－17 给出了一个使用格式化字符串的示例。需要注意的是，字符串格式化符号对应的数据类型应相同，否则会造成语法错误。如图 3－18 所示，name 是字符串数据类型，却被设定为%d 整数输出，因而导致错误。

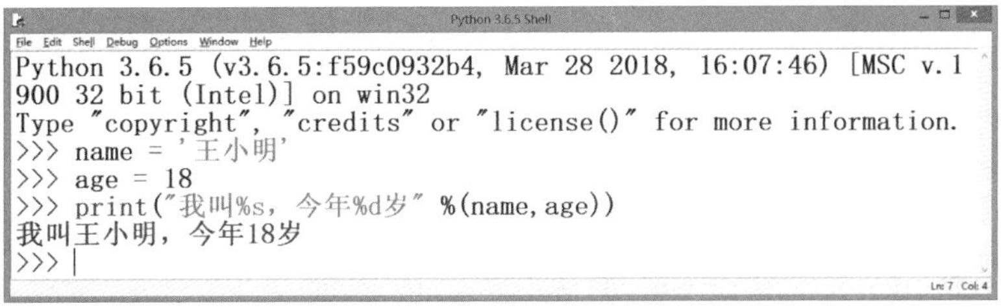

```
Python 3.6.5 (v3.6.5:f59c0932b4, Mar 28 2018, 16:07:46) [MSC v.1
900 32 bit (Intel)] on win32
Type "copyright", "credits" or "license()" for more information.
>>> name = '王小明'
>>> age = 18
>>> print("我叫%s, 今年%d岁" %(name,age))
我叫王小明, 今年18岁
>>> |
```

图 3-17　格式化字符串示例

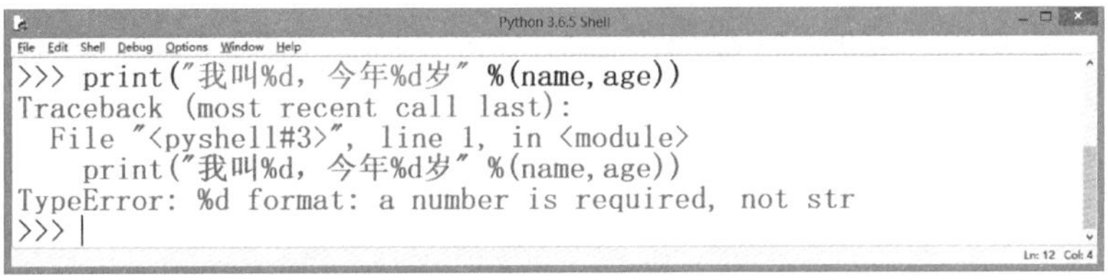

```
>>> print("我叫%d, 今年%d岁" %(name,age))
Traceback (most recent call last):
  File "<pyshell#3>", line 1, in <module>
    print("我叫%d, 今年%d岁" %(name,age))
TypeError: %d format: a number is required, not str
>>> |
```

图 3-18　避免使用错误的格式化符号

3.5.4　Python 在屏幕上输入数据的函数 input( )

我们学会了如何让数据在屏幕上显示,下面学习如何在屏幕上输入数据并且能够读取这些数据在程序中使用。input( )函数能从屏幕上读取使用者从键盘输入的数据,函数表达式为

value_name= input("字符串输出")

value_name 是接收输入数据的变量。input( )函数一律回传字符串数据类型,而字符串输出显示在屏幕上,使用者能够知道要输入什么样的数据,如果输入的数据需要做数学运算,那必须将得到的数据做 int( )或是 float( )数据类型转换。图 3-19 给出了示例。

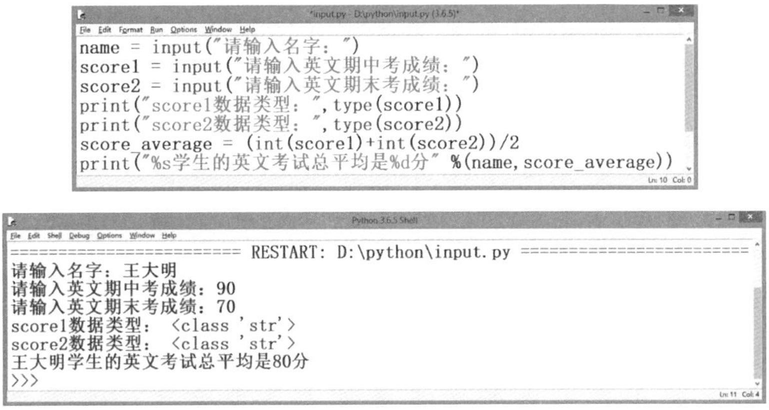

```
name = input("请输入名字: ")
score1 = input("请输入英文期中考成绩: ")
score2 = input("请输入英文期末考成绩: ")
print("score1数据类型: ",type(score1))
print("score2数据类型: ",type(score2))
score_average = (int(score1)+int(score2))/2
print("%s学生的英文考试总平均是%d分" %(name,score_average))
```

```
======================= RESTART: D:\python\input.py =======================
请输入名字: 王大明
请输入英文期中考成绩: 90
请输入英文期末考成绩: 70
score1数据类型: <class 'str'>
score2数据类型: <class 'str'>
王大明学生的英文考试总平均是80分
>>>
```

图 3-19　input( )函数示例

Python 小试牛刀

本书 Python 语言基础篇中的第 3～12 章配有练习题,请读者在学习完相关知识点后,使用 Python 语言完成练习,坚持不懈,方能熟能生巧!

1. 请计算出下列数值的二进制数、八进制数和十六进制数。

(a) 32　　(b) 100　　(c) 175　　(d) 499　　(e) 321

2. 请计算出下列数值的十进制数。

(a) 0b11010101　(b) 0o5627　　(c) 0xaf 5

3. 请使用 input( )函数输入华氏温度,将结果转成摄氏温度 print( )函数输出。

4. 请设计一个程序,能够实现以下的功能:

(1) 若输入是大写英文字符,则转成小写英文字符输出。

(2) 若输入是小写英文字符,则转成大写英文字符输出。

(3) 若输入是单一数字,则直接输出。

(4) 若输入其他字符,则输出错误信息。

5. 请设计一个购票程序,能够实现以下的功能:

(1) 购票者输入年龄,读者们自行定义票价。

(2) 若年龄为 2～12 岁,购买儿童票(5 折),则输出票价。

(3) 若年龄小于 2 岁或大于 65 岁,购买婴儿票或老人票(免费),则输出票价。

(4) 若其余年龄购买全票,则输出票价。

第 4 章　列表

序列是 Python 最基本的数据结构,可以分为列表和元组两种。本章主要介绍列表的相关知识,第 5 章将对元组做详细介绍。

4.1　什么是列表

列表(list)就是由一长串元素组成的序列,元素可以同时由不同的数据类型组成,也可以是其他的列表。在程序设计中,列表的使用很常见,比如某班级学生的英文成绩就是由很多位学生的英文成绩组成的序列。列表的表达式为

list_name = [元素 1, 元素 2, …, 元素 n]

list_name 是列表的名称,用来读取序列,列表由很多个元素组成,每个元素用逗号隔开,所有的元素放在中括号[ ]内。

4.2　创建列表

下面我们通过一个简单的示例(见图 4 - 1)来说明如何创建列表并输出,以及如何查看数据类型。

```
Python 3.6.5 (v3.6.5:f59c0932b4, Mar 28 2018, 16:07:46) [MSC v.1900 32 bit (Intel)] on win32
Type "copyright", "credits" or "license()" for more information.
>>> fruit = ["apple","橘子","banana","葡萄"]
>>> score = [65,72,98,83]
>>> type(fruit)
<class 'list'>
>>> type(score)
<class 'list'>
>>> print(fruit)
['apple', '橘子', 'banana', '葡萄']
>>> print(score)
[65, 72, 98, 83]
>>> |
```

图 4-1 创建列表并输出,查看数据类型

4.3 从列表中获取元素

如何从一个列表中获取其中的某一个元素呢?我们需要指定列表的索引值才能获取特定的元素。若从左至右取数据,则列表中第1个元素的索引值为0,第2个为1,以此类推;若从右至左取数据,则第1个元素的索引值为-6,第2个为-5,以此类推。根据不同应用的需求来决定是从头(左)还是从尾(右)取数据,具体可见表4-1。

表 4-1

索引值	元素1	元素2	元素3	元素4	元素5	元素6
从左至右取数据	0	1	2	3	4	5
从右至左取数据	-6	-5	-4	-3	-2	-1

* 特别注意:从头取数据时,索引值从0开始到n-1;从尾取数据时,索引值从-n开始到-1(n为列表长度)。

索引值的表达式为list_name[索引值],下面举例说明,如图4-2所示。

```
Python 3.6.5 (v3.6.5:f59c0932b4, Mar 28 2018, 16:07:46) [MSC v.1900 32 bit (Intel)] on win32
Type "copyright", "credits" or "license()" for more information.
>>> Stephen_Curry = [35,28,45,37,26]  #Stephen_Curry篮球员五场得分
>>> print("Curry第1场得%d分" % Stephen_Curry[0])
Curry第1场得35分
>>> print("Curry第2场得%d分" % Stephen_Curry[1])
Curry第2场得28分
>>> print("Curry第3场得%d分" % Stephen_Curry[2])
Curry第3场得45分
>>> print("Curry第4场得%d分" % Stephen_Curry[3])
Curry第4场得37分
>>> print("Curry第5场得%d分" % Stephen_Curry[4])
Curry第5场得26分
>>> |
```

图 4-2 指定索引值取数据

4.4　列表切片

在程序设计过程中，有时并非只获取特定的某一个数据，而需要一次获取列表中的前几个元素、后几个元素、中间几个元素或是具有一定规则排序的元素，这称为列表切片。具体方法如下：

```
list_name[start:end]          # 读取索引值 start 到 end-1 的列表元素
list_name[:n]                 # 读取列表前 n 个元素
list_name[n:]                 # 读取索引值 n 到最后的列表元素
list_name[-n:]                # 读取列表后 n 个元素
list_name[:]                  # 读取全部列表元素
list_name[start:end:step]     # 每隔 step 读取索引值 start 到 end-1 的列表元素
```

＊可以使用 print( )函数检查列表切片是否正确。

下面用图 4-3 举例说明，熟悉切片操作就能在应用中快速地取到想要的数据。

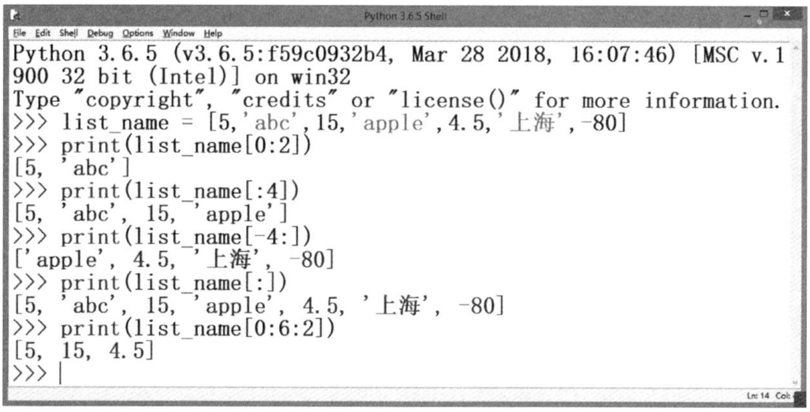
Python 3.6.5 Shell
File Edit Shell Debug Options Window Help
Python 3.6.5 (v3.6.5:f59c0932b4, Mar 28 2018, 16:07:46) [MSC v.1900 32 bit (Intel)] on win32
Type "copyright", "credits" or "license()" for more information.
>>> list_name = [5,'abc',15,'apple',4.5,'上海',-80]
>>> print(list_name[0:2])
[5, 'abc']
>>> print(list_name[:4])
[5, 'abc', 15, 'apple']
>>> print(list_name[-4:])
['apple', 4.5, '上海', -80]
>>> print(list_name[:])
[5, 'abc', 15, 'apple', 4.5, '上海', -80]
>>> print(list_name[0:6:2])
[5, 15, 4.5]
>>> |
Ln: 14 Col:

图 4-3　列表切片取数据

4.5　修改元素

如果需要修改列表中的元素，直接指定元素并赋值新的数据即可，表示为

list_name[索引值] = new_value

这里用图 4-4 所示举例说明，例中将 Companies 列表中索引值为 2 的元素更改为“百度”。

*修改元素会直接更改原列表。如果想要保留原列表的信息,可以通过另外定义变量来保存原列表。

```
Python 3.6.5 (v3.6.5:f59c0932b4, Mar 28 2018, 16:07:46) [MSC v.1
900 32 bit (Intel)] on win32
Type "copyright", "credits" or "license()" for more information.
>>> Companies = ["阿里巴巴","腾讯","小米","华为"]
>>> Companies[2] = "百度"
>>> print(Companies)
['阿里巴巴', '腾讯', '百度', '华为']
>>> |
```

图 4-4 修改列表元素

4.6 列表的相加与相乘

Python 的列表是允许相加与相乘的,相加指列表的合并,而相乘指列表的重复次数。下面分别用图 4-5 和图 4-6 来举例说明。

```
Python 3.6.5 (v3.6.5:f59c0932b4, Mar 28 2018, 16:07:46) [MSC v.1
900 32 bit (Intel)] on win32
Type "copyright", "credits" or "license()" for more information.
>>> num1 = [1,2,3]
>>> num2 = [4,5,6]
>>> num3 = num1 + num2
>>> print(num3)
[1, 2, 3, 4, 5, 6]
>>> |
```

图 4-5 列表相加

```
Python 3.6.5 (v3.6.5:f59c0932b4, Mar 28 2018, 16:07:46) [MSC v.1
900 32 bit (Intel)] on win32
Type "copyright", "credits" or "license()" for more information.
>>> numbers = [1,1,1,1]
>>> Numbers_List = numbers * 3
>>> print(Numbers_List)
[1, 1, 1, 1, 1, 1, 1, 1, 1, 1, 1, 1]
>>> |
```

图 4-6 列表相乘

4.7 列表的 Python 内建函数应用

如果有大量的数据需要统计时,可以使用 Python 内建函数找到最大值 max( ),最小值 min( )以及总和 sum( )。如果数据是非数字类型,则会根据数据的 Unicode 来码值。在程序设计中,我们经常需要知道列表的长度,这时候就可以使用 len( )函数。图 4-7 给出了一些示例。

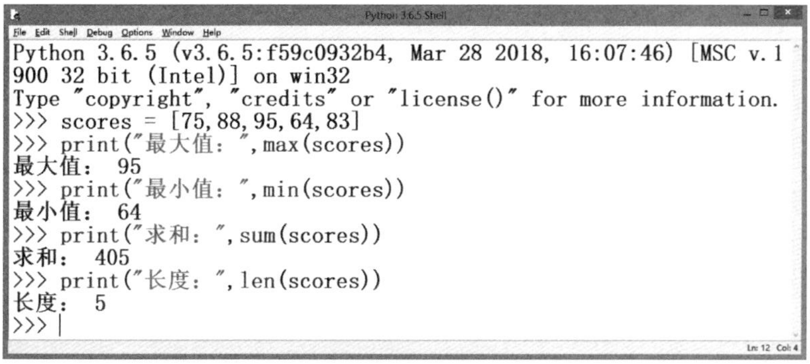

```
Python 3.6.5 (v3.6.5:f59c0932b4, Mar 28 2018, 16:07:46) [MSC v.1
900 32 bit (Intel)] on win32
Type "copyright", "credits" or "license()" for more information.
>>> scores = [75,88,95,64,83]
>>> print("最大值：",max(scores))
最大值： 95
>>> print("最小值：",min(scores))
最小值： 64
>>> print("求和：",sum(scores))
求和： 405
>>> print("长度：",len(scores))
长度： 5
>>> |
```

图 4－7　列表的 Python 内建函数示例

*逻辑判断经常使用这些内建函数的组合。

4.8　列表的面向对象方法应用

在面向对象的编程中，所有的数据类型都是“类”，每个类都有自己的“方法”。这里的方法就是指函数，换句话说只要属于相同“类”的变量就能使用这些函数，第 10 章将对此做更详细的介绍，本节主要介绍如何使用方法和查询类的方法。

*面向对象方法能让程序简洁有力，是程序设计人员必须掌握的本领。

4.8.1　使用 dir( )获取 Python 类的方法

类的方法使用非常方便，我们先来查询 list 列表有什么方法可以使用。

*下划线对解释器有特殊的意义，属于内建标识符，建议避免用下划线作为变量名的开头。

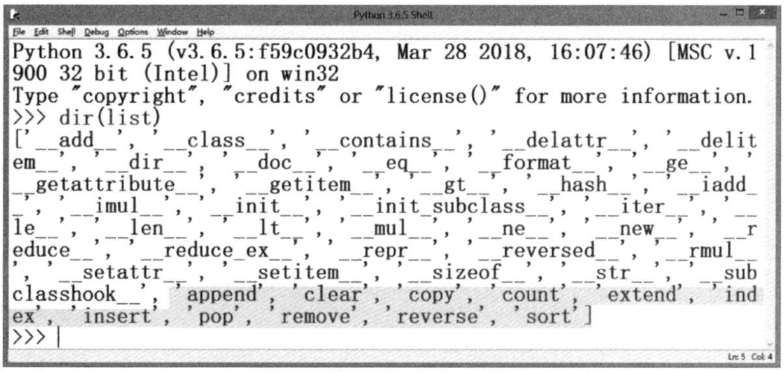

```
Python 3.6.5 (v3.6.5:f59c0932b4, Mar 28 2018, 16:07:46) [MSC v.1
900 32 bit (Intel)] on win32
Type "copyright", "credits" or "license()" for more information.
>>> dir(list)
['__add__', '__class__', '__contains__', '__delattr__', '__delit
em__', '__dir__', '__doc__', '__eq__', '__format__', '__ge__',
'__getattribute__', '__getitem__', '__gt__', '__hash__', '__iadd_
_', '__imul__', '__init__', '__init_subclass__', '__iter__', '__
le__', '__len__', '__lt__', '__mul__', '__ne__', '__new__', '__r
educe__', '__reduce_ex__', '__repr__', '__reversed__', '__rmul__
', '__setattr__', '__setitem__', '__sizeof__', '__str__', '__sub
classhook__', 'append', 'clear', 'copy', 'count', 'extend', 'ind
ex', 'insert', 'pop', 'remove', 'reverse', 'sort']
>>> |
```

图 4－8　dir( )查询 list 方法

图 4－8 中灰底部分的名称就是列表类的方法，我们将在第 4.9～4.12 节中详细介绍，而灰底部分之外的是特殊方法和特殊属性，用双下划线表示，如__format __等，本节不做介绍，有兴趣的同学可以自行学习。类的方法表达式为

类的名称.类的方法( )

*Python 的特殊方法和特殊属性指开发者可以通过重写或直接调用这些方法来实现特殊的功能。

4.8.2 列表中字符串元素方法的使用

为了让读者更进一步地了解类的方法使用,这里提出在列表中使用字符串类的方法。图4-9所示是字符串类的方法。

```
Python 3.6.5 (v3.6.5:f59c0932b4, Mar 28 2018, 16:07:46) [MSC v.1
900 32 bit (Intel)] on win32
Type "copyright", "credits" or "license()" for more information.
>>> dir(str)
['__add__', '__class__', '__contains__', '__delattr__', '__dir__
', '__doc__', '__eq__', '__format__', '__ge__', '__getattribute_
_', '__getitem__', '__getnewargs__', '__gt__', '__hash__', '__in
it__', '__init_subclass__', '__iter__', '__le__', '__len__', '__
lt__', '__mod__', '__mul__', '__ne__', '__new__', '__reduce__',
'__reduce_ex__', '__repr__', '__rmod__', '__rmul__', '__setattr_
_', '__sizeof__', '__str__', '__subclasshook__', 'capitalize',
casefold', 'center', 'count', 'encode', 'endswith', 'expandtabs'
, 'find', 'format', 'format_map', 'index', 'isalnum', 'isalpha',
'isdecimal', 'isdigit', 'isidentifier', 'islower', 'isnumeric',
'isprintable', 'isspace', 'istitle', 'isupper', 'join', 'ljust',
'lower', 'lstrip', 'maketrans', 'partition', 'replace', 'rfind',
'rindex', 'rjust', 'rpartition', 'rsplit', 'rstrip', 'split', 's
plitlines', 'startswith', 'strip', 'swapcase', 'title', 'transla
te', 'upper', 'zfill']
>>> |
```

图 4-9　字符串类的方法

如图 4-10 所示,这里简单说明 3 种方法:

(1) lower( ):将字符串全部转成小写字母。

(2) upper( ):将字符串全部转成大写字母。

(3) title( ):将字符串转成首位字母为大写,其余为小写。

```
Python 3.6.5 (v3.6.5:f59c0932b4, Mar 28 2018, 16:07:46) [MSC v.1
900 32 bit (Intel)] on win32
Type "copyright", "credits" or "license()" for more information.
>>> friends = ['kevin','JULIA','lISA']
>>> print(friends[0].upper()) #第一个元素转成大写字母
KEVIN
>>> print(friends[1].lower()) #第二个元素转成小写字母
julia
>>> print(friends[2].title()) #第三个元素转成首位字母为大写
                               其余为小写
Lisa
>>>
```

图 4-10　3 种类方法示例

4.9　列表增加元素

第 4.8.1 节介绍了多种列表方法,其中 append( )和 insert( )两种方法可以用于在列表中增加新的元素。

*增加列表元素的操作经常在很多实际应用中使用。

append( )方法是在列表最后增加新的元素，表达式为

list_name.append(新的元素)

insert( )方法是在列表的指定位置插入新的元素，表达式为

list_name.insert(索引值,新的元素)

图 4-11 给出了一个示例。

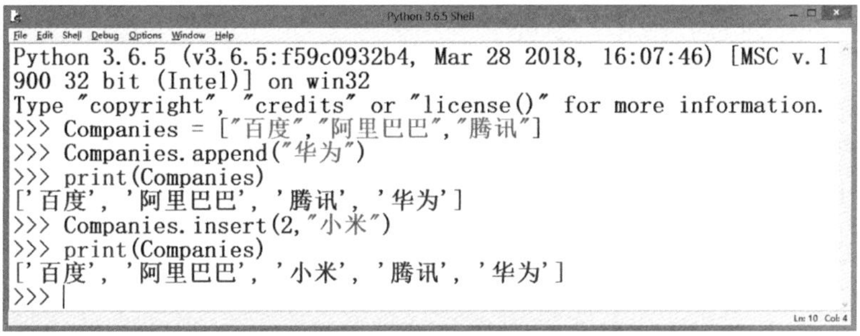

```
Python 3.6.5 (v3.6.5:f59c0932b4, Mar 28 2018, 16:07:46) [MSC v.1
900 32 bit (Intel)] on win32
Type "copyright", "credits" or "license()" for more information.
>>> Companies = ["百度","阿里巴巴","腾讯"]
>>> Companies.append("华为")
>>> print(Companies)
['百度', '阿里巴巴', '腾讯', '华为']
>>> Companies.insert(2,"小米")
>>> print(Companies)
['百度', '阿里巴巴', '小米', '腾讯', '华为']
>>> |
```

图 4-11　列表增加元素示例

4.10　列表删除元素

下面介绍如何删除元素，可利用 del 系统关键字以及 pop( )和 remove( )两种方法。del list_name[索引值]可以删除指定位置的元素，但不会回传元素给程序；如果想要获取删除元素的信息需要使用 pop( )方法。pop( )方法可以在指定位置删除元素并回传删除的元素，表达式为

```
Get_value = list_name.pop( ) #没有指定索引值,默认最后一个元素
Get_value = list_name.pop(索引值) #指定索引值,删除特定位置的元素
```

remove( )方法可以指定删除特定的元素，表达式为

```
list_name.remove(想删除的元素) #如果有相同的元素,先删除最前面的元素
```

这里用图 4-12 中的示例进行说明。

4.11　搜索列表元素

如图 4-13 所示，列表可以使用 index( )方法来搜索特定的元素，并回传该元素

```
Python 3.6.5 (v3.6.5:f59c0932b4, Mar 28 2018, 16:07:46) [MSC v.1
900 32 bit (Intel)] on win32
Type "copyright", "credits" or "license()" for more information.
>>> Companies = ["百度","阿里巴巴","腾讯","百度","华为","小米"]
>>> del Companies[4]
>>> print(Companies)
['百度', '阿里巴巴', '腾讯', '百度', '小米']
>>> popped_companies = Companies.pop()
>>> print(popped_companies)
小米
>>> print(Companies)
['百度', '阿里巴巴', '腾讯', '百度']
>>> popped_companies = Companies.pop(1)
>>> print(popped_companies)
阿里巴巴
>>> print(Companies)
['百度', '腾讯', '百度']
>>> Companies.remove('百度')
>>> print(Companies)
['腾讯', '百度']
>>> |
```

* pop( )函数能返回删除的元素信息,因此可使用变量来接收pop( )函数的回传值。

图 4-12　列表删除元素示例

第一次出现在列表中的索引值。如果元素不在列表内,则会产生错误,表达式为

Get_value = list_name.index(特定的元素)

```
Python 3.6.5 (v3.6.5:f59c0932b4, Mar 28 2018, 16:07:46) [MSC v.1
900 32 bit (Intel)] on win32
Type "copyright", "credits" or "license()" for more information.
>>> fruits = ['apple','banana','orange']
>>> find_fruits = fruits.index('banana')
>>> print('banana在列表内的索引值是：',find_fruits)
banana在列表内的索引值是： 1
>>> |
```

图 4-13　搜索列表元素的索引值

如图 4-14 所示,列表可以使用 count( )方法回传特定元素在列表中出现的次数。如果元素不在列表内,则会产生错误,表达式为

Get_value = list_name.count(特定的元素)

```
Python 3.6.5 (v3.6.5:f59c0932b4, Mar 28 2018, 16:07:46) [MSC v.1900 32 bit (In
tel)] on win32
Type "copyright", "credits" or "license()" for more information.
>>> fruits = ['apple','orange','banana','apple','apple','orange','watermelon']
>>> count_fruits = fruits.count('apple')
>>> print('apple出现在fruits列表的次数：',count_fruits)
apple出现在fruits列表的次数： 3
>>> |
```

图 4-14　搜索列表元素出现的次数

4.12　列表排序

列表可以使用 reverse( )方法颠倒排序列表(见图 4-15),表达式为

list_name.reverse( )

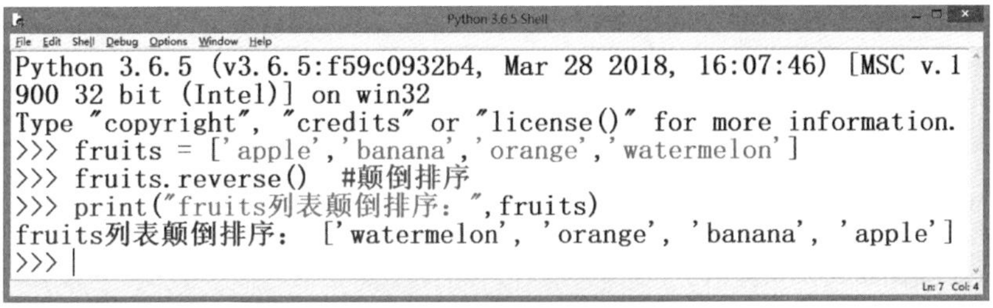

```
Python 3.6.5 (v3.6.5:f59c0932b4, Mar 28 2018, 16:07:46) [MSC v.1
900 32 bit (Intel)] on win32
Type "copyright", "credits" or "license()" for more information.
>>> fruits = ['apple','banana','orange','watermelon']
>>> fruits.reverse()  #颠倒排序
>>> print("fruits列表颠倒排序：",fruits)
fruits列表颠倒排序： ['watermelon', 'orange', 'banana', 'apple']
>>> |
```

图 4-15　列表颠倒排序示例

列表可以使用 sort( )方法由小到大排序列表。如果元素是字符串,则会依照字符串的首个字符依序比较大小,列表会被更新为排序后的新列表(见图 4-16),表达式为

list_name.sort( )

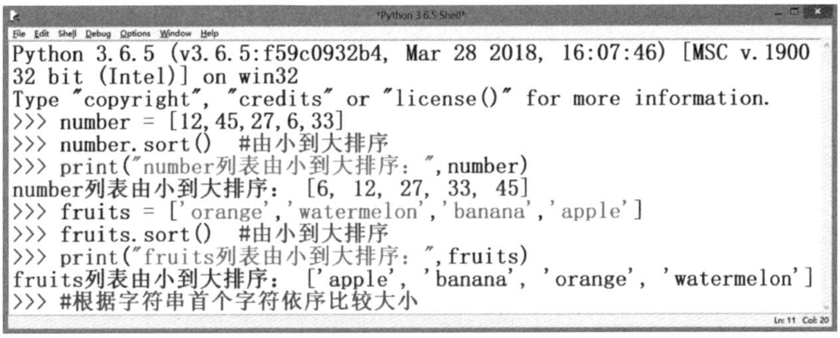

```
Python 3.6.5 (v3.6.5:f59c0932b4, Mar 28 2018, 16:07:46) [MSC v.1900
32 bit (Intel)] on win32
Type "copyright", "credits" or "license()" for more information.
>>> number = [12,45,27,6,33]
>>> number.sort()  #由小到大排序
>>> print("number列表由小到大排序：",number)
number列表由小到大排序： [6, 12, 27, 33, 45]
>>> fruits = ['orange','watermelon','banana','apple']
>>> fruits.sort()  #由小到大排序
>>> print("fruits列表由小到大排序：",fruits)
fruits列表由小到大排序： ['apple', 'banana', 'orange', 'watermelon']
>>> #根据字符串首个字符依序比较大小
```

图 4-16　列表排序示例 1

若想要由大到小排序,在 sort( )方法中加入 reverse=True(见图 4-17),表达式为

list_name.sort(reverse=True)

列表可以使用 sorted( )函数排序列表,与 sort( )方法不同的是,排序完不会更改原来的列表,而是回传一个排序完后的新列表(见图 4-18)。表达式为

sorted_list = sorted(list_name)　# 由小到大排序

sorted_list = sorted(list_name,reverse=True)　# 由大到小排序

```
Python 3.6.5 (v3.6.5:f59c0932b4, Mar 28 2018, 16:07:46) [MSC v.1900 32 bit (Intel)] on win32
Type "copyright", "credits" or "license()" for more information.
>>> number = [22,15,67,55,42,5,38]
>>> number.sort(reverse=True)
>>> print("number列表由大到小排序：",number)
number列表由大到小排序： [67, 55, 42, 38, 22, 15, 5]
>>> 
```

图 4-17 列表排序示例 2

```
Python 3.6.5 (v3.6.5:f59c0932b4, Mar 28 2018, 16:07:46) [MSC v.1900 32 bit (Intel)] on win32
Type "copyright", "credits" or "license()" for more information.
>>> number = [12,46,53,21,7,40]
>>> sorted_number = sorted(number)  #由小到大排序
>>> print("number由小到大排序：",sorted_number)
number由小到大排序： [7, 12, 21, 40, 46, 53]
>>> sorted_number = sorted(number,reverse=True)  #由大到小排序
>>> print("number由大到小排序：",sorted_number)
number由大到小排序： [53, 46, 40, 21, 12, 7]
>>> print("原来的number保持不变",number)
原来的number保持不变 [12, 46, 53, 21, 7, 40]
>>> 
```

图 4-18 列表排序示例 3

Python 小试牛刀

1. 请建立一个列表，输入 10 个喜欢的食物(英文或拼音)，并执行以下操作：

(1) 输出全部的列表。

(2) 输出反向的列表。

(3) 输出由小到大的列表。

(4) 输出由大到小的列表。

(5) 请在第一个位置增加'apple'元素，最后位置增加'banana'元素，并输出。

(6) 请在中间位置增加'cake'元素，并输出。

(7) 请删除第 4 和第 8 位置元素，并输出。

2. 本章介绍了 list 列表和 str 字符串的方法，请读者使用 dir( )函数查看方法名称和 help( )函数查看方法说明，练习其他方法的使用。举例：help(str.strip)，查看使用 str 字符串 strip 方法的说明。

第 5 章　元组

第 4 章介绍了列表的使用，我们在很多实际的应用中常常需要用到列表，并且可以随时更改列表中的元素。但是，一个良好且安全的代码，其中的有些数据是不能让使用者轻易更改的，这时候就需要用到元组(tuple)的数据结构，也称为不可更改的列表。元组的结构比列表简单，占用较少的计算机资源，执行速度更快，并能更安全地保护数据。

* 元组的核心思想就是任何操作都不能改变元素。

5.1　元组的定义

列表的建立是将元素放在中括号“[ ]”内，而元组的建立是将元素放在小括号“( )”内，并且元素间用逗号隔开，表达式为

tuple_name = (元素 1,元素 2,…,元素 n)

其中 tuple_name 是元组的名称，用来存储序列，也可以看作变量的名称。

如果只有一个元素的元组，则表达式为

tuple_name = (元素 1,)　#元素右边需要再加一个逗号

图 5 - 1 所示为只有一个元素的元组示例。

5.2　元组的功能

元组的功能是元素不可更改且元组的长度也不可增加或减少，所以使用元组可以安全地保护元组内的元素(数据)，如游戏中固定的经验值，电影中固定的画面长宽等。

* 只有一个元素的元组需要多加一个逗号，否则会被认为是 int 数据类型，而非 tuple 数据类型。

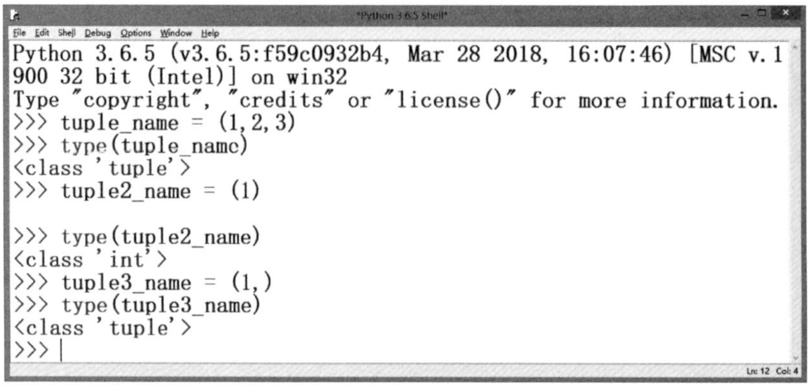

```
Python 3.6.5 (v3.6.5:f59c0932b4, Mar 28 2018, 16:07:46) [MSC v.1
900 32 bit (Intel)] on win32
Type "copyright", "credits" or "license()" for more information.
>>> tuple_name = (1,2,3)
>>> type(tuple_namc)
<class 'tuple'>
>>> tuple2_name = (1)

>>> type(tuple2_name)
<class 'int'>
>>> tuple3_name = (1,)
>>> type(tuple3_name)
<class 'tuple'>
>>> |
```

图 5-1　建立元组示例

若程序中有任何更改元素或长度的方法和函数等操作，程序都会报错，如图 5-2 所示。

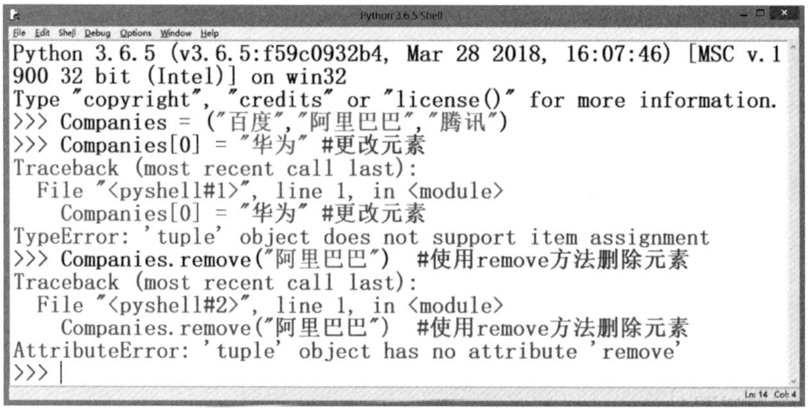

```
Python 3.6.5 (v3.6.5:f59c0932b4, Mar 28 2018, 16:07:46) [MSC v.1
900 32 bit (Intel)] on win32
Type "copyright", "credits" or "license()" for more information.
>>> Companies = ("百度","阿里巴巴","腾讯")
>>> Companies[0] = "华为" #更改元素
Traceback (most recent call last):
  File "<pyshell#1>", line 1, in <module>
    Companies[0] = "华为" #更改元素
TypeError: 'tuple' object does not support item assignment
>>> Companies.remove("阿里巴巴")  #使用remove方法删除元素
Traceback (most recent call last):
  File "<pyshell#2>", line 1, in <module>
    Companies.remove("阿里巴巴")  #使用remove方法删除元素
AttributeError: 'tuple' object has no attribute 'remove'
>>> |
```

图 5-2　元组的元素不可更改

5.3　元组的基本操作

列表中不更改元素和长度的操作，都可以使用元组，例如读取元素、切片、max( )、min( )和 len( )等，如图 5-3 给出的示例。

5.4　zip( )可迭代对象打包成元组

zip( )函数可用于把可迭代对象作为参数，然后将对象中对应的元素打包成一个个元组，再返回由这些元组组成的 zip 对象，最后使用 list( )函数将 zip 对象转换成列表(见图 5-4)。

```
Python 3.6.5 (v3.6.5:f59c0932b4, Mar 28 2018, 16:07:46) [MSC v.1
900 32 bit (Intel)] on win32
Type "copyright", "credits" or "license()" for more information.
>>> scores = (62,85,97,74,66,82)
>>> print(scores[1])  #元组读取索引值为1的元素（第二个位置元素）
85
>>> print(scores[1:3])  #元组切片
(85, 97)
>>> print(max(scores))  #元组最大值
97
>>> print(min(scores))  #元组最小值
62
>>> print(len(scores))  #元组长度
6
>>> |
```

图5-3 元组的基本操作

如果放在zip( )函数的列表参数长度不相等，当其转成zip对象后，zip对象元素数量则依据较短的列表长度。

```
Python 3.6.5 (v3.6.5:f59c0932b4, Mar 28 2018, 16:07:46) [MSC v.1
900 32 bit (Intel)] on win32
Type "copyright", "credits" or "license()" for more information.
>>> student = ['王大明','陈小二','林中天']
>>> score = [95,86,81]
>>> zipdata = zip(student,score)
>>> listdata = list(zipdata)
>>> print(listdata)
[('王大明', 95), ('陈小二', 86), ('林中天', 81)]
>>>
```

图5-4 zip( )函数示例

zip( )函数内增加“ * ”符号，能将打包好的变量进行“解包”（见图5-5）。

```
>>> get_student,get_score = zip(*listdata)
>>> print(get_student)
('王大明', '陈小二', '林中天')
>>> print(get_score)
(95, 86, 81)
>>> |
```

图5-5 zip( )函数解包示例

Python小试牛刀

1. 请建立一个元组，自行设定元组内的元素，尝试修改元组的长度和元组的元素，观察与列表的差异。

2. 练习查看元组的方法说明，并实际操作一遍此方法。

第6章 字典

第 4 和第 5 章介绍了列表和元组，它们都是针对依序排列的“序列”数据结构，即只要知道元素的索引值，就可以根据索引值得到相对应位置的元素。本章介绍的字典(dict)适用于不是依序排列的“非序列”数据结构。因此，字典不是使用索引值来得到元素，而是使用“键-值(key-value)”，利用键(key)来取得值(value)。

6.1 什么是字典

字典的每一个元素都由“键-值”组成，字典的建立是把每一个“键-值”放在大括号“{ }”内，两两“键-值”之间用逗号隔开，表达式为

dict_name = {键 1:值 1, 键 2:值 2, ..., 键 n:值 n}

dict_name 是字典名称，也可作为变量名称。键是不可变的数据类型，可以是数字、字符串或元组，而值可以是任意的数据类型，如图 6-1 中的示例。

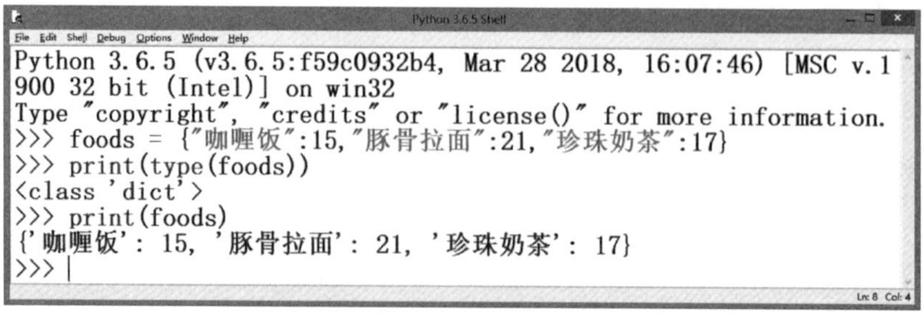
Python 3.6.5 Shell
File Edit Shell Debug Options Window Help
Python 3.6.5 (v3.6.5:f59c0932b4, Mar 28 2018, 16:07:46) [MSC v.1
900 32 bit (Intel)] on win32
Type "copyright", "credits" or "license()" for more information.
>>> foods = {"咖喱饭":15,"豚骨拉面":21,"珍珠奶茶":17}
>>> print(type(foods))
<class 'dict'>
>>> print(foods)
{'咖喱饭': 15, '豚骨拉面': 21, '珍珠奶茶': 17}
>>>
Ln: 8 Col: 4

图 6-1 建立字典示例

6.2　从字典的键获取值

字典的元素由“键-值”组成，如果想要得到键相对应的值，可以利用键直接从字典里取得值(见图6-2)，表达式为

*记住字典是先用中括号，再输入键。

dict_name[“指定的键”]

```
Python 3.6.5 (v3.6.5:f59c0932b4, Mar 28 2018, 16:07:46) [MSC v.1
900 32 bit (Intel)] on win32
Type "copyright", "credits" or "license()" for more information.
>>> foods = {"咖喱饭":15,"豚骨拉面":21,"珍珠奶茶":17}
>>> print(foods["咖喱饭"])  #列印出咖喱饭键的值
15
>>> |
```

图6-2　从字典的键获取值

字典不可以有重复的键，但可以有重复的值。当字典中有重复的键时，字典只会存储最后一个键的值，如图6-3所示。

```
Python 3.6.5 (v3.6.5:f59c0932b4, Mar 28 2018, 16:07:46) [MSC v.1
900 32 bit (Intel)] on win32
Type "copyright", "credits" or "license()" for more information.
>>> fruits = {"apple":5,"apple":12,"apple":16}  #有三个重复的键
>>> print(fruits)
{'apple': 16}
>>> #重复的键只保留最后一个
```

图6-3　字典的键不可以重复

6.3　增加字典的元素

若字典里想要增加新的“键-值”，则在字典名称设定新的键，然后赋值(见图6-4)，表达式为

dict_name[新的键] = 新的值

```
Python 3.6.5 (v3.6.5:f59c0932b4, Mar 28 2018, 16:07:46) [MSC v.1
900 32 bit (Intel)] on win32
Type "copyright", "credits" or "license()" for more information.
>>> foods = {"咖喱饭":15,"豚骨拉面":17,"肉夹馍":10}
>>> foods["麻辣香锅"] = 25  #新的键-值
>>> print(foods)
{'咖喱饭': 15, '豚骨拉面': 17, '肉夹馍': 10, '麻辣香锅': 25}
>>>
```

图6-4　增加字典的元素

6.4 更改字典的元素

字典里也可以更新现有的键的值,如图 6-5 所示,表达式为

dict_name[现有的键] = 新的值

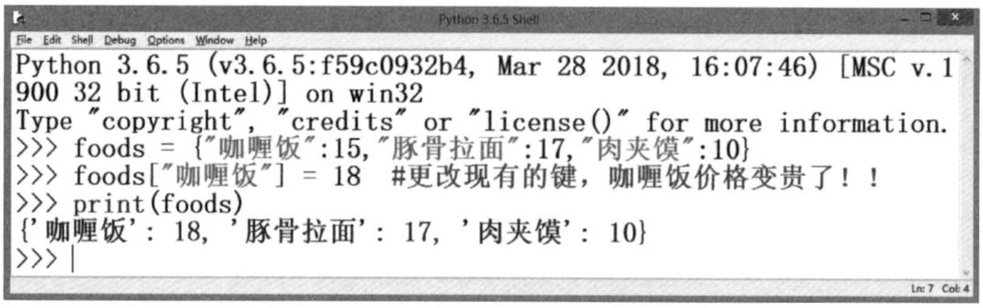

```
Python 3.6.5 (v3.6.5:f59c0932b4, Mar 28 2018, 16:07:46) [MSC v.1
900 32 bit (Intel)] on win32
Type "copyright", "credits" or "license()" for more information.
>>> foods = {"咖喱饭":15,"豚骨拉面":17,"肉夹馍":10}
>>> foods["咖喱饭"] = 18  #更改现有的键, 咖喱饭价格变贵了!!
>>> print(foods)
{'咖喱饭': 18, '豚骨拉面': 17, '肉夹馍': 10}
>>> |
```

图 6-5 更改字典的元素

6.5 删除字典的元素

如图 6-6 所示,如果想要删除字典特定的"键-值",则可以使用 del 关键字删除,表达式为

del dict_name[指定的键]

如果想要删除所有的"键-值",则可以使用 clear( )方法,表达式为

dict_name.clear( )

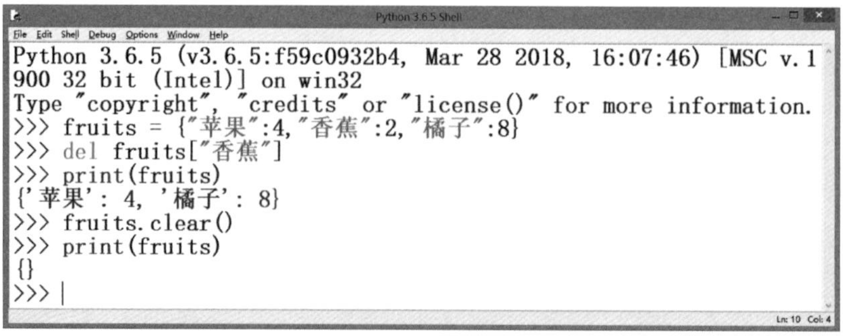

```
Python 3.6.5 (v3.6.5:f59c0932b4, Mar 28 2018, 16:07:46) [MSC v.1
900 32 bit (Intel)] on win32
Type "copyright", "credits" or "license()" for more information.
>>> fruits = {"苹果":4,"香蕉":2,"橘子":8}
>>> del fruits["香蕉"]
>>> print(fruits)
{'苹果': 4, '橘子': 8}
>>> fruits.clear()
>>> print(fruits)
{}
>>> |
```

图 6-6 删除字典的元素

6.6　字典的函数和方法操作

同样地，字典也有函数以及方法的操作，下面分别介绍 len( )、fromkeys( )、get( )、pop( )函数。

6.6.1　len( )函数

这个函数可以算出字典元素的个数，图 6－7 给出了示例。

```
Python 3.6.5 (v3.6.5:f59c0932b4, Mar 28 2018, 16:07:46) [MSC v.1
900 32 bit (Intel)] on win32
Type "copyright", "credits" or "license()" for more information.
>>> foods = {"咖喱饭":15,"豚骨拉面":17,"肉夹馍":12}
>>> print("foods字典的长度：",len(foods))
foods字典的长度： 3
>>> |
```

图 6－7　计算字典长度

6.6.2　fromkeys( )函数

这个函数是一种建立字典的方法，表达式为

dict_name = dict.fromkeys(列表，value)

dict_name 是字典名称，也是变量名称，读取由列表内容为键，value 内容为值的字典，则所有键的值都是 value。如果没有设定 value，则预设为 None，None 代表未设定数据类型的变量，如图 6－8 所示。

```
Python 3.6.5 (v3.6.5:f59c0932b4, Mar 28 2018, 16:07:46) [MSC v.1900 3
2 bit (Intel)] on win32
Type "copyright", "credits" or "license()" for more information.
>>> data = ["key1","key2"]
>>> New_dict = dict.fromkeys(data,10)   #建立字典，键为列表内容，值为10
>>> print(New_dict)
{'key1': 10, 'key2': 10}
>>> New_dict = dict.fromkeys(data)
>>> print(New_dict)
{'key1': None, 'key2': None}
>>>
```

＊先用列表将键储存下来，然后再建立字典。

图 6－8　用 fromkeys( )函数建立字典

6.6.3　get( )函数

搜寻字典的键，如果键存在，则会回传该键的值；如果键不存在，则回传预设值

None。预设值可以自行设定(见图 6-9),表达式为

get_value = dict.get(键,预设值)

```
Python 3.6.5 (v3.6.5:f59c0932b4, Mar 28 2018, 16:07:46) [MSC v.1900 32 bit (Intel)] on win32
Type "copyright", "credits" or "license()" for more information.
>>> foods = {"咖喱饭":15,"豚骨拉面":17,"肉夹馍":12}
>>> get_value = foods.get("咖喱饭")  #寻找咖喱饭的值
>>> print("咖喱饭的价格: ",get_value)
咖喱饭的价格:  15
>>> get_value = foods.get("麻辣香锅")  #寻找麻辣香锅的值
>>> print("麻辣香锅的价格: ",get_value)
麻辣香锅的价格:  None
>>> #未找到麻辣香锅,预设值为None
>>> get_value = foods.get("麻辣香锅",20)
>>> print("麻辣香锅的价格: ",get_value)
麻辣香锅的价格:  20
>>> #设定预设值为20
>>> |
```

图 6-9 取得指定键的值

6.6.4 pop( )函数

这个函数可以删除字典的元素,表达式为

get_value = dict.pop(键,预设值)

如图 6-10 所示,如果想删除的键存在的话,就会删除指定的“键-值”,并且回传被删除的键的值;如果想删除的键不存在的话,则会回传预设值;若没指定预设值,则默认为 KeyError。

```
Python 3.6.5 (v3.6.5:f59c0932b4, Mar 28 2018, 16:07:46) [MSC v.1900 32 bit (Intel)] on win32
Type "copyright", "credits" or "license()" for more information.
>>> foods = {"咖喱饭":15,"豚骨拉面":17,"肉夹馍":12}
>>> get_value = foods.pop("咖喱饭")
>>> print(get_value)
15
>>> print(foods)
{'豚骨拉面': 17, '肉夹馍': 12}
>>> get_value = foods.pop("麻辣香锅","不存在此键")
>>> print(get_value)
不存在此键
>>> |
```

图 6-10 删除指定的“键-值”

Python 小试牛刀

1. 有一个字典是 foods = {'咖喱饭':15, '豚骨拉面':12, '肉夹馍':10},请设

计一个程序,能输入"键-值",并且检查键是否出现在 foods 字典内。如果出现,则输出键已经在字典了;如果不出现,则在 foods 字典内增加此"键-值",并输出整个字典。

2. 练习查看其他的字典方法说明,并实际操作一遍此方法。

第 7 章　集合

集合(set)是无排序的不重复序列数据结构,强调每个元素都是“唯一”的。元素内容是不可变的,比如数字、字符串和元组等,而可变的列表、字典和集合不能作为元素内容。集合的本身是可变的,可以增加或删除元素。因为集合是无序的,所以集合的操作可能会得到不同排列的结果。

7.1　建立集合

集合的建立是把元素放在大括号“{ }”内,或使用 set( )函数。大括号内的元素内容为数字、字符串和元组等不可变数据类型。set( )函数内的元素内容为字符串、列表和元组。图 7 - 1 给出了示例。

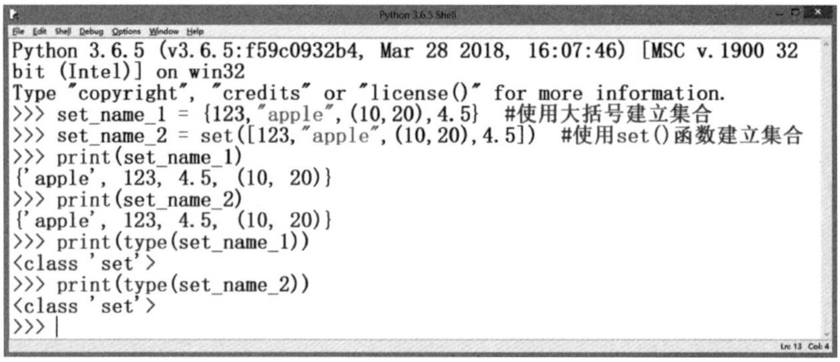

```
Python 3.6.5 (v3.6.5:f59c0932b4, Mar 28 2018, 16:07:46) [MSC v.1900 32
bit (Intel)] on win32
Type "copyright", "credits" or "license()" for more information.
>>> set_name_1 = {123,"apple",(10,20),4.5}   #使用大括号建立集合
>>> set_name_2 = set([123,"apple",(10,20),4.5])  #使用set()函数建立集合
>>> print(set_name_1)
{'apple', 123, 4.5, (10, 20)}
>>> print(set_name_2)
{'apple', 123, 4.5, (10, 20)}
>>> print(type(set_name_1))
<class 'set'>
>>> print(type(set_name_2))
<class 'set'>
>>> |
```

图 7 - 1　建立集合示例

如果建立集合的时候有重复元素的情形,则重复的部分会被删除,如图 7 - 2 所示。

```
Python 3.6.5 (v3.6.5:f59c0932b4, Mar 28 2018, 16:07:46) [MSC v.1
900 32 bit (Intel)] on win32
Type "copyright", "credits" or "license()" for more information.
>>> fruits = {'苹果','香蕉','橘子','香蕉','苹果'}  #元素重复
>>> print(fruits)
{'苹果', '橘子', '香蕉'}
>>> #集合会把重复的元素删去，只留下一个
```

图 7－2　集合的元素不能重复

7.2　集合的操作

如表 7－1 所示，这里将依序介绍集合的操作方法。

表 7－1　集合的操作描述

Python 符号	描　　述
&	交集
|	并集(合集)
－	差集
==	等于
!=	不等于
in	是成员关系
not in	不是成员关系

7.2.1　交集(intersection)

如图 7－3 所示，有两个集合 A 和 B，如果想要得到同时属于 A 和 B 的数据，就要使用交集的操作(A & B)。图 7－5 给出了示例。

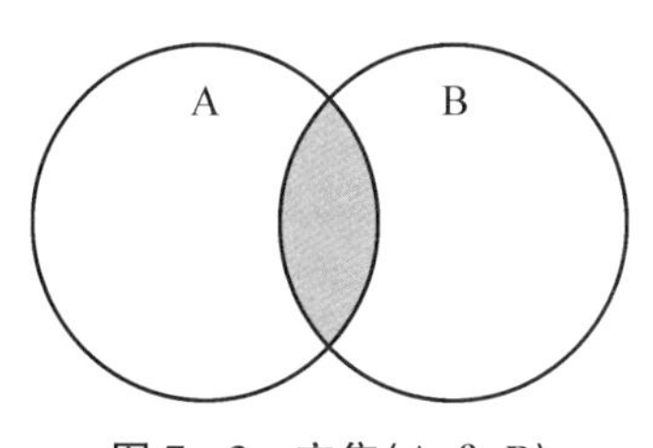

图 7－3　交集(A & B)

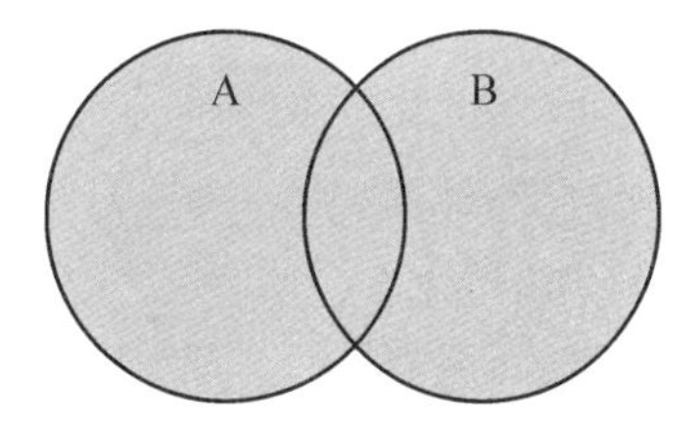

图 7－4　并集(A | B)

7.2.2　并集(union)

如图 7－4 所示，有两个集合 A 和 B，如果想要同时得到 A 和 B 的全部数据，就要使用并集的操作(A | B)，并集也可以称为合集。图 7－6 给出了示例。

```
Python 3.6.5 (v3.6.5:f59c0932b4, Mar 28 2018, 16:07:46) [MSC v.1900 32 bit (Intel)] on win32
Type "copyright", "credits" or "license()" for more information.
>>> A_fruits = {'apple','banana','orange','pineapple','grape'}
>>> B_fruits = {'banana','watermelon','papaya','orange'}
>>> both_fruits = A_fruits & B_fruits
>>> print("两间水果店都有卖的水果：",both_fruits)
两间水果店都有卖的水果： {'orange', 'banana'}
>>> |
```

图 7-5　交集操作示例

```
Python 3.6.5 (v3.6.5:f59c0932b4, Mar 28 2018, 16:07:46) [MSC v.1900 32 bit (Intel)] on win32
Type "copyright", "credits" or "license()" for more information.
>>> A_fruits = {'apple','banana','orange','pineapple','grape'}
>>> B_fruits = {'banana','watermelon','papaya','orange'}
>>> all_fruits = A_fruits | B_fruits
>>> print("两间水果店卖的全部水果种类：",all_fruits)
两间水果店卖的全部水果种类： {'orange', 'apple', 'banana', 'pineapple', 'papaya', 'watermelon', 'grape'}
>>> |
```

图 7-6　并集操作示例

7.2.3　差集(difference)

如图 7-7 所示，有两个集合 A 和 B，如果想要得到同时属于 A 但不属于 B 的数据，就要使用差集的操作(A—B)；如果想要得到同时属于 B 但不属于 A 的数据，就要使用差集的操作(B—A)。图 7-8 给出了举例。

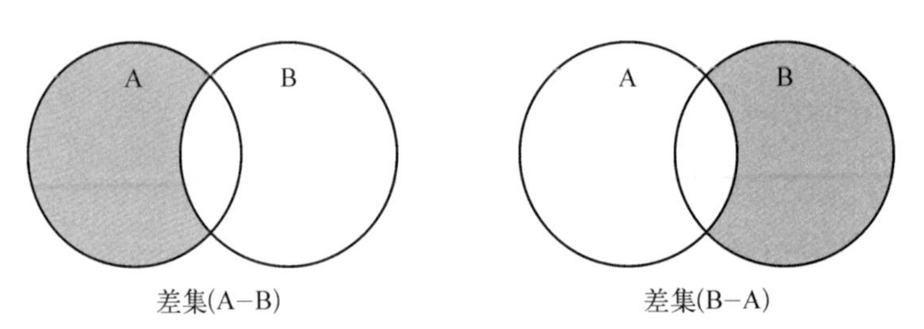

图 7-7　两种差集

```
Python 3.6.5 (v3.6.5:f59c0932b4, Mar 28 2018, 16:07:46) [MSC v.1900 32 bit (Intel)] on win32
Type "copyright", "credits" or "license()" for more information.
>>> A_fruits = {'apple','banana','orange','pineapple','grape'}
>>> B_fruits = {'banana','watermelon','papaya','orange'}
>>> only_A_fruits = A_fruits - B_fruits
>>> only_B_fruits = B_fruits - A_fruits
>>> print("A水果店有卖但是B水果店没卖的水果",only_A_fruits)
A水果店有卖但是B水果店没卖的水果 {'grape', 'apple', 'pineapple'}
>>> print("B水果店有卖但是A水果店没卖的水果",only_B_fruits)
B水果店有卖但是A水果店没卖的水果 {'watermelon', 'papaya'}
>>> |
```

图 7-8　差集操作示例

7.2.4 等于与不等于

如图 7-9 所示,判断两个集合是否相等。如果相等,则回传 True,否则为 False。

```
Python 3.6.5 (v3.6.5:f59c0932b4, Mar 28 2018, 16:07:46) [MSC v.1
900 32 bit (Intel)] on win32
Type "copyright", "credits" or "license()" for more information.
>>> a = {1,2,3,4,5}
>>> b = {2,4,6,8,10}
>>> c = {1,2,3,4,5}
>>> print("a和b是否相等：", a==b)
a和b是否相等： False
>>> print("a和c是否相等：", a==c)
a和c是否相等： True
>>> |
```

图 7-9 等于操作示例

如图 7-10 所示,判断两个集合是否不相等。如果不相等,则回传 True,否则为 False。

```
Python 3.6.5 (v3.6.5:f59c0932b4, Mar 28 2018, 16:07:46) [MSC v.1
900 32 bit (Intel)] on win32
Type "copyright", "credits" or "license()" for more information.
>>> a = {1,2,3,4,5}
>>> b = {2,4,6,8,10}
>>> c = {1,2,3,4,5}
>>> print("a和b是否不相等：", a!=b)
a和b是否不相等： True
>>> print("a和c是否不相等：", a!=c)
a和c是否不相等： False
>>> |
```

图 7-10 不等于操作示例

7.2.5 成员关系

Python 关键字“in”可以测试某一元素是否是集合的元素(成员关系),如图 7-11 所给出的示例。

```
Python 3.6.5 (v3.6.5:f59c0932b4, Mar 28 2018, 16:07:46) [MSC v.1900 32
bit (Intel)] on win32
Type "copyright", "credits" or "license()" for more information.
>>> fruits = {'apple','banana','orange'}
>>> print("orange是不是属于fruits集合？","orange" in fruits)
orange是不是属于fruits集合？ True
>>> print("watermelon是不是属于fruits集合？","watermelon" in fruits)
watermelon是不是属于fruits集合？ False
>>> |
```

图 7-11 成员关系操作示例(in)

Python 关键字“not in”可以测试某一元素是否不是集合的元素(成员关系),如图 7-12 所给出的示例。

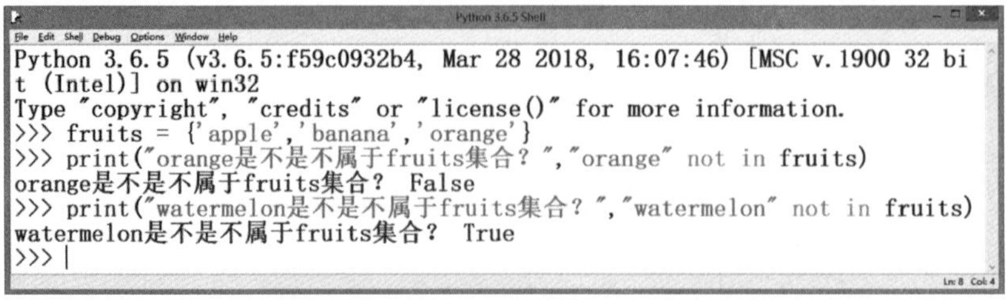

```
Python 3.6.5 (v3.6.5:f59c0932b4, Mar 28 2018, 16:07:46) [MSC v.1900 32 bit (Intel)] on win32
Type "copyright", "credits" or "license()" for more information.
>>> fruits = {'apple','banana','orange'}
>>> print("orange是不是不属于fruits集合? ","orange" not in fruits)
orange是不是不属于fruits集合?  False
>>> print("watermelon是不是不属于fruits集合? ","watermelon" not in fruits)
watermelon是不是不属于fruits集合?  True
>>> |
```

图 7-12　成员关系操作示例(not in)

7.3　集合的方法

集合的方法有很多种,下面简单介绍其中几种常用的函数: ① add( );② clear( );③ remove( );④ discard( );⑤ pop( );⑥ update( )。

7.3.1　add( )函数

集合使用 add( )函数来增加新的元素,图 7-13 给出了示例,其表达式为

set_name.add(新的元素)

*因为集合是无序的,所以可以观察到输入和输出的排序不同。

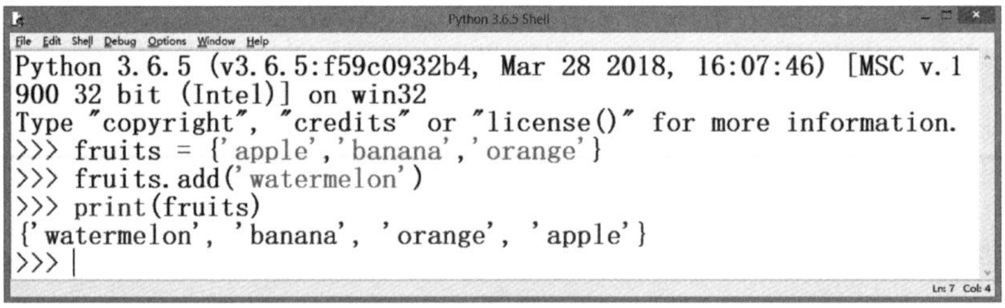

```
Python 3.6.5 (v3.6.5:f59c0932b4, Mar 28 2018, 16:07:46) [MSC v.1900 32 bit (Intel)] on win32
Type "copyright", "credits" or "license()" for more information.
>>> fruits = {'apple','banana','orange'}
>>> fruits.add('watermelon')
>>> print(fruits)
{'watermelon', 'banana', 'orange', 'apple'}
>>> |
```

图 7-13　集合增加新的元素 add( )

7.3.2　clear( )函数

集合使用 clear( )函数可以删除集合内的所有元素,如图 7-14 所示,其表达式为

set_name.clear( )

7.3.3　remove( )函数

集合使用 remove( )函数删除集合中特定的元素,如果此元素不在集合中,则会

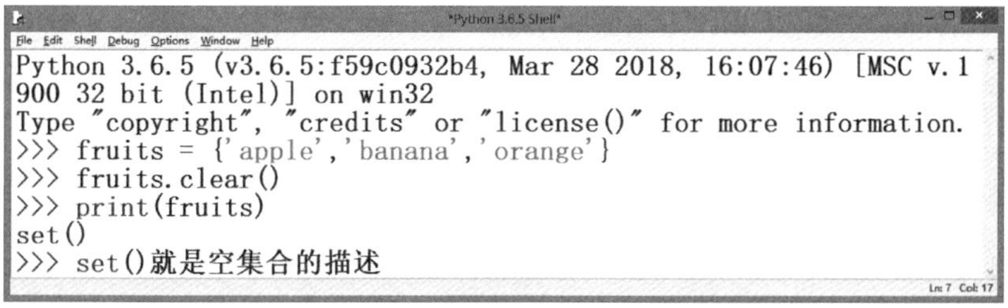
Python 3.6.5 Shell
File Edit Shell Debug Options Window Help
Python 3.6.5 (v3.6.5:f59c0932b4, Mar 28 2018, 16:07:46) [MSC v.1
900 32 bit (Intel)] on win32
Type "copyright", "credits" or "license()" for more information.
>>> fruits = {'apple','banana','orange'}
>>> fruits.clear()
>>> print(fruits)
set()
>>> set()就是空集合的描述
Ln: 7 Col: 17

图 7-14　删除集合内所有元素 clear( )

产生 KeyError 错误，如图 7-15 所示，表达式为

set_name.remove(特定的元素)

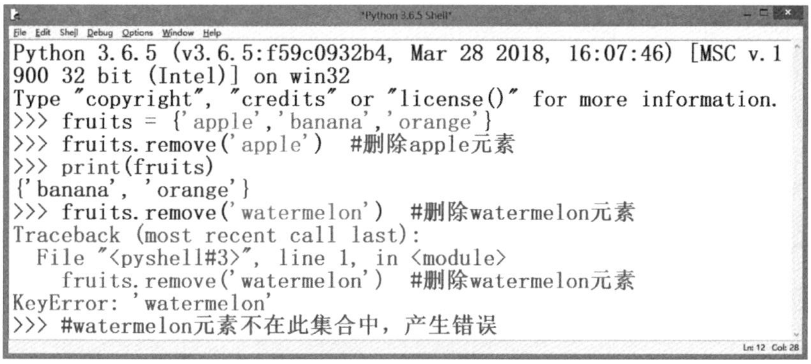
Python 3.6.5 Shell
File Edit Shell Debug Options Window Help
Python 3.6.5 (v3.6.5:f59c0932b4, Mar 28 2018, 16:07:46) [MSC v.1
900 32 bit (Intel)] on win32
Type "copyright", "credits" or "license()" for more information.
>>> fruits = {'apple','banana','orange'}
>>> fruits.remove('apple') #删除apple元素
>>> print(fruits)
{'banana', 'orange'}
>>> fruits.remove('watermelon') #删除watermelon元素
Traceback (most recent call last):
File "<pyshell#3>", line 1, in <module>
fruits.remove('watermelon') #删除watermelon元素
KeyError: 'watermelon'
>>> #watermelon元素不在此集合中，产生错误
Ln: 12 Col: 28

图 7-15　删除集合中特定的元素 remove( )

7.3.4　discard( )函数

集合使用 discard( )函数可删除集合中特定的元素。即使此元素不在集合中，也不会产生错误，如图 7-16 所示，表达式为

set_name.discard(特定的元素)

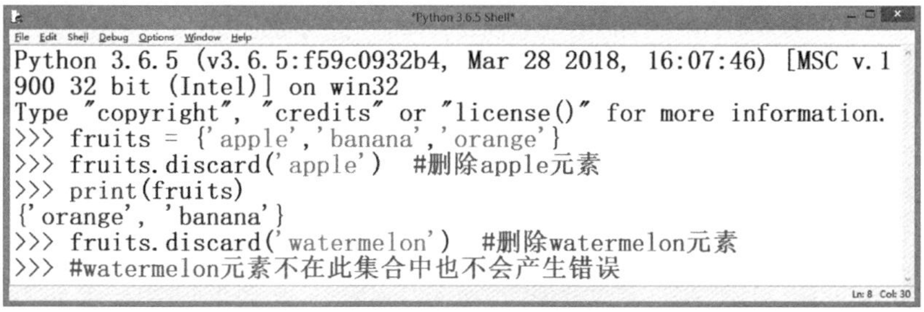
Python 3.6.5 Shell
File Edit Shell Debug Options Window Help
Python 3.6.5 (v3.6.5:f59c0932b4, Mar 28 2018, 16:07:46) [MSC v.1
900 32 bit (Intel)] on win32
Type "copyright", "credits" or "license()" for more information.
>>> fruits = {'apple','banana','orange'}
>>> fruits.discard('apple') #删除apple元素
>>> print(fruits)
{'orange', 'banana'}
>>> fruits.discard('watermelon') #删除watermelon元素
>>> #watermelon元素不在此集合中也不会产生错误
Ln: 8 Col: 30

图 7-16　删除集合中特定的元素 discard( )

7.3.5　pop( )函数

集合使用 pop( )函数可随机删除集合中的元素，并且回传被删除的元素。如果

是空集合,则会产生 TypeError 错误,如图 7-17 所示,表达式为

get_value = set_name.pop( )

get_value 是一个变量名称,获取集合中被删除的元素。

```
Python 3.6.5 (v3.6.5:f59c0932b4, Mar 28 2018, 16:07:46) [MSC v.1
900 32 bit (Intel)] on win32
Type "copyright", "credits" or "license()" for more information.
>>> fruits = {'apple','banana','orange'}
>>> get_fruits = fruits.pop()  #随机删除集合中的元素
>>> print("被删除的元素是: ",get_fruits)
被删除的元素是:  banana
>>> print(fruits)
{'apple', 'orange'}
>>> |
```

图 7-17 随机删除集合中的元素 pop( )

7.3.6 update( )函数

集合使用 update( )函数增加别的集合中的元素,意思是指将集合 B 的元素加到集合 A 内,如图 7-18 所示给出的示例,表达式为

集合 A.update(集合 B)

```
Python 3.6.5 (v3.6.5:f59c0932b4, Mar 28 2018, 16:07:46) [MSC v.1900 3
2 bit (Intel)] on win32
Type "copyright", "credits" or "license()" for more information.
>>> A_fruits = {'apple','banana','orange'}  #集合A
>>> B_fruits = {'watermelon','apple'}  #集合B
>>> A_fruits.update(B_fruits)  #将集合B元素加到集合A内, 重复元素不添加
>>> print(A_fruits)
{'watermelon', 'banana', 'apple', 'orange'}
>>> |
```

图 7-18 增加别的集合中的元素 update( )

7.4 集合的函数

集合的函数有很多种,这里简单介绍以下几种:① len( );② max( );③ min( );④ sorted( );⑤ sum( )。

7.4.1 len( )函数

集合使用 len( )函数计算集合的长度(见图 7-19),表达式为

len(set_name)

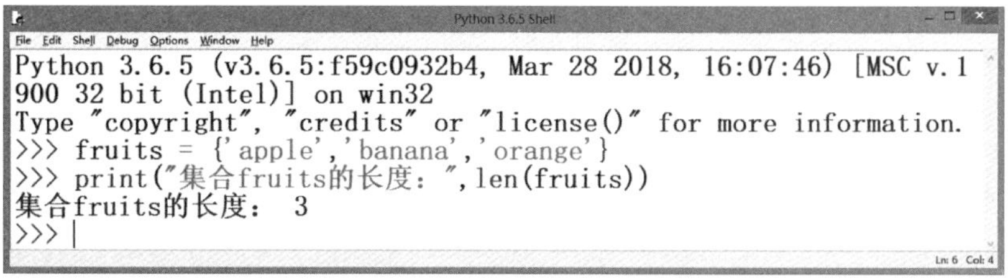
Python 3.6.5 Shell
File Edit Shell Debug Options Window Help
Python 3.6.5 (v3.6.5:f59c0932b4, Mar 28 2018, 16:07:46) [MSC v.1
900 32 bit (Intel)] on win32
Type "copyright", "credits" or "license()" for more information.
>>> fruits = {'apple','banana','orange'}
>>> print("集合fruits的长度：",len(fruits))
集合fruits的长度： 3
>>> |
Ln: 6 Col: 4

图 7 - 19　计算集合的长度

7.4.2　max( )函数

集合使用 max( )函数计算数字的最大值或字符、字符串的 Unicode 码最大值(见图 7 - 20),表达式为

max(set_name)

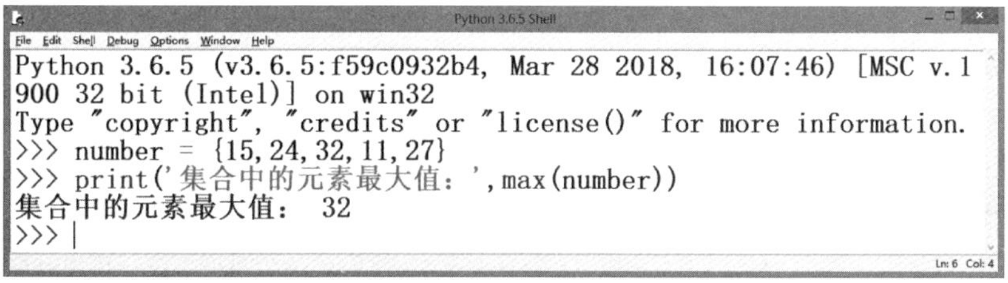
Python 3.6.5 Shell
File Edit Shell Debug Options Window Help
Python 3.6.5 (v3.6.5:f59c0932b4, Mar 28 2018, 16:07:46) [MSC v.1
900 32 bit (Intel)] on win32
Type "copyright", "credits" or "license()" for more information.
>>> number = {15,24,32,11,27}
>>> print('集合中的元素最大值：',max(number))
集合中的元素最大值： 32
>>> |
Ln: 6 Col: 4

图 7 - 20　计算集合中的最大值

7.4.3　min( )函数

集合使用 min( )函数计算数字的最小值或字符、字符串的 Unicode 码最小值(见图 7 - 21),表达式为

min(set_name)

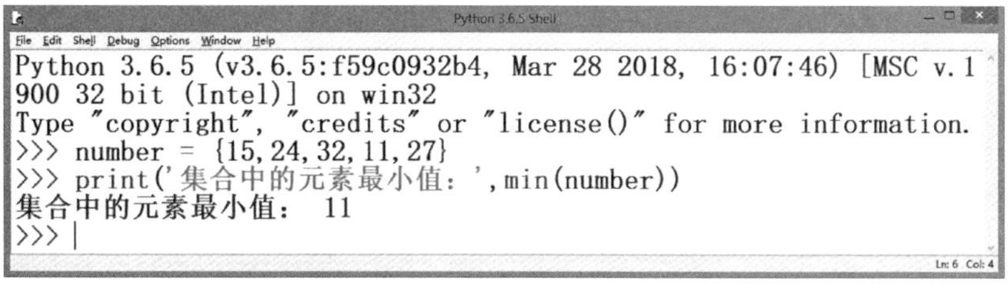
Python 3.6.5 Shell
File Edit Shell Debug Options Window Help
Python 3.6.5 (v3.6.5:f59c0932b4, Mar 28 2018, 16:07:46) [MSC v.1
900 32 bit (Intel)] on win32
Type "copyright", "credits" or "license()" for more information.
>>> number = {15,24,32,11,27}
>>> print('集合中的元素最小值：',min(number))
集合中的元素最小值： 11
>>> |
Ln: 6 Col: 4

图 7 - 21　计算集合中的最小值

7.4.4 sorted( )函数

集合使用 sorted 函数排列元素的大小顺序(见图 7-22),表达式为

sortcd(sct_name)　#由小到大排列

sorted(set_name,reverse=True)　#由大到小排列

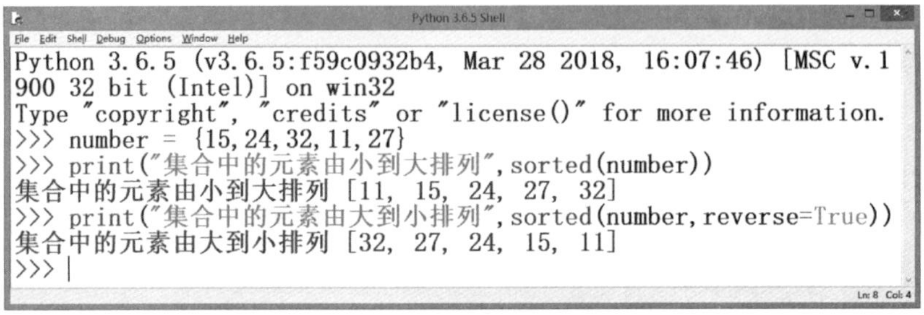

```
Python 3.6.5 (v3.6.5:f59c0932b4, Mar 28 2018, 16:07:46) [MSC v.1
900 32 bit (Intel)] on win32
Type "copyright", "credits" or "license()" for more information.
>>> number = {15,24,32,11,27}
>>> print("集合中的元素由小到大排列",sorted(number))
集合中的元素由小到大排列 [11, 15, 24, 27, 32]
>>> print("集合中的元素由大到小排列",sorted(number,reverse=True))
集合中的元素由大到小排列 [32, 27, 24, 15, 11]
>>> |
```

图 7-22　按照大小顺序排列集合

7.4.5 sum( )函数

集合使用 sum( )函数计算元素的总和,元素只能是数字(见图 7-23),表达式为

sum(set_name)

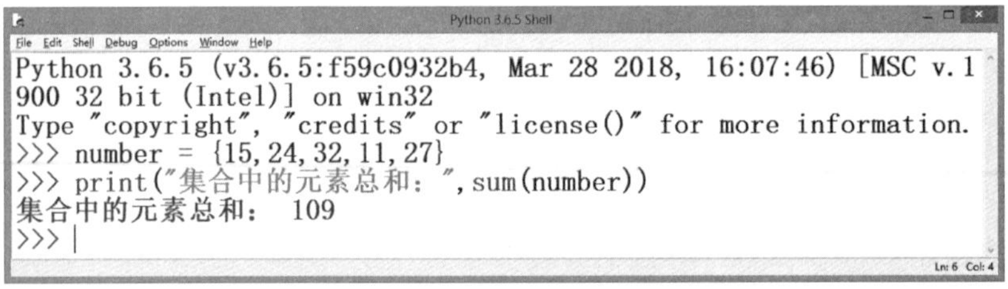

```
Python 3.6.5 (v3.6.5:f59c0932b4, Mar 28 2018, 16:07:46) [MSC v.1
900 32 bit (Intel)] on win32
Type "copyright", "credits" or "license()" for more information.
>>> number = {15,24,32,11,27}
>>> print("集合中的元素总和: ",sum(number))
集合中的元素总和:  109
>>> |
```

图 7-23　计算集合的总和

7.5 冻结集合

不可变的列表称为元组,而不可变的集合称为冻结集合(frozenset)。任何更改集合内容和长度的操作在冻结集合上都无法使用。图 7-24 给出了示例,与元组的特点相近,其表达式为

set_name = frozenset({元素 1,元素 2,…,元素 n})

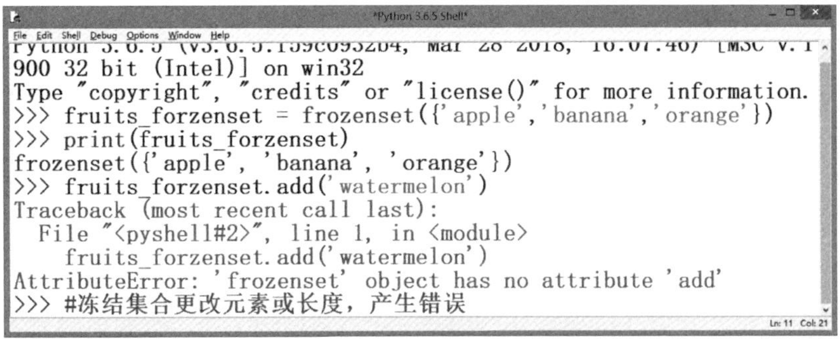

```
*Python 3.6.5 Shell*
File Edit Shell Debug Options Window Help
Python 3.6.5 (v3.6.5:f59c0932b4, Mar 28 2018, 16:07:46) [MSC v.1
900 32 bit (Intel)] on win32
Type "copyright", "credits" or "license()" for more information.
>>> fruits_forzenset = frozenset({'apple','banana','orange'})
>>> print(fruits_forzenset)
frozenset({'apple', 'banana', 'orange'})
>>> fruits_forzenset.add('watermelon')
Traceback (most recent call last):
  File "<pyshell#2>", line 1, in <module>
    fruits_forzenset.add('watermelon')
AttributeError: 'frozenset' object has no attribute 'add'
>>> #冻结集合更改元素或长度，产生错误
Ln: 11 Col: 21
```

图7-24　建立冻结集合示例

Python小试牛刀

1. 请建立两个集合：

A：1,3,5,7,9,10

B：1,2,3,4,5,6,7,8,9,10

然后计算出交集(A&B)、并集(A|B)和差集(A—B、B—A)。

2. 练习查看其他的集合方法说明，并实际操作一遍此方法。

第8章 循环设计

在程序设计中，循环语句能够简化代码的重复性和复杂性，下面就让我们通过一个简单的代码来体会循环语句如何轻巧地简化代码！

* 合理利用循环语句是非常必要的。有很多程序需要通过循环来保持运行状态。例如电脑或手机后台运行的服务程序就需要先在循环的过程中等待某些事件的发生，之后再做出特定的响应。

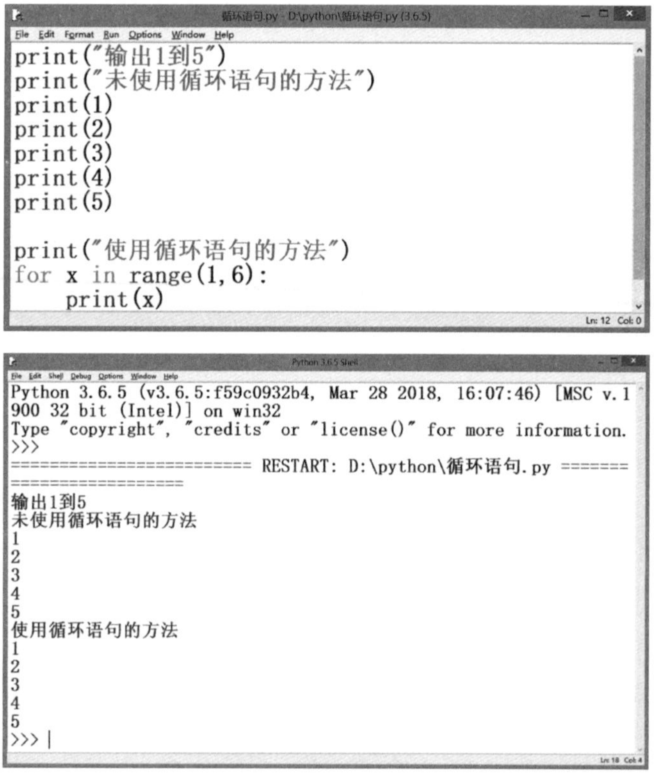

如图8－1中的示例，想要输出1到5的数字，虽然使用和不使用循环语句都能实现结果，但是使用循环语句只需要输入两行就能实现了。试想如果我们需要输出1

```
print("输出1到5")
print("未使用循环语句的方法")
print(1)
print(2)
print(3)
print(4)
print(5)

print("使用循环语句的方法")
for x in range(1,6):
    print(x)
```

```
Python 3.6.5 (v3.6.5:f59c0932b4, Mar 28 2018, 16:07:46) [MSC v.1
900 32 bit (Intel)] on win32
Type "copyright", "credits" or "license()" for more information.
>>>
======================== RESTART: D:\python\循环语句.py =======
==================
输出1到5
未使用循环语句的方法
1
2
3
4
5
使用循环语句的方法
1
2
3
4
5
>>> |
```

图8－1 循环设计的优点

到1 000的数呢？只需要将代码改成 range(1,1 001)就能快速实现，这是不是比没有使用循环语句的方法要简单得多呢？

8.1　循环的介绍

循环涉及循环语句和循环控制语句两个方面。循环语句分为 3 种：① for 循环语句；② while 循环语句；③ for 或 while 使用两个以上的嵌套语句。循环控制语句用来更改循环语句的执行顺序，让代码更加灵活，也分为 3 种：① break 语句；② continue 语句；③ pass 语句。下面逐一介绍这些语句。

8.2　for 循环语句

for 循环可以遍历任何可迭代对象，表达式为

for 变量名称 in 可迭代对象：
    执行的操作

＊注意：它和 if 判断句一样，是需要缩进执行的操作。

其中，变量名称用来读取每一轮循环中可迭代对象的元素，而可迭代对象可以是前面几章提到的列表、元组、字典和集合。图 8－2 所示为 for 循环语句的流程图。

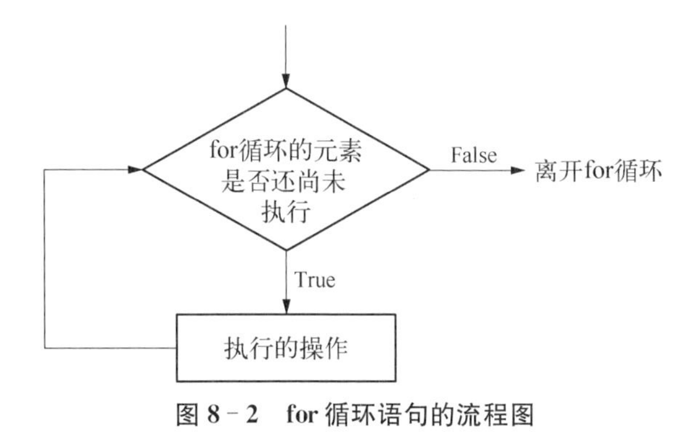

图 8－2　for 循环语句的流程图

＊遍历是沿着某种特定的顺序依次访问集合中的元素。在后面的学习中我们会经常在遍历的过程中对访问到的元素进行读取、修改、增加、删除等批量化的操作。

8.2.1　range( )函数

Python 使用 range( )函数“产生序列”并转成整数列表（见图 8－3），包括以下 3 种方法。

(1) 产生 list_name[0,…,n－1]列表：

list_name ＝ list(range(n))

(2) 产生 list_name[start,…,end－1]列表：

list_name = list(range(start,end))

(3) 产生 list_name 列表,start 起始值,end 终止值,step 间隔值:

list_name = list(range(start,end,step))

```
Python 3.6.5 (v3.6.5:f59c0932b4, Mar 28 2018, 16:07:46) [MSC v.1
900 32 bit (Intel)] on win32
Type "copyright", "credits" or "license()" for more information.
>>> number1 = list(range(8))  #方法一
>>> print(number1)  #0-7
[0, 1, 2, 3, 4, 5, 6, 7]
>>> number2 = list(range(2,6))  #方法二
>>> print(number2)  #2-5
[2, 3, 4, 5]
>>> number3 = list(range(0,8,2))  #方法三
>>> print(number3)
[0, 2, 4, 6]
>>> |
```

图 8-3 range( )函数示例

同理,也可以使用 tuple(range( ))和 set(range( ))产生序列的整数元组和集合。

利用 for 循环输出 range( )函数产生的序列,如图 8-4 所示,表达式为

for 变量名称 in range( ):
　print(变量名称)

```
Python 3.6.5 (v3.6.5:f59c0932b4, Mar 28 2018, 16:07:46) [MSC v.1
900 32 bit (Intel)] on win32
Type "copyright", "credits" or "license()" for more information.
>>> for number in range(0,6):
        print(number)  #number读取每一个range序列里的元素


0
1
2
3
4
5
>>> #在shell里有缩进的代码时需要回车两次才会执行代码
```

图 8-4 for 循环结合 range( )函数

8.2.2 for 循环遍历列表

使用 for 循环遍历列表的方法,表达式为

for 变量名称 in 列表:
　(执行的操作)
　print(变量名称)

通过 for 循环，变量名称依序取得列表的元素，每一轮都执行相应的操作，如图 8－5 所示给出的示例。

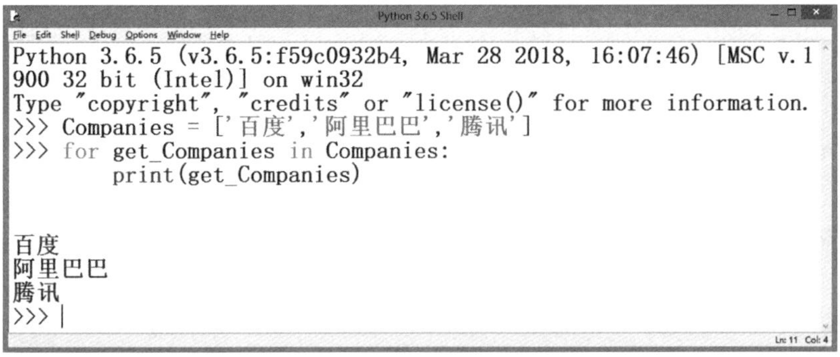
Python 3.6.5 Shell
File Edit Shell Debug Options Window Help
Python 3.6.5 (v3.6.5:f59c0932b4, Mar 28 2018, 16:07:46) [MSC v.1
900 32 bit (Intel)] on win32
Type "copyright", "credits" or "license()" for more information.
>>> Companies = ['百度','阿里巴巴','腾讯']
>>> for get_Companies in Companies:
print(get_Companies)
百度
阿里巴巴
腾讯
>>> |
Ln: 11 Col: 4

图 8－5　for 循环遍历列表

另外还有一种使用 range( )函数遍历列表的方法，通过 range( )函数得到的序列当作列表的索引值，然后读取该索引值的元素，如图 8－6 所示。

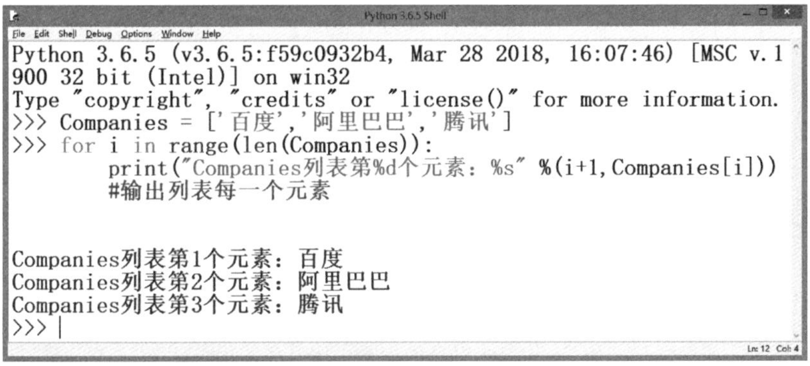
Python 3.6.5 Shell
File Edit Shell Debug Options Window Help
Python 3.6.5 (v3.6.5:f59c0932b4, Mar 28 2018, 16:07:46) [MSC v.1
900 32 bit (Intel)] on win32
Type "copyright", "credits" or "license()" for more information.
>>> Companies = ['百度','阿里巴巴','腾讯']
>>> for i in range(len(Companies)):
print("Companies列表第%d个元素: %s" %(i+1,Companies[i]))
#输出列表每一个元素
Companies列表第1个元素: 百度
Companies列表第2个元素: 阿里巴巴
Companies列表第3个元素: 腾讯
>>> |
Ln: 12 Col: 4

图 8－6　for 循环利用索引值遍历列表

8.2.3　for 循环遍历元组

＊回想一下，我们在第 4 章中介绍的列表的操作中有哪些可以在循环中进行的呢？

一种使用 for 循环遍历元组的方法与列表一样，图 8－7 给出了示例，表达式为

for 变量名称 in 元组：
　（执行的操作）
　print(变量名称)

另外一种使用 range( )函数遍历元组的方法是通过 range( )函数得到的序列当作元组的索引值，然后读取该索引值的元素，如图 8－8 所示。

8.2.4　for 循环遍历字典

使用 for 循环遍历字典的方法比列表和元组的方法都要复杂，有以下 3 种方法。

```
Python 3.6.5 (v3.6.5:f59c0932b4, Mar 28 2018, 16:07:46) [MSC v.1
900 32 bit (Intel)] on win32
Type "copyright", "credits" or "license()" for more information.
>>> fruits = ('apple','banana','orange')
>>> for get_fruits in fruits:
        print(get_fruits)


apple
banana
orange
>>> |
```

图 8-7 for 循环遍历元组

```
Python 3.6.5 (v3.6.5:f59c0932b4, Mar 28 2018, 16:07:46) [MSC v.1
900 32 bit (Intel)] on win32
Type "copyright", "credits" or "license()" for more information.
>>> fruits = ('apple','banana','orange')
>>> for i in range(len(fruits)):
        print("fruits元组第%d个元素: %s" %(i+1,fruits[i]))


fruits元组第1个元素: apple
fruits元组第2个元素: banana
fruits元组第3个元素: orange
>>> |
```

图 8-8 for 循环利用索引值遍历元组

* 回想一下,我们在第 6 章中介绍的字典的操作中有哪些可以在循环中进行的呢?

(1) 使用字典的 items( )方法回传"键-值"。

(2) 使用字典的 keys( )方法回传键。

(3) 使用字典的 values( )方法回传值。

图 8-9 给出了示例,其表达式为

(1) for 键变量名称,值变量名称 in Dict_name.items( ):

执行的操作

(2) for 键变量名称 in Dict_name.keys( ):

执行的操作

(3) for 值变量名称 in Dict_name.values( ):

执行的操作

```
Python 3.6.5 (v3.6.5:f59c0932b4, Mar 28 2018, 16:07:46) [MSC v.1900 32 bit (Intel)] on win32
Type "copyright", "credits" or "license()" for more information.
>>> foods = {'咖喱饭':15,'豚骨拉面':17,'肉夹馍':12}
>>> #方法一
>>> for foods_name,foods_price in foods.items():
	print('%s单价:%d元' %(foods_name,foods_price))


咖喱饭单价:15元
豚骨拉面单价:17元
肉夹馍单价:12元
>>> #方法二
>>> for foods_name in foods.keys():
	print('本店卖的食物有：',foods_name)


本店卖的食物有： 咖喱饭
本店卖的食物有： 豚骨拉面
本店卖的食物有： 肉夹馍
>>> |
```

```
Python 3.6.5 (v3.6.5:f59c0932b4, Mar 28 2018, 16:07:46) [MSC v.1900 32 bit (Intel)] on win32
Type "copyright", "credits" or "license()" for more information.
>>> foods = {'咖喱饭':15,'豚骨拉面':17,'肉夹馍':12}
>>> #方法三
>>> for foods_price in foods.values():
	print("各个食物的售价",foods_price)


各个食物的售价 15
各个食物的售价 17
各个食物的售价 12
>>> |
```

图 8 - 9　for 循环遍历字典

8.2.5　for 循环遍历集合

使用 for 循环遍历集合的方法(见图 8 - 10),其表达式为

for 变量名称 in 集合:
　(执行的操作)
　Print(变量名称)

* 回想一下,我们在第 7 章中介绍的集合的操作中有哪些可以在循环中进行的呢?

```
Python 3.6.5 (v3.6.5:f59c0932b4, Mar 28 2018, 16:07:46) [MSC v.1900 32 bit (Intel)] on win32
Type "copyright", "credits" or "license()" for more information.
>>> students = {'Kevin','Tom','Peter'}
>>> for get_students in students:
	print("学生名字：",get_students)


学生名字： Kevin
学生名字： Peter
学生名字： Tom
>>> |
```

图 8 - 10　for 循环遍历集合

因为集合是无序的,所以没有列表和元组针对索引值方法的循环设计。

8.3 while 循环语句

* 思考 while 和 for 循环语句在使用场景上各有什么优势和劣势?分别尝试使用这两种语句完成课后练习。

while 循环语句会一直执行操作直到条件判断为 False 才会离开循环,所以在设计 while 循环的时候要特别注意,条件判断不能一直是 True 的情形,这样会造成程序进入无限循环的状态。此时只能按下“Ctrl+C”键强制停止程序的执行,表达式为

while 条件判断句:
　　执行的操作

图 8-11 所示为 while 循环的流程图。

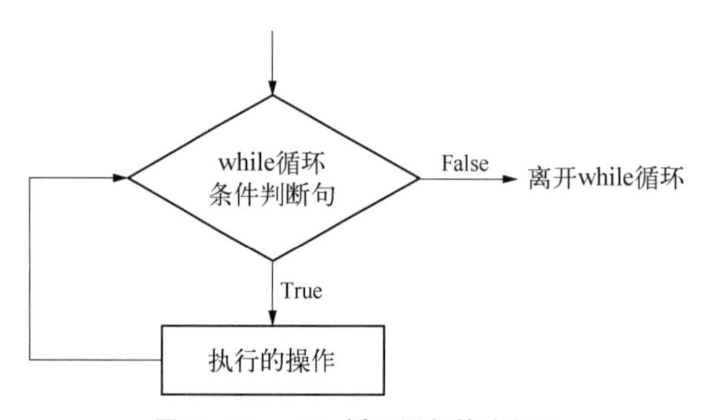

图 8-11　while 循环语句的流程图

下面让我们通过一个简单的代码来感受 while 循环语句的操作。如何输出1 加 2,然后一直加到 10 呢?如图 8-12 所示,读者可能会觉得不使用 while 循环语句只要输入一行就能得到答案了,反而使用 while 循环语句的方法却要输入好几行,这是因为问

* 这里容易出现的常见错误:① 忘记在 while 语句后面加“:”;② while 语句下面的两行语句没有缩进或者只有一行缩进。切记:需要在循环周期内执行的代码都必须缩进。

```
Python 3.6.5 (v3.6.5:f59c0932b4, Mar 28 2018, 16:07:46) [MSC v.1
900 32 bit (Intel)] on win32
Type "copyright", "credits" or "license()" for more information.
>>> #不使用while循环语句的方法
>>> print(1+2+3+4+5+6+7+8+9+10)
55
>>> #使用while循环语句的方法
>>> count=0
>>> sum_number=0
>>> while count <= 10:   #当count<=10时离开循环
        sum_number = sum_number + count   #sum_number+=count
        count = count + 1   #count += 1


>>> print("求和sum_number", sum_number)
求和sum_number 55
>>> |
```

图 8-12　while 循环的优点

题太简单了！如果改成输出 1 加到1 000呢？就只好使用 print(1+2+3+…+1 000)从1 慢慢输入到 1 000，而使用循环语句只需要改成 while count <= 1 000 就实现 1 加到1 000 的方法了！所以，善用 while 循环语句能够使问题更加简单且方便修改。

8.4　循环控制语句

常见的循环控制语句有 break 语句、continue 语句、pass 语句，表 8-1 列出了其相应的语句描述。

表 8-1　常见的循环控制语句

控制语句	描　　述
break 语句	循环内执行 break 语句，立即强制离开循环
continue 语句	循环内执行 continue 语句，循环回到判断句不往下执行
pass 语句	空语句，保留程序结构的完整性

8.4.1　break 语句

在设计循环语句时，如果想要当某些条件发生时离开循环，则可以在该条件判断句内执行 break 语句，这样程序会立即离开循环。如图 8-13 所示，常用表达式为

```
for 变量名称 in 可迭代对象:
    执行的操作 1
    if 条件判断句:
        执行的操作 2
        break
    执行的操作 3
```

请读者学会活用 break 语句，以上只是常用的表达式。如果是 while 循环使用 break 语句(for 变量名称 in 可迭代对象:)替换成(while 条件判断句:)，就能实现 while 循环的功能。

```
print('列印出1到20的数字，遇到15离开循环')
for number in range(1,21):
    if number == 15:
        print(11)
        break
    print(number,end=',')
```

```
Python 3.6.5 (v3.6.5:f59c0932b4, Mar 28 2018, 16:07:46) [MSC v.1900 32 bit (Intel)] on win32
Type "copyright", "credits" or "license()" for more information.
>>>
======================== RESTART: D:\python\break.py ========================
列印出1到20的数字，遇到15离开循环
1,2,3,4,5,6,7,8,9,10,11,12,13,14,11
>>> |
```

图 8－13　break 语句示例

8.4.2　continue 语句

在设计循环语句时，如果想要当某些条件发生时不再执行下面的操作，则可以在该条件判断句内执行 continue 语句，这样程序会立即回到条件判断句。如图 8－14所示，常用表达式为

* 请读者思考一下，continue 语句和 break 语句的区别是什么呢？

```
for 变量名称 in 可迭代对象：
    执行的操作 1
    if 条件判断句：
        执行的操作 2
        continue
    执行的操作 3
```

请读者学会活用 continue 语句，以上只是常用的表达式。如果是 while 循环使用 continue 语句(for 变量名称 in 可迭代对象：)替换成(while 条件判断句：)，就能实现 while 循环的功能。

```
#学生名字和成绩
students = [['Kevin',95],
            ['Tom',72],
            ['Jack',65],
            ['Linda',75],
            ['Sam',84]]
pass_num = 0 #及格人数
#计算成绩大于80分的学生以及个数
for student in students:
    if student[1] < 80:  #低于80分不执行操作
        continue
    print(student)
    pass_num += 1
print("一共有%d个学生考超过80分"%pass_num)
```

```
Python 3.6.5 (v3.6.5:f59c0932b4, Mar 28 2018, 16:07:46) [MSC v.1900 32 bit (Intel)] on win32
Type "copyright", "credits" or "license()" for more information.
>>>
===================== RESTART: D:\python\continue.py =====================
['Kevin', 95]
['Sam', 84]
一共有2个学生考超过80分
>>> |
```

图 8－14　continue 语句示例

8.4.3　pass 语句

pass 语句不会执行程序，它只是用于占位，从而使程序结构完整。比如将在第 9 章中介绍的函数设计，如果还未想好函数要如何写，就可以使用 pass 语句先跳过，等想好后再返回来写。这里需要注意，如果没有 pass 语句而只用一个空的函数，程序会报错(见图 8－15)，因此，我们可以使用图 8－16 所示的方法。

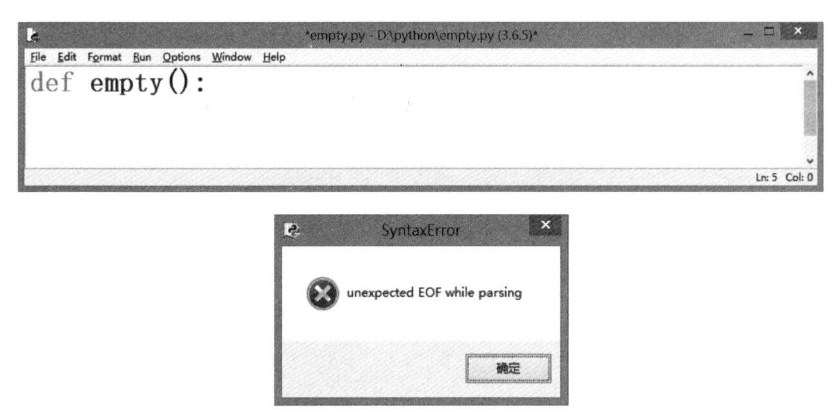

图 8－15　使用空函数而没有用 pass 语句，程序会报错

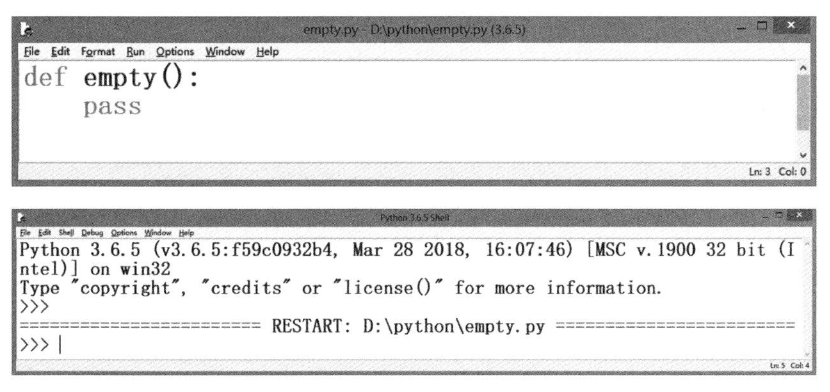

图 8－16　pass 语句示例

8.5　循环嵌套语句

循环嵌套语句是指一个循环内还有另一个循环。如果外层循环执行 n 次，内层循环执行 m 次，则整个循环执行的次数是 $n \cdot m$ 次。

8.5.1　循环嵌套 for 语句

使用 for 语句循环嵌套的表达式为

```
for 变量名称 in 可迭代对象:          # 外层 for 循环
    执行的操作
    for 变量名称 in 可迭代对象:      # 内层 for 循环
        执行的操作
```

这里需要特别注意:① 外层与内层的循环变量名称不能相同;② 需要正确缩进。

下面介绍分别使用 for 循环嵌套和 while 循环嵌套列印出九九乘法表(见图 8－17)。其中 print("%d＊%d=%－4d"%(n,m,result),end='')每输出一次结束字符为空格,%－4d 表示每一次输出预留 4 个空格空间。负号代表靠左输出,外层循环执行一次时,内层循环执行 9 次,列印一行结束时,print( )换行输出,接着外层循环再执行一次,这样重复执行后,整个循环一共执行 9×9=81 次。

```
multiplication table.py - D:\python\multiplication table.py (3.6.5)
File Edit Format Run Options Window Help
for n in range(1, 10):
    for m in range(1, 10):
        result = n * m
        print("%d*%d=%-4d"%(n, m, result), end='')
    print()
                                                    Ln: 10  Col: 13
```

```
Python 3.6.5 Shell
File Edit Shell Debug Options Window Help
Python 3.6.5 (v3.6.5:f59c0932b4, Mar 28 2018, 16:07:46) [MSC v.1900 32 bit (Intel)] on win32
Type "copyright", "credits" or "license()" for more information.
>>>
================= RESTART: D:\python\multiplication table.py =================
1*1=1   1*2=2   1*3=3   1*4=4   1*5=5   1*6=6   1*7=7   1*8=8   1*9=9
2*1=2   2*2=4   2*3=6   2*4=8   2*5=10  2*6=12  2*7=14  2*8=16  2*9=18
3*1=3   3*2=6   3*3=9   3*4=12  3*5=15  3*6=18  3*7=21  3*8=24  3*9=27
4*1=4   4*2=8   4*3=12  4*4=16  4*5=20  4*6=24  4*7=28  4*8=32  4*9=36
5*1=5   5*2=10  5*3=15  5*4=20  5*5=25  5*6=30  5*7=35  5*8=40  5*9=45
6*1=6   6*2=12  6*3=18  6*4=24  6*5=30  6*6=36  6*7=42  6*8=48  6*9=54
7*1=7   7*2=14  7*3=21  7*4=28  7*5=35  7*6=42  7*7=49  7*8=56  7*9=63
8*1=8   8*2=16  8*3=24  8*4=32  8*5=40  8*6=48  8*7=56  8*8=64  8*9=72
9*1=9   9*2=18  9*3=27  9*4=36  9*5=45  9*6=54  9*7=63  9*8=72  9*9=81
>>> |
                                                    Ln: 14  Col: 4
```

图 8－17　for 循环的九九乘法表

8.5.2　循环嵌套 while 语句

使用 while 语句循环嵌套的表达式为

```
while 条件判断句:          # 外层 while 循环
    执行的操作
    while 条件判断句:      # 内层 while 循环
        执行的操作
```

内外层循环执行完后会让条件判断句的变量 n 和 m 都加 1,直到最后条件判断小于等于 9 不成立时,离开循环。该方法和 for 循环嵌套相似(见图 8－18)。

```
n=1
while n <= 9:
    m=1
    while m <= 9:
        result = n * m
        print("%d*%d=%-4d"%(n,m,result),end='')
        m += 1
    n += 1
    print()
```

```
Python 3.6.5 (v3.6.5:f59c0932b4, Mar 28 2018, 16:07:46) [MSC v.1900 32 bit (In
tel)] on win32
Type "copyright", "credits" or "license()" for more information.
>>>
================= RESTART: D:\python\multiplication table.py =================
1*1=1    1*2=2    1*3=3    1*4=4    1*5=5    1*6=6    1*7=7    1*8=8    1*9=9
2*1=2    2*2=4    2*3=6    2*4=8    2*5=10   2*6=12   2*7=14   2*8=16   2*9=18
3*1=3    3*2=6    3*3=9    3*4=12   3*5=15   3*6=18   3*7=21   3*8=24   3*9=27
4*1=4    4*2=8    4*3=12   4*4=16   4*5=20   4*6=24   4*7=28   4*8=32   4*9=36
5*1=5    5*2=10   5*3=15   5*4=20   5*5=25   5*6=30   5*7=35   5*8=40   5*9=45
6*1=6    6*2=12   6*3=18   6*4=24   6*5=30   6*6=36   6*7=42   6*8=48   6*9=54
7*1=7    7*2=14   7*3=21   7*4=28   7*5=35   7*6=42   7*7=49   7*8=56   7*9=63
8*1=8    8*2=16   8*3=24   8*4=32   8*5=40   8*6=48   8*7=56   8*8=64   8*9=72
9*1=9    9*2=18   9*3=27   9*4=36   9*5=45   9*6=54   9*7=63   9*8=72   9*9=81
>>> |
```

图 8－18　while 循环的九九乘法表

＊请思考有没有什么办法可以在内层 while 循环中遇到某些条件时，使用 break 或 continue 语句来跳出外层循环？

Python 小试牛刀

1. 假设你的银行存款有 5 000 元，每年利息为 1.1%，请计算出你 10 年后的存款。
2. 请设计能输出以下结果的程序：

```
* * * * * * * * * *
* * * * * * * * *
* * * * * * * *
* * * * * * *
* * * * * *
* * * * *
* * * *
* * *
* *
*
```

3. 请计算出以下数列的值，其中 n 值是由使用者输入（输入错误还能重复输入）。

(1) $1 + 3 + 5 + \ldots + n$　　# n 请输入奇数

(2) $1/n + 2/n + \ldots + n/n$

第 9 章　函数设计

当我们设计一个大型的项目时，并不是主程序从头一直执行到尾，而是把项目中重复使用的功能写成一个函数(function)，当主程序需要这个功能时再调用特定的函数。当然函数和函数之间也能互相调用。善用函数的方法使得程序的编写、阅读、测试和修改都变得更简单了。图 9－1 所示为调用函数的基本流程。

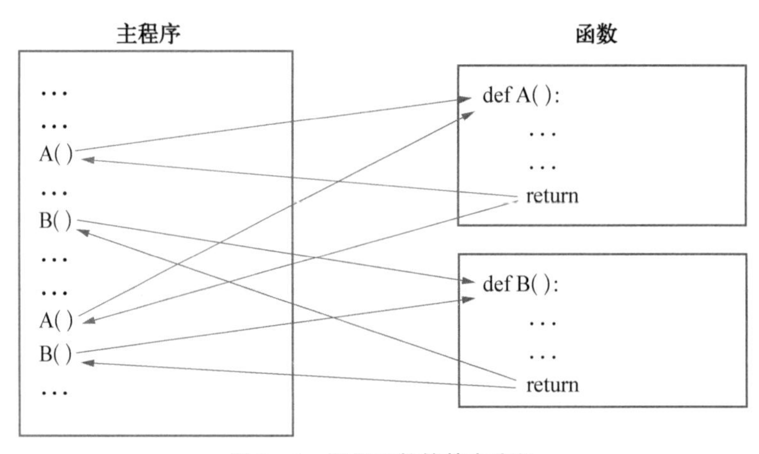

图 9－1　调用函数的基本流程

9.1　建立函数

＊建议读者在编写程序时养成编写注解的好习惯，注解能够让代码阅读者了解一段程序的功能。

在前几章中，我们使用了 Python 内建函数 len( )、max( )、sum( )等。这些函数在程序需要时可以随时调用，这让程序设计变得很简洁。如果我们想使用的函数没有在 Python 内建函数中，则需要引入模块(第 12 章将对模块进行说明)，如果也没有相应的模块，则可以自己设计新的函数，表达式为

def 函数名称(参数值 1，参数值 2，…，参数值 n)：
　　""" 函数注解"""
　　执行的操作
　　return 回传值 1，回传值 2，…，回传值 n

其中，函数名称必须是唯一的，并且可以通过函数名称调用此函数。参数值与回传值的数目是根据函数的功能决定的，甚至函数可以没有参数值和回传值，当没有回传值时就不需要写 return。参数值是执行操作时可以使用的变量，而回传值是函数执行完后回传值为调用此函数的程序。函数注解虽可有可无，但还是建议读者加上注解，以便开发大型程序时，别人可以通过注解了解你写的函数。

下面我们通过一个简单的代码来体会函数设计的精髓吧！如图 9－2 给出的示例，重复输出 print( )函数自我介绍，而使用函数设计只需要写一遍自我介绍后，通过调用函数就能实现相同的结果。对于大型的程序，函数的设计并不是像示例中这么简单，因此适当设计函数能让程序码简单明了。

```
print("不使用函数设计的方法")#不使用函数设计的方法
print("我叫王大明")
print("今年15岁")
print("兴趣是学习Python")
print("我叫王大明")
print("今年15岁")
print("兴趣是学习Python")
print("我叫王大明")
print("今年15岁")
print("兴趣是学习Python")
print(" \n")                    #使用\n换行符
print("使用函数设计的方法")    #使用函数设计的方法
def greeting():                 #定义greeting函数
    print("我叫王大明")
    print("今年15岁")
    print("兴趣是学习Python")
greeting() #调用函数
greeting() #调用函数
greeting() #调用函数
```

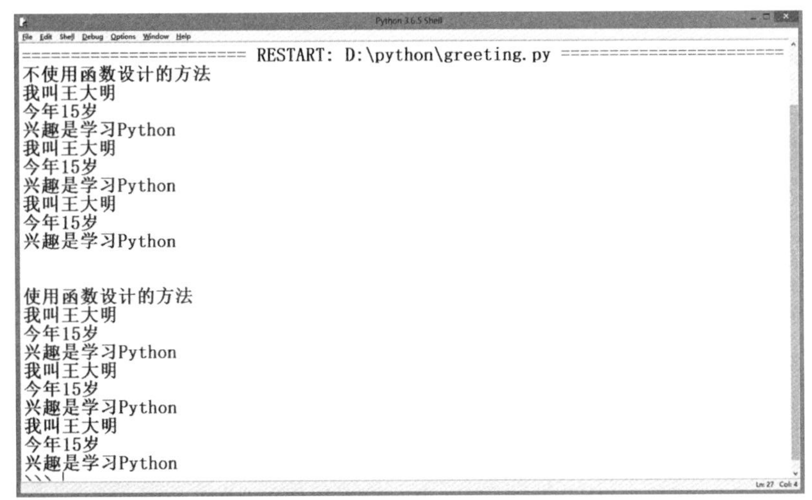

图 9－2　函数设计的优点

9.2 函数的参数值

函数的参数值用来在函数执行的操作中作为变量，可以是一个或多个参数，参数也能定义预设值，也能使用关键字的方式，直接传递某值到指定的参数。

9.2.1 一个参数的传递

如图 9-3 所示，定义 student(name)函数，调用函数时，'Kevin '和'周杰'字串值传递到 name 参数，并且在函数执行的操作中使用。

* 由于函数传递的名字是字符串，因此需要增加单引号''。

```
def student(name):
    """函数传递学生的名字"""
    print("学生名字：",name)
student('Kevin')
student('周杰')
```

```
Python 3.6.5 (v3.6.5:f59c0932b4, Mar 28 2018, 16:07:46) [MSC v.1900 32 bit (Intel)] on win32
Type "copyright", "credits" or "license()" for more information.
>>>
===================== RESTART: D:\python\student.py =====================
学生名字： Kevin
学生名字： 周杰
>>> |
```

图 9-3　一个参数的函数设计

9.2.2 多个参数的传递

如图 9-4 所示，定义 student(name,score)函数，调用函数时，'Kevin '和'周杰'字串值传递到 name 参数，而 95 和 80 数值传递到 score 参数，并且在函数执行的操作中使用。

```
def student(name, score):
    """函数传递学生的名字和成绩"""
    print("学生名字：",name,"，期末考成绩：",score)
student('Kevin',95)
student('周杰',80)
```

```
Python 3.6.5 (v3.6.5:f59c0932b4, Mar 28 2018, 16:07:46) [MSC v.1900 32 bit (Intel)] on win32
Type "copyright", "credits" or "license()" for more information.
>>>
===================== RESTART: D:\python\student.py =====================
学生名字： Kevin ，期末考成绩： 95
学生名字： 周杰 ，期末考成绩： 80
>>> |
```

图 9-4　多个参数的函数设计

9.2.3　关键字参数

前面两个示例在调用函数时传递的参数值都是按照顺序传递的。比如 student(name,score)函数中的 name 和 score 参数,调用 student('Kevin ',95),'Kevin '是第一个,所以会传递到 name 参数,而 95 会传递到 score 参数,依序传递。如果知道函数的参数名称,也可以使用参数名称(关键字)来指定参数值(见图 9-5)。

```
def student(name, score):
    """函数传递学生的名字和成绩"""
    print("学生名字：",name,"，期末考成绩：",score)
student(score=95, name='Kevin')    #使用关键字，顺序不一样
student(name='周杰',score=80)  #使用关键字，顺序一样
```

```
Python 3.6.5 (v3.6.5:f59c0932b4, Mar 28 2018, 16:07:46) [MSC v.1900 32 bit (I
ntel)] on win32
Type "copyright", "credits" or "license()" for more information.
>>>
====================== RESTART: D:\python\student.py ======================
学生名字： Kevin ，期末考成绩： 95
学生名字： 周杰 ，期末考成绩： 80
>>> |
```

图 9-5　关键字参数的函数设计

＊使用关键字传递参数时,参数顺序可以发生改变;如果没有使用关键字,则必须按照定义的顺序传递参数!

9.2.4　参数预设值

函数参数的设计可以使用预设值,如果调用函数的时候没有给出参数值,这时候就会使用预设值。注意定义参数的预设值,此参数要在函数定义参数的最右边,也就是说,先定义没有预设值的参数,以免程序报错。错误的程序如图 9-6 所示,图中灰底为报错提示。

```
Python 3.6.5 (v3.6.5:f59c0932b4, Mar 28 2018, 16:07:46) [MSC v.1
900 32 bit (Intel)] on win32
Type "copyright", "credits" or "license()" for more information.
>>> def student(score=95,name):
        print(name,score)

SyntaxError: non-default argument follows default argument
>>> |
```

```
def student(name,score,interest='打篮球'):
    """函数传递学生的名字、成绩和兴趣"""
    print("学生名字：",name,"，期末考成绩：",score,"，兴趣：",interest)
student('Kevin',95,'看电影')
student('周杰',80)  #最后一个参数没有给值，会使用预设值'打篮球'
```

```
Python 3.6.5 (v3.6.5:f59c0932b4, Mar 28 2018, 16:07:46) [MSC v.1900 32 bit (I
ntel)] on win32
Type "copyright", "credits" or "license()" for more information.
>>>
====================== RESTART: D:\python\student.py ======================
学生名字： Kevin ，期末考成绩： 95 ，兴趣： 看电影
学生名字： 周杰 ，期末考成绩： 80 ，兴趣： 打篮球
>>> |
```

图 9-6　参数预设值的函数设计

9.3　函数的回传值

有些函数的功能需要有回传值,比如 len( )函数回传数据类型的长度。但是有些函数没有回传值,此时 Python 会自动回传 None,可以当作“什么都没有”的意思。None 是一种特殊的数据类型 NoneType,判断时永远都是 False。读取函数回传值的方法为

get_value = Function_name( )

get_value 是单个或是多个变量用来读取 Function_name 函数的回传值。

9.3.1　回传 None

第 9.2 节中的示例全部都没有“return 回传值”,因此 Python 会自动处理成“return None”,也就是回传 None,如图 9 - 7 所示。

* 因为原函数没有定义 return 的内容,因此回传值是 None。

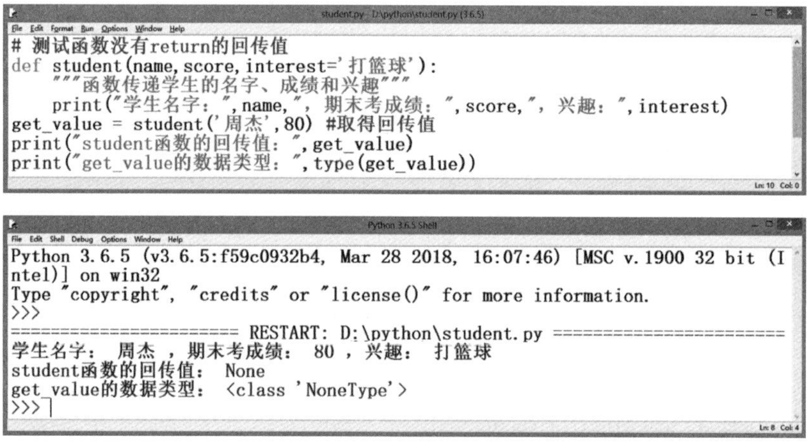
student.py - D:\python\student.py (3.6.5)
File Edit Format Run Options Window Help
# 测试函数没有return的回传值
def student(name, score, interest='打篮球'):
"""函数传递学生的名字、成绩和兴趣"""
print("学生名字: ",name,", 期末考成绩: ",score,", 兴趣: ",interest)
get_value = student('周杰',80) #取得回传值
print("student函数的回传值: ",get_value)
print("get_value的数据类型: ",type(get_value))
Ln: 10 Col: 0
Python 3.6.5 Shell
File Edit Shell Debug Options Window Help
Python 3.6.5 (v3.6.5:f59c0932b4, Mar 28 2018, 16:07:46) [MSC v.1900 32 bit (Intel)] on win32
Type "copyright", "credits" or "license()" for more information.
>>>
====================== RESTART: D:\python\student.py ======================
学生名字: 周杰 , 期末考成绩: 80 , 兴趣: 打篮球
student函数的回传值: None
get_value的数据类型: <class 'NoneType'>
>>>
Ln: 8 Col: 4

图 9 - 7　回传值为 None

9.3.2　单个回传值

函数的回传值可以增加程序的可读性,使得代码更加灵活,表达式为

return 回传值

回传值可以是单个或是多个,以下用简单的函数(见图 9 - 8)实现两数相加和相减的功能,让读者体会单个回传值的作用。

9.3.3　多个回传值

函数也可以有多个回传值,读取回传值的变量依序对照回传值的顺序,图 9 - 9 给出了示例。

```
def addition(x1,x2):
    """加法函数"""
    return x1 + x2
def subtract(x1,x2):
    """减法函数"""
    return x1 - x2
math_op = int(input("请输入算数运算符（1.加法 2.减法）："))
a = int(input("a: "))
b = int(input("b: "))
if math_op == 1:
    print("a + b = ",addition(a,b))
elif math_op == 2:
    print("a - b = ",subtract(a,b))
else:
    print("输入不正确")
```

```
======================== RESTART: D:\python\math.py ========================
请输入算数运算符（1.加法 2.减法）：1
a: 5
b: 8
a + b =  13
>>>
======================== RESTART: D:\python\math.py ========================
请输入算数运算符（1.加法 2.减法）：2
a: 4
b: 6
a - b =  -2
>>>
======================== RESTART: D:\python\math.py ========================
请输入算数运算符（1.加法 2.减法）：5
a: 10
b: 6
输入不正确
>>> |
```

图 9－8　单个回传值示例

```
def math(x1,x2):
    """加减乘除运算"""
    addresult = x1 + x2 #加
    subresult = x1 - x2 #减
    mulresult = x1 * x2 #乘
    divresult = x1 / x2 #除
    return addresult,subresult,mulresult,divresult
a = 10
b = 5
add,sub,mul,div = math(a,b)
print("a + b = ",add)
print("a - b = ",sub)
print("a * b = ",mul)
print("a / b = ",div)
```

```
Python 3.6.5 (v3.6.5:f59c0932b4, Mar 28 2018, 16:07:46) [MSC v.1900 32 bit (I
ntel)] on win32
Type "copyright", "credits" or "license()" for more information.
>>>
======================== RESTART: D:\python\math2.py ========================
a + b =  15
a - b =  5
a * b =  50
a / b =  2.0
>>> |
```

图 9－9　多个回传值示例

＊当需要多个回传值时，用逗号分隔即可，math()函数会按照顺序回传。

＊由于函数有 4 个回传值，因此在接收回传值时也要相应地设置 4 个量去接收回传值。

9.4　全局变量和局部变量

在定义函数时,变量名称要正确。除此之外,某个变量在该函数内使用,其影响范围只在函数内,这个变量称为局部变量(local variable)。而一般在主程序建立的变量称为全局变量(global variable),属于该程序里的函数也可以使用此变量,影响范围是整个程序。

9.4.1　全局变量

全局变量是在整个.py 文件中定义的,全局范围都可以使用此变量,如图 9－10 所示。

* 全局变量在整个.py 文件中都可以使用。

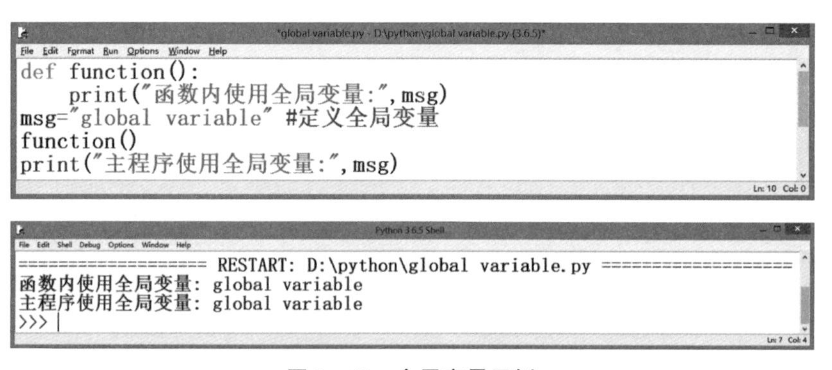

图 9－10　全局变量示例

9.4.2　局部变量

如图 9－11 所示,因为局部变量是在某个函数中定义的,所以只能在该函数中使用此变量,若主程序访问局部变量,那么程序将会报错。

* 局部变量只能够在某一个函数中使用。

```
def function():
    msg="local variable" #定义局部变量
    print("函数内使用局部变量:",msg)
function()
print("主程序使用局部变量:",msg)
```

```
==================== RESTART: D:\python\local variable.py ====================
函数内使用局部变量: local variable
Traceback (most recent call last):
  File "D:\python\local variable.py", line 5, in <module>
    print("主程序使用局部变量:",msg)
NameError: name 'msg' is not defined
>>>
```

图 9－11　局部变量示例

另外，函数之间不能共用局部变量，否则程序也会报错，如图 9－12 所示。

```
def function1():
    msg="local variable" #定义局部变量
def function2():
    print("函数内使用局部变量:",msg) #使用其他函数的局部变量
function2()
```

```
==================== RESTART: D:\python\local variable.py ====================
Traceback (most recent call last):
  File "D:\python\local variable.py", line 5, in <module>
    function2()
  File "D:\python\local variable.py", line 4, in function2
    print("函数内使用局部变量:",msg) #使用其他函数的局部变量
NameError: name 'msg' is not defined
>>> |
```

图 9－12　函数之间不能共用局部变量

如果全局变量与局部变量命名相同，则 Python 会视为不同的变量，并且局部变量就在函数内使用，其余范围都使用全局变量，如图 9－13 所示。

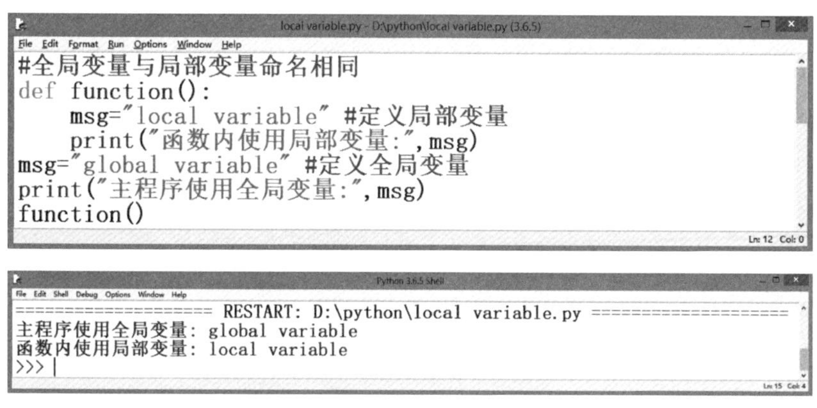

图 9－13　相同变量名称示例

9.5　匿名函数 lambda

匿名函数(anonymous function)是指一个没有名称的函数，使用 lambda 关键字来定义，与一般函数的定义 def 关键字不同，表达式为

function_name = lambda 参数 1、参数 2、…、参数 n：执行的操作

lambda 函数可以有很多个参数，但是只能有一行执行的操作，然后将执行的结果传回给函数名称变量。简单的函数使用 lambda 的方式，代码会简洁许多，图9－14 给出了示例。

* lambda 函数分为两部分,参数定义部分和操作部分。操作部分可以执行的参数来自参数定义部分。

```
'''比较使用一般函数和匿名函数完成相同的功能'''
#使用一般函数def的方法
def function_math(a,b):
    value = a + b
    return value
#使用匿名函数lambda的方法
lambda_math = lambda a,b:a + b
print("function_math(3,5): ",function_math(3,5))
print("lambda_math(3,5): ",lambda_math(3,5))
```

```
======================== RESTART: D:\python\Lambda.py ========================
function_math(3,5):  8
lambda_math(3,5):  8
>>> |
```

图 9-14　匿名函数的优点

9.6　递归函数

递归是指在函数内再调用本身的函数。举例来说(见图 9-15),最常见的递归函数 factorial(n)计算阶乘 $n! = 1 \times 2 \times 3 \times \ldots \times n$,从数学公式可以找到递归的关系式,factorial(n) $= n! = 1 \times 2 \times 3 \times \ldots \times (n-1) \times n =$ factorial($n-1$) $\times$ n,因此 factorial(n)可以表示为 factorial($n-1$) $\times$ n,表达式为

```
def 函数名称( ):
    """函数注解"""
    执行的操作
    return 函数名称( )
```

定义的函数在执行的操作或是 return 时调用自己本身,这就是递归函数。使用递归函数的优点是代码看起来简洁,可以将复杂的问题分解成更简单的子问题,缺点是逻辑很难调试,并且占用大量的内存和时间。

* 代码中 return 的 factorial($n-1$)依旧会调用我们自己定义的函数 factorial( )。

```
def factorial(n):
   if n==1:
      return 1
   return n*factorial(n-1)
```

```
==================== RESTART: D:\python\C15\recursion.py ====================
>>> factorial(3)
6
>>> |
```

图 9-15　递归函数示例

当调用 factorial 递归函数时，输入参数 $n=3$ 计算 $3!=1\times2\times3=6$。递归函数每次都会调用自己本身，需要特别注意的是，每一次的递归范围都要逐步减少，避免递归时因没有终止的条件发生而不停地计算产生内存不足的报错，也称为边界条件，上述的 factorial 代码中 if $n==1$ 就是边界条件，满足此条件，递归函数结束回传值 1。

具体调用 factorial(3)时的流程是怎样的呢？如图 9－16 所示，当调用 factorial(3)时，回传 3 * factorial(2)；函数内递归 factorial(2)，回传 2 * factorial(1)，再次递归 factorial(1)回传值为 1。当 $n=1$ 时，递归结束。回传值往回传递就知道 factorial(2)=2 * 1，然后 factorial(3)=3 * 2，计算得出 3! =3 * 2 * 1=6。

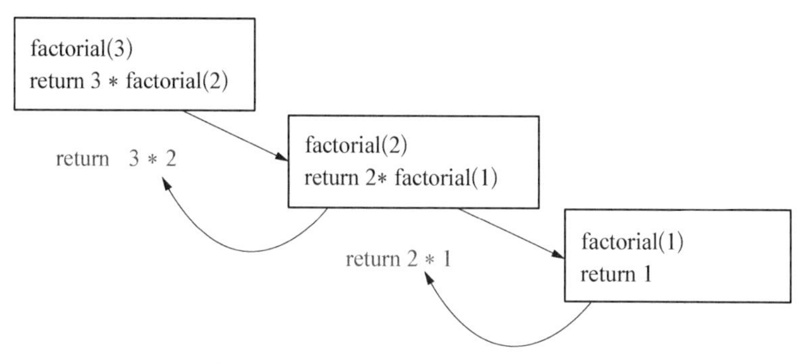

图 9－16　调用 factorial(3)时的流程

Python 小试牛刀

1. 请设计 absolute( )函数，实现绝对值的功能。
2. 请设计一个学生成绩系统，并能够在一个字典内增加或删除学生名字和成绩。

第 10 章　面向对象编程

面向对象编程是一种实用的方法，但也比较复杂。在人类世界中，万物都是“对象”：小狗是对象，老虎是对象，电脑也是对象，很多东西都能定义为对象，而小狗的颜色和品种，或是电脑的规格和配件就是对象的“属性/特征”。小狗会跑、会汪汪叫，电脑可以打开、用来上网，这些就是对象的“方法/行为”。

我们描述一个真实对象(物体)时包含两个方面：① 它可以做什么(方法/行为)；② 它是什么样的(属性/特征)，也就是说：对象 = 属性/特征 + 方法/行为。具有相同的属性和方法的对象归为一个“类”(class)。

10.1　类的定义与使用

面向对象编程首先要创建类，然后再定义类的“属性/特征”和“方法/行为”，通过类创建一个或多个对象，每个对象都有相同类的属性/特征和方法/行为可以调用。

10.1.1　类的创建

类的表达式为

```
class Class_name( ):          #类的名称为大写字母开头
    定义属性
    定义方法
```

如图 10-1 所示，创建 Dog( )类，定义 name 属性和 bark( )方法，类建立 my_dog 对象，想要操作某一个类的属性和方法就要先建立该类的对象，表达式为

对象名称 = 类别名称(参数)　#参数可有可无,建立类的对象
对象名称.类的属性　#操作类的属性
对象名称.类的方法(参数)　#参数可有可无,操作类的方法

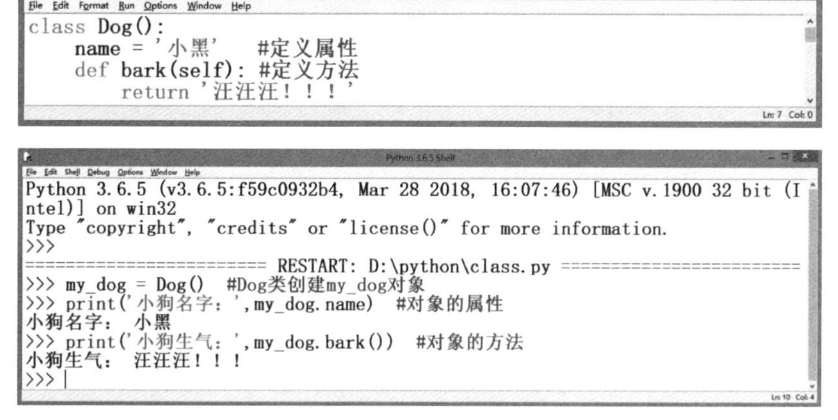

图 10-1　类的创建

*类可以理解为能够实现若干功能的函数的集合,我们可以通过调用类的名字来使用其中的函数。

10.1.2　类的初始化

我们在前面几章已经初步了解和学习了使用类的方法,比如列表增加元素使用 append( )方法。而类有一个特殊的方法称为初始化__init__( )方法。init 左右分别有两个下划线,而 init 是 initialization 的缩写。通过初始化方法可以定义类的属性变量,并且建立新的对象时,Python 会自动执行__init__( )方法,初始化对象的属性变量,因为不同的对象有相同的属性,但是有不同的属性值。

图 10-2 给出了示例,创建 Student 类,定义 name、score 和 teacher 属性,show_name、show_score 和 hardworking 方法,建立类的对象 student_1,'kevin'和 87 分别传递给__init__( )方法的 stu_name 和 stu_score 两个参数完成初始化属性。这里可以发现,类的全部对象的名字和成绩属性不同,因此建立对象时要设定初始化方法的参数值,而每位学生的导师都相同,因此类的全部对象初始化老师属性设定成定值。

*__init__( )中定义的属性,可以用这个类中的方法调用并使用。

```
class Student():
    '''建立学生的类'''
    def __init__(self,stu_name,stu_score):  #初始化方法
        '''初始化属性'''
        self.name = stu_name
        self.score = stu_score
        self.teacher = '周老师'
    def show_name(self):                    #显示学生名字方法
        print("学生名字:",self.name)
    def show_score(self):                   #显示学生成绩方法
        print("学生成绩:",self.score)
    def hardworking(self):                  #努力学习提高成绩的方法
        if self.score <= 95:    #原成绩小于等于95分每次进步5分
            self.score += 5
        else:                   #原成绩大于95分进步到100分
            self.score = 100
```

```
Python 3.6.5 (v3.6.5:f59c0932b4, Mar 28 2018, 16:07:46) [MSC v.1900 32 bit (I
ntel)] on win32
Type "copyright", "credits" or "license()" for more information.
>>>
======================== RESTART: D:\python\class.py ========================
>>> student_1 = Student('Kevin',87)  #建立对象（Kevin学生）
>>> student_1.show_name()
学生名字: Kevin
>>> student_1.show_score()
学生成绩: 87
>>> student_1.hardworking()
>>> student_1.show_score()
学生成绩: 92
>>> student_1.hardworking()
>>> student_1.show_score()
学生成绩: 97
>>> |
```

图 10-2　类的初始化

类的每个方法和属性都有 self.参数，而且都要放在最左边的位置，self.参数代表类的对象，因此使用类的方法和属性时，Python 会对应对象传递到 self.参数，这样程序才能知道是哪一个对象调用类的方法和属性。

10.2　类的封装

类的封装是为了增加类的安全性，分为公有属性、私有属性、公有方法和私有方法。10.1 节中有关类的属性和方法的示例都是公有的，都能通过外部修改属性和调用方法。但是随意更改类的属性，可能会修改重要的资料从而导致系统不安全，比如学生的成绩、银行卡的余额等，因此这些需要设为私有属性，即外部无法修改。而有些类的方法是不想向外部公开的，因此需要设成私有方法，即外部无法直接调用。

10.2.1　私有属性

第 10.1.2 节中的示例，其公有属性可以直接修改(见图 10-3)，因此成绩系统非常不安全，学生可以自行更改自己的成绩。如果设为私有属性，则不能通过对象直接访问，但是可以通过方法间接访问。

```
======================== RESTART: D:\python\class.py ========================
>>> student_1 = Student('Kevin',87)  #建立对象（Kevin学生）
>>> student_1.score = 95  #直接修改成绩属性
>>> student_1.show_score()
学生成绩: 95
>>> #修改成功
```

图 10-3　公有属性可以直接修改

那么如何将属性设为私有的呢？表达式为

self.__属性名称 = 属性的值

在公有属性名称前加上两个下划线就能转成私有属性(见图 10－4)。

```
class Student():
    '''建立学生的类'''
    def __init__(self,stu_name,stu_score):
        '''初始化属性'''
        self.__name = stu_name        #设成私有属性
        self.__score = stu_score      #设成私有属性
        self.__teacher = '周老师'     #设成私有属性
    def show_name(self):
        print("学生名字:",self.__name)
    def show_score(self):
        print("学生成绩:",self.__score)
    def hardworking(self):
        if self.__score <= 95:
            self.__score += 5
        else:
            self.__score = 100
```

图 10－4　将公有属性设为私有属性

＊在公有属性的名称前加两个下划线可以转换为私有属性。转换私有属性的目的是为了避免类中的参数值被外部随意修改。

设为私有属性后,外部无法直接更改属性的值(见图 10－5),这样可以让重要的资料变得非常安全,不会被任意更改,只能通过类的内部去更改私有属性。

```
======================== RESTART: D:\python\class.py ========================
>>> student_1 = Student('Kevin',87)
>>> student_1.score = 95  #直接修改成绩属性
>>> student_1.show_score()
学生成绩: 87
>>> #修改失败
```

图 10－5　私有属性不能直接修改

10.2.2　私有方法

既然有私有属性,当然也有私有方法,其意义与私有属性相同,外部无法直接调用私有方法,将公有方法名称前加上两个下划线就能转换成私有方法,如图 10－6 所示。

```
class Student():
    '''建立学生的类'''
    def __init__(self,stu_name,stu_score):
        '''初始化属性'''
        self.__name = stu_name
        self.__score = stu_score
        self.__teacher = '周老师'
    def show_name(self):
        print("学生名字:",self.__name)
    def show_score(self):
        print("学生成绩:",self.__score)
    def hardworking(self):
        if self.__score <= 95:
            self.__score += 5
        else:
            self.__score = 100
    def __addscore(self):                          #私有方法（调整分数）
        self.__score = (self.__score+4)*1.1
        if self.__score > 100:
            self.__score = 100
        return self.__score
    def final_score(self):                         #显示最终成绩方法调用私有方法
        print("调分后, 学生的成绩: ",self.__addscore())
```

*私有方法和私有属性一般是不对外公布的，通常用来做内部事务以保护内部数据的安全。

```
======================== RESTART: D:\python\class.py ========================
>>> student_1 = Student('Kevin',75)
>>> student_1.final_score()
调分后，学生的成绩： 86.9
>>> student_1.__addscore()
Traceback (most recent call last):
  File "<pyshell#15>", line 1, in <module>
    student_1.__addscore()
AttributeError: 'Student' object has no attribute '__addscore'
>>> #无法直接调用
```

图 10-6　私有方法不能直接调用

__addscore( )私有方法在 final_score( )公有方法内调用，而直接从外部调用私有方法，程序将会报错。

10.3　类的继承

程序不会只有一个类，而是有好多个类，类和类之间可以实现“继承”。被继承的类称为“父类”，继承的类称为“子类”，子类可以继承父类所有的属性和方法。如此一来，子类可以不用重新设计与父类相同的属性与方法，而直接调用即可。父类与子类的关系及继承流程如图 10-7 所示。

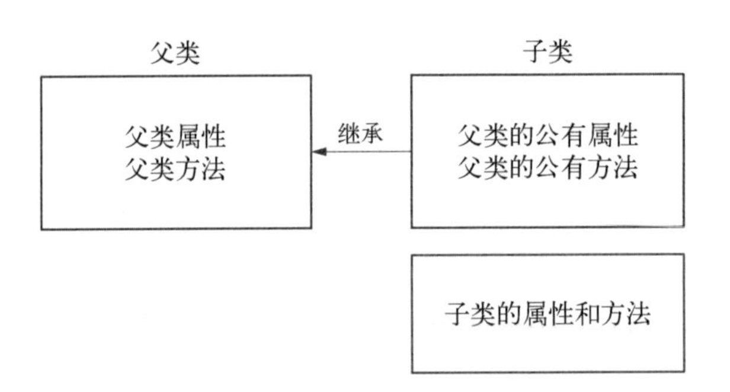

图 10-7　父类与子类的关系及继承流程

子类只能继承父类的公有属性和公有方法，不过可以通过特殊的操作来调用父类的私有属性和私有方法，这里不做特别说明。因此子类可以通过继承而不用重新设计与父类相同的属性和方法，同时也能拥有自己的属性和方法，表达式为

```
class Parent_class( ):                  #创建父类
    父类的属性和方法
class Child_class(Parent_class):        #创建子类，继承父类
    子类的属性和方法
```

在类的名称( )括号内放入想要继承类的名称，图 10-8 给出了示例。

```
class Animal():                    #父类
    def __init__(self, name):
        self.name = name
    def sleep(self):
        print('%s is sleeping' %self.name)
    def eat(self):
        print('%s is eating' %self.name)

class Bird(Animal):                #子类
    def fly(self):
        print('%s is flying' %self.name)
```

＊当子类继承了父类之后，子类可以调用父类定义的方法。

```
================== RESTART: D:\python\Parent_Child_class.py ==================
>>> dog = Animal('dog')  #动物类建立对象
>>> dog.sleep()
dog is sleeping
>>> dog.eat()
dog is eating
>>> eagle = Bird('eagle')  #鸟类建立老鹰对象继承动物类
>>> eagle.sleep()  #继承父类的方法
eagle is sleeping
>>> eagle.fly()  #子类的方法
eagle is flying
>>> dog.fly()    #父类无法调用子类的方法，程序报错
Traceback (most recent call last):
  File "<pyshell#6>", line 1, in <module>
    dog.fly()    #父类无法调用子类的方法，程序报错
AttributeError: 'Animal' object has no attribute 'fly'
>>> |
```

＊但是很显然，父类无法调用子类中定义的方法。

图 10－8　类的继承

10.3.1　父类与子类有相同名称的属性

子类也可以使用初始化__init__( )方法定义自己的属性，这可能会造成父类和子类拥有相同名称的属性，因此子类使用属性时会先在子类中寻找，如果有，则优先使用子类定义的属性；如果没有，才会使用父类的属性内容，图 10－9 给出了示例。

```
class Animal():                    #父类
    def __init__(self, name):
        self.name = name
        self.title = '属于Animal()类的属性'      #相同名称的属性
    def sleep(self):
        print('%s is sleeping' %self.name)
    def eat(self):
        print('%s is eating' %self.name)

class Bird(Animal):                #子类
    def __init__(self, name):
        self.name = name
        self.title = '属于Bird()类的属性'        #相同名称的属性
    def fly(self):
        print('%s is flying' %self.name)
```

```
================== RESTART: D:\python\Parent_Child_class.py ==================
>>> dog = Animal('dog')
>>> eagle = Bird('eagle')
>>> dog.title
'属于Animal()类的属性'
>>> eagle.title
'属于Bird()类的属性'
>>> |
```

图 10－9　父类与子类有相同名称的属性

10.3.2 父类与子类有相同名称的方法

父类和子类可能会有相同名称的方法,当这种情形发生时,子类使用方法会先在子类中寻找,如果有,则先使用子类定义的方法;如果没有,才会使用父类的方法,图 10-10 给出了示例。

```
class Animal():                    #父类
    def __init__(self,name):
        self.name = name
    def sleep(self):
        print('%s is sleeping' %self.name)
    def eat(self):                           #相同名称的方法
        print('属于Animal()类的方法')
        print('%s is eating' %self.name)

class Bird(Animal):                #子类
    def __init__(self,name):
        self.name = name
    def eat(self):                           #相同名称的方法
        print('属于Bird()类的方法')
        print('%s is eating' %self.name)
    def fly(self):
        print('%s is flying' %self.name)
```

```
================= RESTART: D:\python\Parent_Child_class.py =================
>>> dog = Animal('dog')
>>> eagle = Bird('eagle')
>>> dog.eat()
属于Animal()类的方法
dog is eating
>>> eagle.eat()
属于Bird()类的方法
eagle is eating
>>> |
```

图 10-10 父类与子类有相同名称的方法

10.4 类的多态

* 类的多态性带来的可拓展性为新类的编写提供了便利,同时父类的方法也为子类的运行增强了稳定性。

第 10.3 节中介绍的类继承相同名称的方法其实就是类面向对象的多态表现。多态的好处是当我们需要更多的子类时,例如新增 Bird、Insect 子类,我们只需要将其子类继承 Animal 父类就可以了。而 eat( )方法可以不用重新写,即便使用 Animal 父类的 eat( )方法,也可以重新编写一个专门属于子类的 eat( )方法,这就是多态的表现。调用方法"只管调用,不管细节",当我们新增一种 Animal 子类时,只要确保新方法编写正确,而不用管原来的代码,这就是著名的"开闭原则":

(1) 对扩展开放(open for extension):允许子类重写方法函数。

(2) 对修改封闭(closed for modification):不重写,直接继承父类方法函数。

继承可以把父类的所有功能都直接拿过来使用,这样就不必从零做起,子类只需要新增自己特有的方法,也可以把父类不适合的方法覆盖重写。"有了继承,才能有多态"。

Python 小试牛刀

1. 请使用面向对象编程建立一个银行系统，创建 Banks( )父类，要求能够实现账户存钱、取钱和显示金额的方法。

2. 在第 1 题的基础上增加 Shanghai_bank( )和 Beijing_bank( )两个子类，要求除了能够实现父类的功能外，还能有两两互相转账的方法，并且两家分行建立独立的账户资料库(包含姓名和存款金额)。

第 11 章 文件的读取与写入

本章主要介绍文件的读取与写入。程序需要计算数据时，可以通过外部的文件将数据读取到程序中使用，并且处理完后再写入文件，这使得使用者可以方便分析和观察输出的结果，为此要先知道文件的存储位置（也可以称为路径）。文件的路径图如图 11-1 所示，图中 math.py 文件的路径是 D:\Python\math.py，而此文件的工作目录（也可以称为文件夹）是 D:\Python。

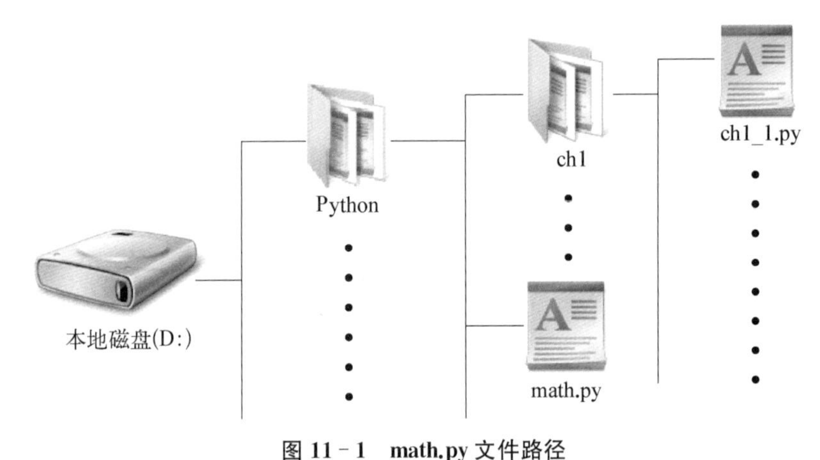

图 11-1　math.py 文件路径

11.1　绝对路径与相对路径

计算机操作系统使用绝对路径与相对路径这两种方式来表达文件路径，下列以图 11-1 路径图中的 ch1_1.py 为例来进行说明。

（1）绝对路径：路径从根目录开始，绝对路径是 D:\Python\ch1\ch1_1.py。

（2）相对路径：路径从当前工作目录开始，假设工作目录为 D:\Python，因此 ch1_1.py 的相对路径是.\ch1\ch1_1.py。

＊计算机操作系统处理文件夹的路径会使用"."和".."两种符号。"."表示当前文件夹路径，即为工作目录；".."表示当前文件夹路径是工作目录的上一层。

11.2　读取文件

Python 读取文件之前需要先使用 open( )函数将文件开启，并且返回文件对象，通过访问文件对象读取的方式可以一次读取全部内容或一行一行地读取内容。

＊许多领域需要经常读取文件做大数据处理，例如：金融行业等。

11.2.1　read( )函数读取整个文件

文件开启后，使用 read( )函数读取整个文件，将文件内容以一个字符串的方式存储在字符串变量内，通过 print( )函数在屏幕上输出此变量，表达式为

string_name ＝ 文件对象.read( )　＃string_name 字符串变量

图 11－2 所示为如何用 read( )函数读取日记文件，日记文件的路径是 D:\python\ch1。

```
file_1 = open('D:\\python\\ch1\\日记.txt') #绝对路径
file_2 = open('ch1\\日记.txt')             #相对路径
data1 = file_1.read()
data2 = file_2.read()
file_1.close()
file_2.close()
print("绝对路径下的日记txt内容为: \n",data1)
print("相对路径下的日记txt内容为: \n",data2)
```

＊Python"\"为字符串的特殊字符，因此需要使用"\"符号时，用"\\"表示。

```
Python 3.6.5 (v3.6.5:f59c0932b4, Mar 28 2018, 16:07:46) [MSC v.1900 32 bit (Intel)] on win32
Type "copyright", "credits" or "license()" for more information.
>>>
======================== RESTART: D:\python\read.py ========================
绝对路径下的日记txt内容为:
 今天星期五
一整天都在学习Python
觉得Python非常有趣!
相对路径下的日记txt内容为:
 今天星期五
一整天都在学习Python
觉得Python非常有趣!
>>> |
```

图 11－2　read( )函数读取日记文件

* 路径的表达还能用“/”以及在字符串前加上“r”,表示不使用特殊字符。例如:open(r 'D:\python\ch1\日记.txt ')或是 open(' D:/python/ch1/日记.txt ')

因为 read.py 文件路径在 D:\python,也就是当前工作目录,所以日记文件对于 read.py 文件的相对路径为 ch1\日记.txt。使用 open( )函数开启文件后,程序执行完建议使用 close( )函数关闭文件,以免造成文件内容不可预期的损坏。

11.2.2 with 关键字

利用 Python 关键字 with 开启文件(见图 11-3)和建立文件对象,其最大的优点在于不用 close( )函数操作,with 指令执行完后会自行将文件关闭,表达式为

with open(文件路径) as 文件对象:
　　执行的操作

* 记得使用字符串,可以用双引号或是单引号,两者没有差异。

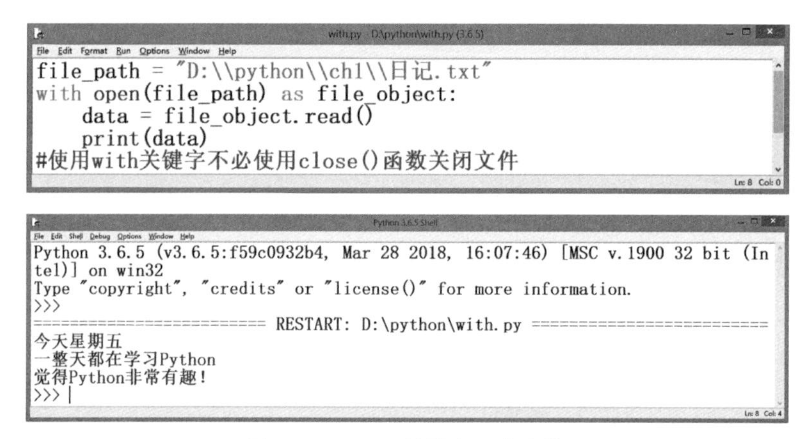

图 11-3　with 关键字开启文件

11.2.3 for 循环逐行读取文件

如图 11-4 所示,使用 for 循环可以逐行读取文件,表达式为

* 在编辑文件时,回车键相当于换行字符。因此,当一行一行读取时会产生空行的现象。

```
file_path = "D:\\python\\ch1\\日记.txt"
with open(file_path) as file_object:
    for line in file_object:
        print(line)
#使用for循环读取一行行文件内容
```

```
Python 3.6.5 (v3.6.5:f59c0932b4, Mar 28 2018, 16:07:46) [MSC v.1900 32 bit (Intel)] on win32
Type "copyright", "credits" or "license()" for more information.
>>>
======================== RESTART: D:\python\for.py ========================
今天星期五

一整天都在学习Python

觉得Python非常有趣!
>>> |
```

图 11-4　使用 for 循环逐行读取文件

```
for line in file_object:    # file_object 是文件对象,line 是读取一行的变量
    执行的操作
```

如图 11 - 5 所示,使用字符串的 rstrip( )方法,删除最后一个字符,也就是换行字符\n,这样就能避免输出空行。

```
file_path = "D:\\python\\ch1\\日记.txt"
with open(file_path) as file_object:
    for line in file_object:
        print(line.rstrip())
#使用for循环读取一行行文件内容
```

```
Python 3.6.5 (v3.6.5:f59c0932b4, Mar 28 2018, 16:07:46) [MSC v.1900 32 bit (Intel)] on win32
Type "copyright", "credits" or "license()" for more information.
>>>
======================== RESTART: D:\python\for.py ========================
今天星期五
一整天都在学习Python
觉得Python非常有趣!
>>> |
```

图 11 - 5　for 循环使用 rstrip( )方法逐行读取文件

11.2.4　readlines( )函数逐行读取文件

如图 11 - 6 所示,Python 也可以使用 readlines( )函数逐行读取文件,并且会将每一行文件内容存储在一个列表内,换行字符\n 也会一并被存储。

* 可以发现,不但字符串被存储在列表内,而且特殊的按键指令也一并显示。

```
file_path = "D:\\python\\ch1\\日记.txt"
with open(file_path) as file_object:
    file_list = file_object.readlines()
    print(file_list)
#使用readlines()函数读取逐行文件内容
```

```
====================== RESTART: D:\python\readlines.py ======================
['今天星期五\n', '一整天都在学习Python\n', '觉得Python非常有趣!']
>>> |
```

图 11 - 6　使用 readlines( )函数逐行读取文件

11.2.5　文件内容的组合

可以通过一个空的字符串 string 来存储使用 readlines( )函数回传的列表,并且用 for 循环依序读取此列表,将内容相加组合,如图 11 - 7 所示。

```
file_path = "D:\\python\\ch1\\日记.txt"
with open(file_path) as file_object:
    file_list = file_object.readlines()
string = ''                    #建立一个空的字符串
for line in file_list:         #列表遍历元素(字符串)然后加在一起
    string += line.rstrip()
print(string)
```

```
Python 3.6.5 (v3.6.5:f59c0932b4, Mar 28 2018, 16:07:46) [MSC v.1900 32 bit (I
ntel)] on win32
Type "copyright", "credits" or "license()" for more information.
>>>
====================== RESTART: D:\python\combine.py ======================
今天星期五一整天都在学习Python觉得Python非常有趣!
>>> |
```

图 11-7　文件内容的组合

11.2.6　字符串的替换

使用字符串的 replace( )方法,让新的字符串替换旧的字符串(见图 11-8),表达式为

string_name.replace(旧字符串,新字符串)

* 读者们可以试一试如果同时有多个相同字符串,即想要一起替换这些字符的话,使用 replace( )方法行得通吗?

```
file_path = "D:\\python\\ch1\\日记.txt"
with open(file_path) as file_object:
    data = file_object.read()                          #读取整个文件
    replace_data = data.replace("星期五","星期六") #替换文件内容
    print(replace_data)                                #输出新的文件内容
```

```
Python 3.6.5 (v3.6.5:f59c0932b4, Mar 28 2018, 16:07:46) [MSC v.1900 32 bit (I
ntel)] on win32
Type "copyright", "credits" or "license()" for more information.
>>>
====================== RESTART: D:\python\replace.py ======================
今天星期六
一整天都在学习Python
觉得Python非常有趣!
>>> |
```

图 11-8　新字符串替换旧字符串

11.2.7　文件内容的搜寻

文件内容的搜寻是非常重要的功能,可以大幅减少查找有用信息的时间。图 11-9 所示是一段摘自童话故事《白雪公主》的文字内容,通过判断句搜寻字符串是否在文件内容内,图 11-10 展示了用程序搜寻内容的过程。

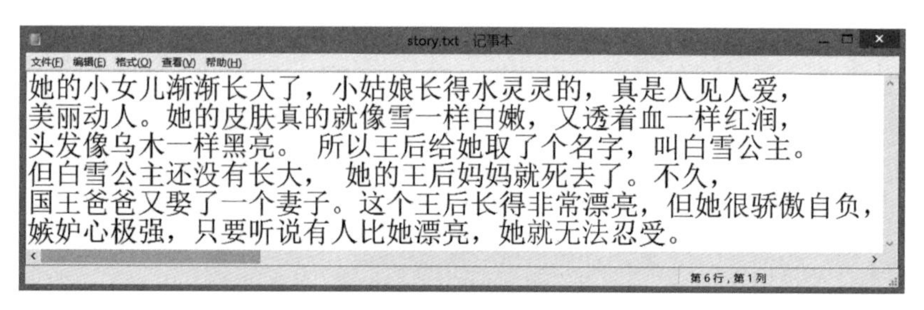
她的小女儿渐渐长大了,小姑娘长得水灵灵的,真是人见人爱,
美丽动人。她的皮肤真的就像雪一样白嫩,又透着血一样红润,
头发像乌木一样黑亮。 所以王后给她取了个名字,叫白雪公主。
但白雪公主还没有长大, 她的王后妈妈就死去了。不久,
国王爸爸又娶了一个妻子。这个王后长得非常漂亮,但她很骄傲自负,
嫉妒心极强,只要听说有人比她漂亮,她就无法忍受。

图 11-9　童话故事《白雪公主》选段

```
file_path = "D:\\python\\story.txt"
with open(file_path) as file_object:
    file_list = file_object.readlines()
string = ''
for line in file_list:       #将文件内容转换成一个字符串
    string += line.rstrip()
findstring = '白雪公主'
if findstring in string:     #搜寻想找的字符串是否在文件内容里
    print("文件内容存在%s字符串"%findstring)
else:
    print("文件内容不存在%s字符串"%findstring)
```

```
Python 3.6.5 (v3.6.5:f59c0932b4, Mar 28 2018, 16:07:46) [MSC v.1900 32 bit (In
tel)] on win32
Type "copyright", "credits" or "license()" for more information.
>>>
======================== RESTART: D:\python\find_1.py ========================
文件内容存在白雪公主字符串
>>> |
```

＊这里用到第 7.2.5 节中关键字 in 的相关知识。

图 11－10　in 关键字文件内容搜寻

Python 还可以使用 find( )函数搜寻文件内容的指定字符串(见图 11－11),并且回传它的索引值位置,如果搜寻失败则回传－1,表达式为

string_location ＝ string_name.find(string_find,start,end)

其中,string_location 是回传的索引值位置;string_find 是想要搜寻的字符串;start 和 end 是搜寻的索引值区间。

```
file_path = "D:\\python\\story.txt"
with open(file_path) as file_object:
    file_list = file_object.readlines()
string = ''
for line in file_list:       #将文件内容转换成一个字符串
    string += line.rstrip()
findstring = '白雪公主'
string_location = string.find(findstring) #使用find()函数搜寻字符串
if string_location >= 0:     #搜寻文件内容想找的字符串是否存在并返回索引值位置
    print("文件内容存在%s字符串在第%d个位置"%(findstring,string_location+1))
else:
    print("文件内容不存在%s字符串"%findstring)
```

```
Python 3.6.5 (v3.6.5:f59c0932b4, Mar 28 2018, 16:07:46) [MSC v.1900 32 bit (In
tel)] on win32
Type "copyright", "credits" or "license()" for more information.
>>>
======================== RESTART: D:\python\find_2.py ========================
文件内容存在白雪公主字符串在第84个位置
>>> |
```

＊因为 Python 习惯从 0 开始计数索引值位置,而人的思维是从 1 开始计数,因此这里加上 1。

图 11－11　find( )函数文件内容搜寻

11.3　写入文件

函数设计时会常常需要将执行结果保存下来,这时候就需要写入文件。

11.3.1　open( )函数 mode 文件开启模式

*请特别注意模式的差别，以免丢失文件内容。

第 11.2 节介绍了 open( )函数，其表达式为

open(file，mode='r')　#file 是开启文件的路径；
mode 是开启文件的模式

mode 参数预设值'r'是读取模式，如果要将开启的文件写入资料时，需要将 mode 设为'w'写入模式；如果要同时读取和写入文件的话，要设为'r+'模式。当开启的文件不存在时，open( )函数会建立该文件。如果开启的文件已经存在，则原文件内容将被清空。

11.3.2　空白文件的写入

文件写入资料使用 write( )函数，表达式为

文件对象.write(写入的资料)

如图 11-12 所示，在一个空白文件夹里写入一个文件，此时 Python 会自动建立新的文件。

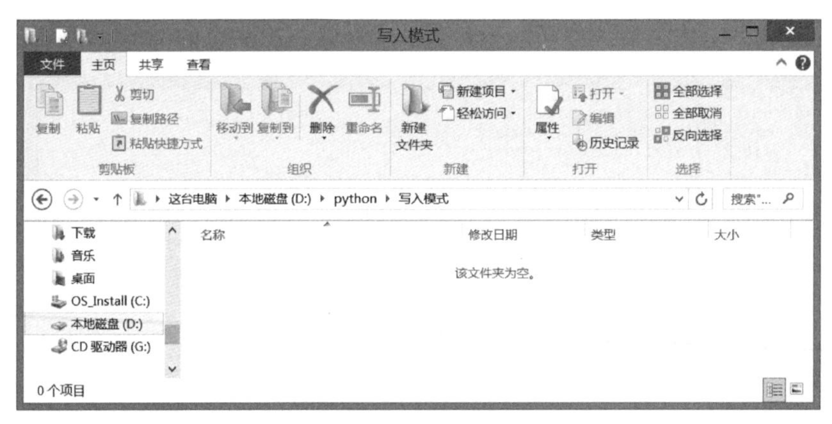

图 11-12　空白文件夹

图 11-13 给出的示例使用 open( )函数 mode='w'写入模式打开 test.txt 文件，写入'写入成功!!! '的字符串。当执行程序后，要查看是否成功写入文件，直接到文件的路径下打开该文件的内容检查是否已经更新了。

当执行程序后，shell 没有输出信息，需要到文件的路径下查看此文件(见图 11-14)。

```
file_path = 'D:/python/写入模式/test.txt'
write_number = '写入成功！！！'
with open(file_path,mode='w') as file:
    file.write(write_number)
```

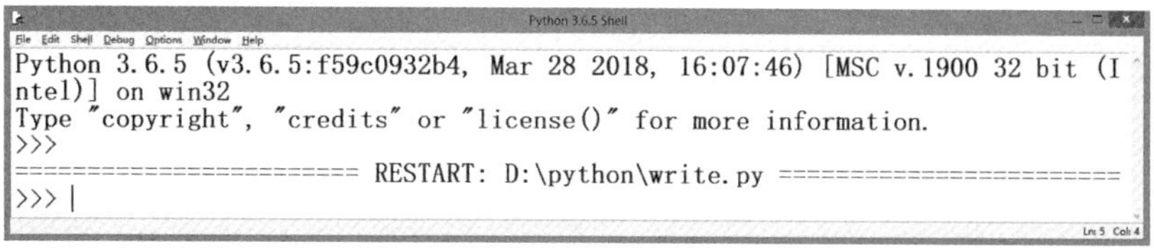

```
Python 3.6.5 (v3.6.5:f59c0932b4, Mar 28 2018, 16:07:46) [MSC v.1900 32 bit (Intel)] on win32
Type "copyright", "credits" or "license()" for more information.
>>>
======================== RESTART: D:\python\write.py ========================
>>> |
```

图 11－13　写入文件

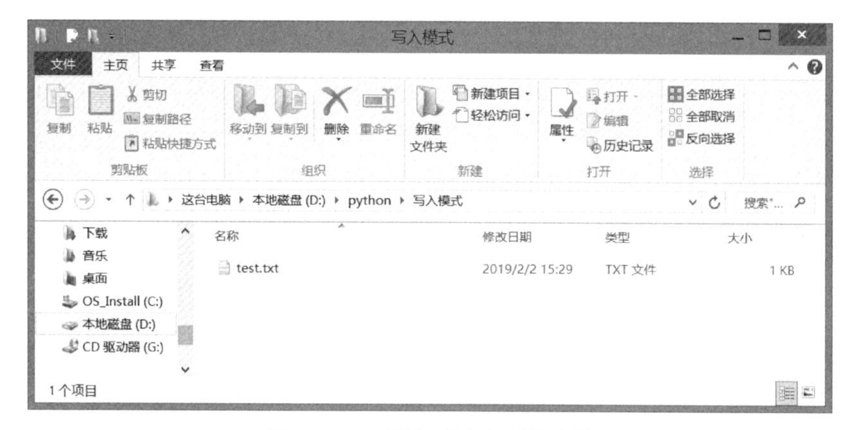

图 11－14　写入时建立新的文件

开启一个不存在的文件，open( )函数就会建立新的文件。原先空白的文件夹已经建立新的文件 test.txt，开启此文件检查是否写入正确的资料(见图 11－15)。

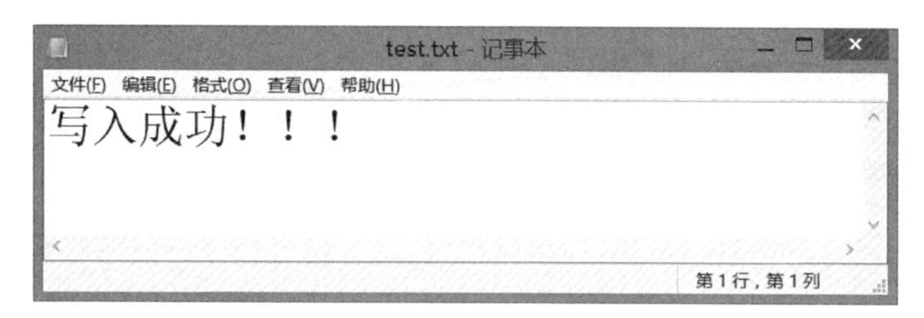

图 11－15　查看是否成功写入文件

11.3.3　数值资料的写入

Python 使用 write( )函数写入资料时，只能使用字符串数据类型(string)。因此，如果需要写入非字符串的资料时，必须使用 str( )强制转换成字符串数据类型才能写入文件。下面用文件写入数值 100 来举例说明。由图 11－16 可以看出，由于写入的资料是非字符串的数值类型，程序报错。这时，需要使用 str( )函数将数值转换成字符串，如图 11－17 所示。

* 一定要记住：写入文件的数据类型必须是字符串类型。

发现之前写入的字符串“写入成功!!!”已经被清空，写入新的资料数值 100(见图 11－18)，因此要特别注意开启文件写入模式时，记得备份原先的文件，以免旧的文件内容被清空，导致重要的执行结果无法保留。

```
file_path = 'D:/python/写入模式/test.txt'
write_number = 100    #写入数值
with open(file_path,mode='w') as file:
    file.write(write_number)
```

```
Python 3.6.5 (v3.6.5:f59c0932b4, Mar 28 2018, 16:07:46) [MSC v.1900 32 bit (Intel)] on win32
Type "copyright", "credits" or "license()" for more information.
>>>
======================== RESTART: D:\python\write.py ========================
Traceback (most recent call last):
  File "D:\python\write.py", line 4, in <module>
    file.write(write_number)
TypeError: write() argument must be str, not int
>>> |
```

图 11-16 写入非字符串资料,程序报错

```
file_path = 'D:/python/写入模式/test.txt'
write_number = 100    #写入数值
with open(file_path,mode='w') as file:
    file.write(str(write_number))   #使用str将数值转换成字符串
```

图 11-17 使用 str( )将数值转换成字符串

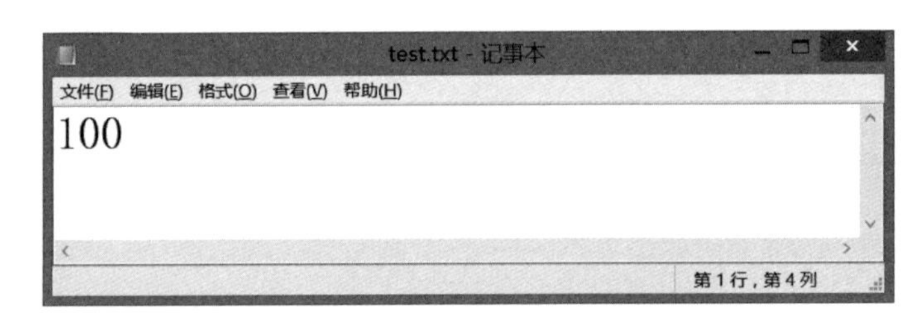

图 11-18 原先内容被清空,写入新的资料

11.3.4 文件的追加

*追加模式经常被使用,它除了能保留先前信息外,还能增加新的内容。

11.3.3 节讲到写入模式会清空原先的文件内容。为了避免遗失重要信息,可以选择附加模式 mode='a',追加的字符串会加在开启的文件内容末端。假设有一个已经建立好的文件,现在要为它追加新的资料。

如图 11-19 所示,在已经建立好的文件 append.txt 中,先写入字符串“I love Python”。

然后,open( )函数开启追加模式写入新的字符串“我的兴趣是学习 Python”,如图 11-20 所示。

当执行完程序后,开启 append.txt 会发现新的字符串追加在原先的内容之后(见图 11-21)。因此追加模式能够预防遗失原先文件的内容,这对于文件的处理操作非常重要。

append.txt - 记事本
文件(F) 编辑(E) 格式(O) 查看(V) 帮助(H)
I love Python
第 1 行，第 14 列

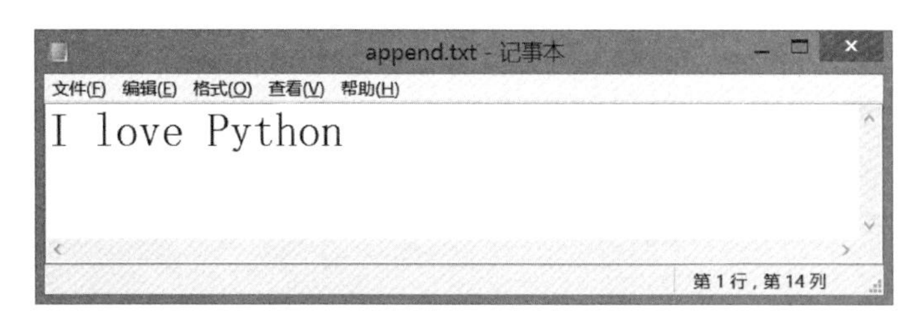

图 11 - 19　建立新的文件

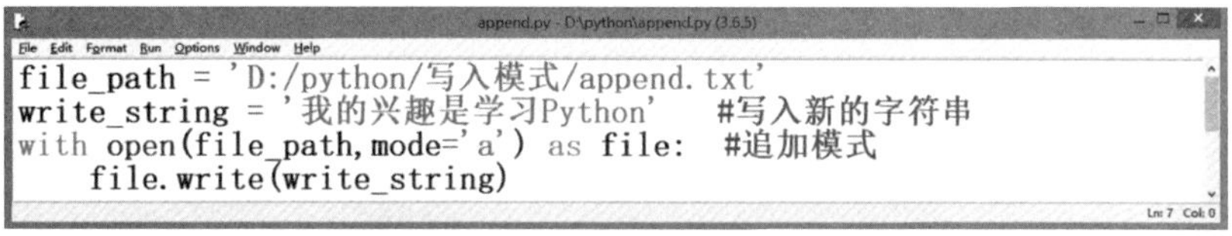
file_path = 'D:/python/写入模式/append.txt'
write_string = '我的兴趣是学习Python'　#写入新的字符串
with open(file_path, mode='a') as file:　#追加模式
    file.write(write_string)

图 11 - 20　追加模式开启文件

append.txt - 记事本
I love Python
我的兴趣是学习Python

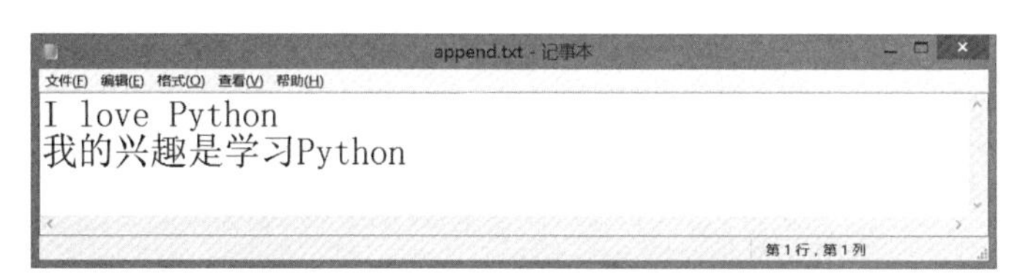

图 11 - 21　文件输出内容，保留原资料

Python 小试牛刀

1. 请设计一个程序：使用者可以输入文件名称与文件内容，将内容写入文件中，并且以指定的名称存储文件。

2. 请设计一个程序：找出 200 以内的质数并写入这些数值，然后存储文件。

第 12 章　模块

前面我们介绍了函数与类的设计。在现实工作中，每个程序员分工合作，负责项目不同部分的功能，将其实现功能的函数或是类储存在一个独立的文件中，也就是模块中，因此团队成员就能导入模块，使用此模块提供的函数或是类进行编程。

12.1　使用自定义模块

* 将常用到的函数写成模块，开发项目时，可以很简单地调用，并且整个工程代码都会变得很简洁。

一个大型的程序是由许多的函数或类组成的，因此可以将常常使用的函数和类独立写成.py 文件，如果程序需要调用此功能时，只需要导入此模块就可以使用模块的函数和类了。

如图 12-1 所示，已经写好两个自定义模块：student.py（函数），Animal.py（类），下面将说明如何导入模块并且使用模块内的函数和类。

程序要导入自定义模块只能在当前路径下才能进行，换一个路径再导入自定义模块就会因为找不到模块而报错。第 12.2.3 节会讲到 student_main.py 和 Animal_main.py 两个主程序分别导入 student.py 和 Animal.py 自定义模块，通过 sys 模块查看 Python 系统路径。

图 12-2 中显示出的路径，第一个就是工作路径，其次是标准库和第三方库等系统预设安装的路径，导入的模块必须存储在这些路径中，这样程序才会依序从路径中

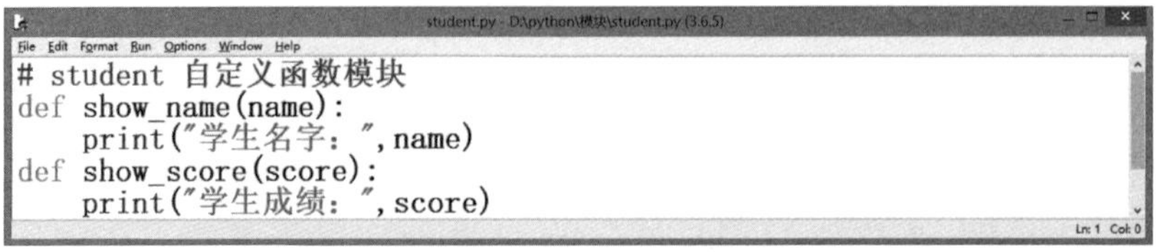

student.py - D:\python\模块\student.py (3.6.5)

File Edit Format Run Options Window Help

```
# student 自定义函数模块
def show_name(name):
    print("学生名字：",name)
def show_score(score):
    print("学生成绩：",score)
```

Ln: 1 Col: 0

```
# Animal 自定义类模块
class Dog():
    def __init__(self,name):
        self.name = name
    def run(self):
        print('%s is running' %self.name)
    def eat(self):
        print('%s is eating' %self.name)
class Bird():
    def __init__(self,name):
        self.name = name
    def fly(self):
        print('%s is flying' %self.name)
    def eat(self):
        print('%s is eating' %self.name)
```

图 12－1　自定义模块

* 引入模块会经常出现由于路径错误而导致调用失败的报错，请特别留意。

```
==================== RESTART: D:\python\模块\Animal_main.py ====================
>>> import sys
>>> print(sys.path)
['D:\\python\\模块', 'C:\\Users\\user\\AppData\\Local\\Programs\\Python\\Python3
6-32\\Lib\\idlelib', 'C:\\Users\\user\\AppData\\Local\\Programs\\Python\\Python3
6-32\\python36.zip', 'C:\\Users\\user\\AppData\\Local\\Programs\\Python\\Python3
6-32\\DLLs', 'C:\\Users\\user\\AppData\\Local\\Programs\\Python\\Python36-32\\li
b', 'C:\\Users\\user\\AppData\\Local\\Programs\\Python\\Python36-32', 'C:\\Users
\\user\\AppData\\Roaming\\Python\\Python36\\site-packages', 'C:\\Users\\user\\Ap
pData\\Local\\Programs\\Python\\Python36-32\\lib\\site-packages', 'C:\\Users\\us
er\\AppData\\Local\\Programs\\Python\\Python36-32\\lib\\site-packages\\pip-19.0.
2-py3.6.egg']
>>> |
```

图 12－2　Python 系统路径

找到想要导入的模块，也可以用 sys.path.append(自定义模块路径)自行增添新的路径到 Python 系统路径里。

12.1.1　import 关键字导入模块

Python 使用 import 关键字导入模块，表达式为

import 模块名称

* 留意以下不同方式的导入模块方法在调用时的差异。

导入后要使用其模块内的函数或类，表达式为

模块名称.函数名称　或　模块名称.类名称

import student 导入 student 自定义函数模块，而 student.show_name 和 student.show_score 使用模块内的 show_name 和 show_score 两个函数，图 12－3 给出了示例。

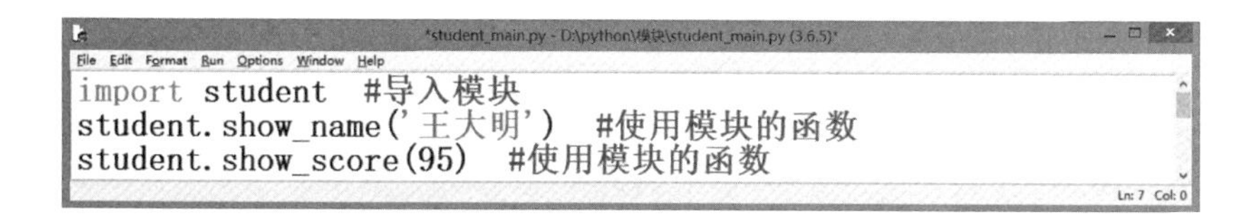

```
import student  #导入模块
student.show_name('王大明')  #使用模块的函数
student.show_score(95)  #使用模块的函数
```

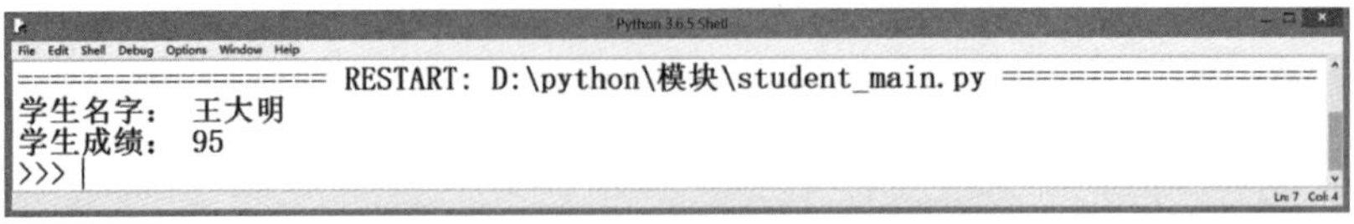

```
==================== RESTART: D:\python\模块\student_main.py ====================
学生名字： 王大明
学生成绩： 95
>>> |
```

图 12-3　import 关键字导入模块

import Animal 导入 Animal 自定义类模块，而 Animal.Dog 和 Animal.Bird 使用模块内的 Dog 和 Bird 两个类，图 12-4 给出了示例。

```
import Animal   #导入模块
Lucy = Animal.Dog('Lucy')     #使用模块的类
Bebe = Animal.Bird('Bebe')    #使用模块的类
Lucy.run()
Bebe.fly()
```

```
==================== RESTART: D:\python\模块\Animal_main.py ====================
Lucy is running
Bebe is flying
>>> |
```

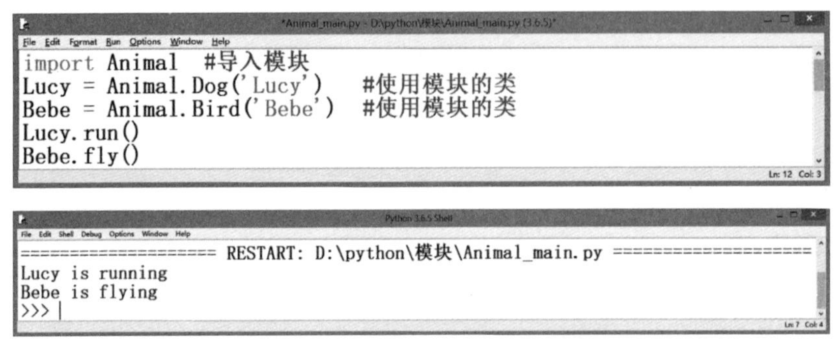

图 12-4　import 关键字导入类

12.1.2　导入模块内特定单一函数或类

如果只想导入模块内特定的单一函数或类，则表达式为

from 模块名称 import 函数名称

from 模块名称 import 类名称

其与 12.1.1 节中 import 模块名称的差异在于，使用模块的函数或类可以省略模块名称，请读者们细心观察两者的不同。

如图 12-5 所示，“from student import show_name”从 student 模块内导入 show_name 函数，输出结果发现未导入的 show_score 函数调用时会产生错误，因为主程序只导入了 show_name 函数。

* 切记，这里只能使用导入过的模块，无法直接调用未导入的模块函数或类方法等。

```
from student import show_name   #导入模块内特定单一函数
show_name('王大明')     #使用导入的函数
show_score(95)     #使用未导入的函数
```

```
==================== RESTART: D:\python\模块\student_main.py ====================
学生名字： 王大明
Traceback (most recent call last):
  File "D:\python\模块\student_main.py", line 3, in <module>
    show_score(95)     #使用未导入的函数
NameError: name 'show_score' is not defined
>>> |
```

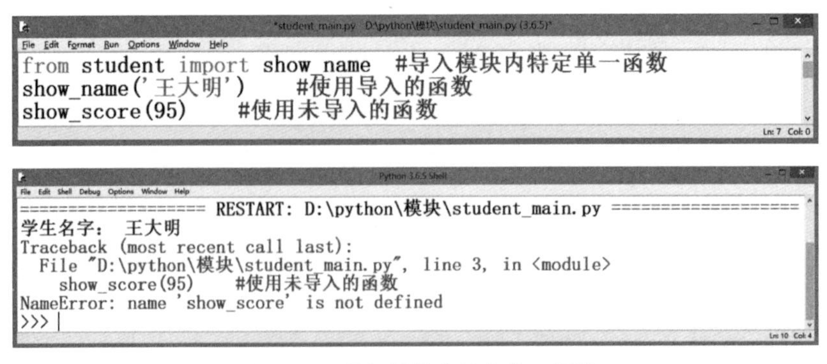

图 12-5　导入模块内特定单一函数

如图 12－6 所示，“from Animal import Dog”从 Animal 模块内导入 Dog 类，输出结果发现未导入的 Bird 类调用时会产生错误，因为主程序只有导入 Dog 类。

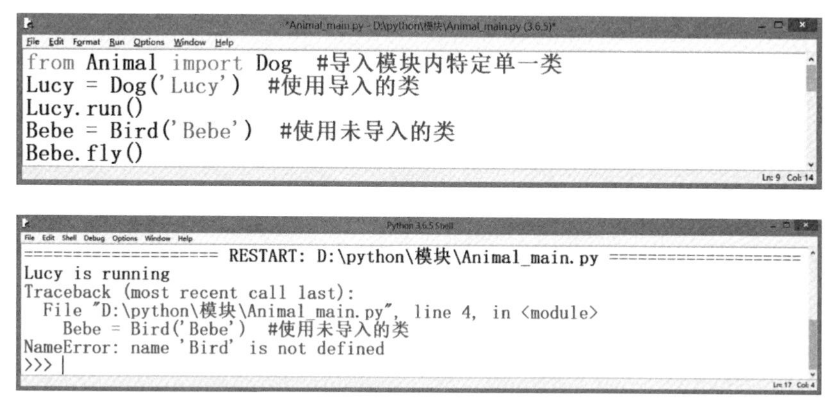

图 12－6　导入模块内特定单一类

12.1.3　导入模块内多个函数或类

如果想导入模块内多个函数或类，则表达式为

from 模块名称 import 函数名称 1、函数名称 2、…、函数名称 n

from 模块名称 import 类名称 1、类名称 2、…、类名称 n

从图 12－7 中可以发现，导入多个函数或类后，12.1.2 节中的报错内容都解决了。

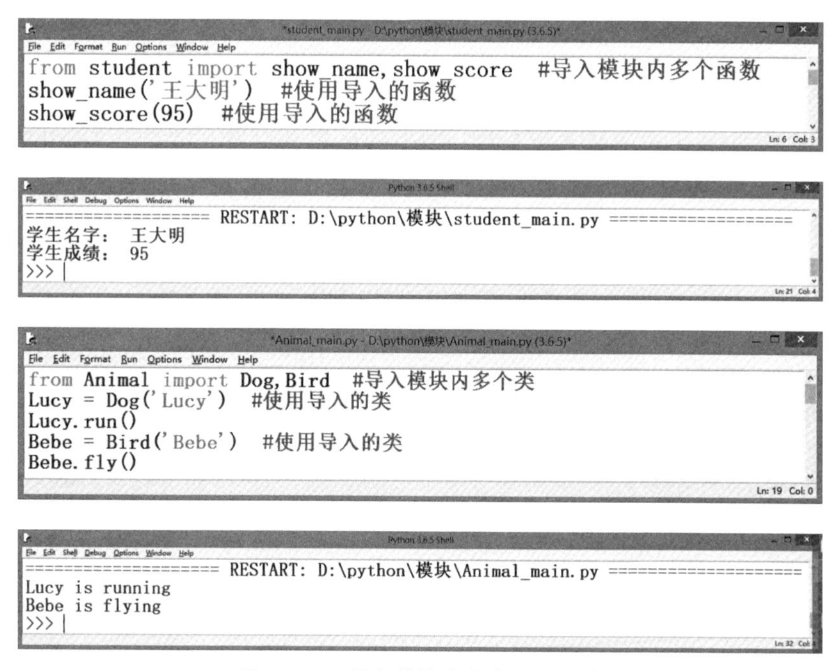

图 12－7　导入模块内多个函数或类

12.1.4 导入模块内所有函数或类

如果想导入模块内所有函数或类，则使用 * 符号代表“全部”的意思，如图 12-8 所示，表达式为

from 模块名称 import *

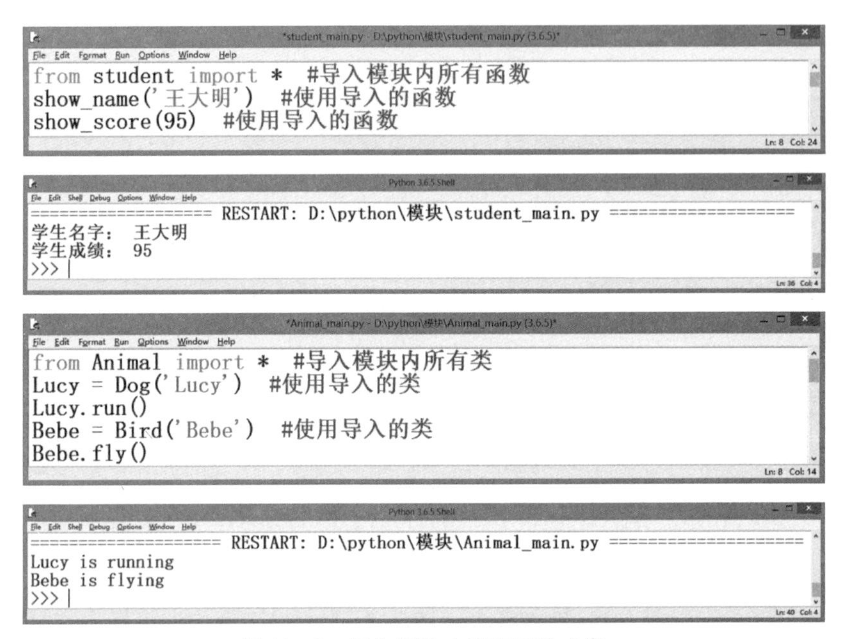

```
from student import *  #导入模块内所有函数
show_name('王大明')  #使用导入的函数
show_score(95)  #使用导入的函数
```

```
==================== RESTART: D:\python\模块\student_main.py ====================
学生名字:  王大明
学生成绩:  95
>>>
```

```
from Animal import *  #导入模块内所有类
Lucy = Dog('Lucy')  #使用导入的类
Lucy.run()
Bebe = Bird('Bebe')  #使用导入的类
Bebe.fly()
```

```
==================== RESTART: D:\python\模块\Animal_main.py ====================
Lucy is running
Bebe is flying
>>>
```

图 12-8 导入模块内所有函数或类

12.1.5 模块内函数使用 as 更换名称

*更换名称不仅可以使名称变得更加简洁，还能增加代码开发的效率。

有时候会发生主程序的函数名称与模块内的函数名称相同的情形，或是模块的函数名称太长，因此可以使用 as 关键字自行定义一个新的模块名称来取代旧的名称，善用 as 更换名称可以更加方便地调用模块的函数，表达式为

from 模块名称 import 函数名称 as 更换名称

如图 12-9 所示，从 student 模块导入 show_name 和 show_score 函数，分别更

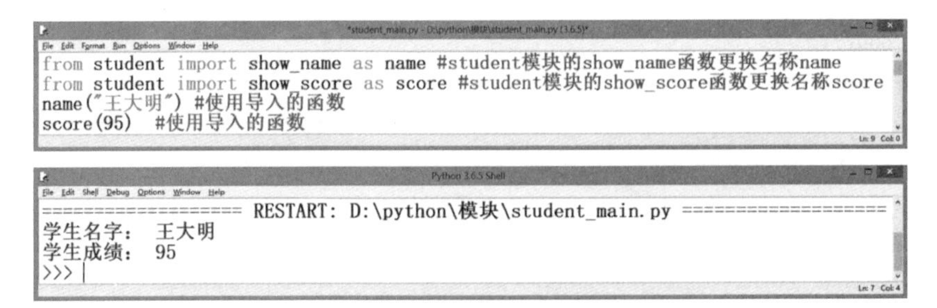

```
from student import show_name as name #student模块的show_name函数更换名称name
from student import show_score as score #student模块的show_score函数更换名称score
name("王大明") #使用导入的函数
score(95)  #使用导入的函数
```

```
==================== RESTART: D:\python\模块\student_main.py ====================
学生名字:  王大明
学生成绩:  95
>>>
```

图 12-9 函数 as 关键字更换名称

改名称为name和score，之后使用新的名称就能调用函数了，这非常方便。

12.1.6 模块使用 as 更换名称

而模块名称也可以使用 as 关键字来更换新的名称，如果要大量调用模块的函数，建议更换一个简单的名称，表达式为

import 模块名称 as 更换名称

如图 12－10 所示，导入 student 模块更改名称为 st，因此使用函数时用新的模块名称调用即可。

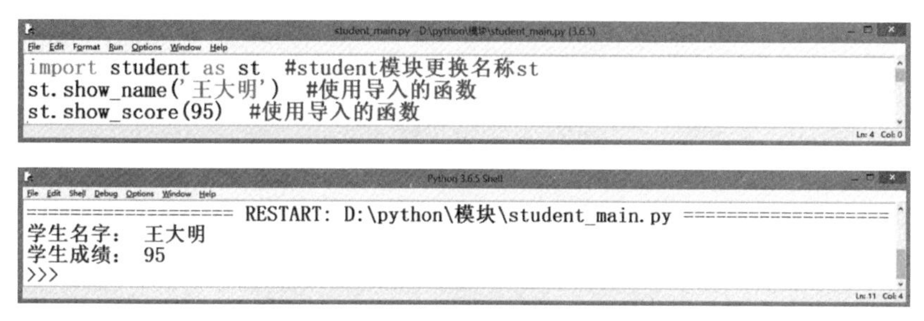

图 12－10 模块 as 关键字更换名称

12.2 使用内建模块(标准库)

Python 内建许多好用的模块，可直接使用，不用再额外下载。help( )函数可以搜索所有 Python 安装的模块，输入 help('module ')函数，无论是标准库还是自行安装的第三方库都会一并被搜索显示出来。

从图 12－11 中可以看到，内建模块有很多常见而且方便使用的功能，下面介绍几个好用的标准库：① random 随机数模块；② time 时间模块；③ sys 系统模块。

12.2.1 random 随机数模块

所谓随机数就是平均分散(概率相同)在某区间的数字，很多游戏都会使用到此模块，比如彩票。下面介绍 3 个好用的 random 随机数模块方法(见图 12－12)。

1. randint( )方法

这个方法可以随机在指定的区间产生整数，表达式为

randint(min, max) ＃产生 min 到 max 之间的整数

2. choice( )方法

使用 choice( )方法随机从列表内选取一个元素。比如，老师要在抽签系统中任

```
Python 3.6.5 (v3.6.5:f59c0932b4, Mar 28 2018, 16:07:46) [MSC v.1900 32 bit (Inte
l)] on win32
Type "copyright", "credits" or "license()" for more information.
>>> help('modules')

Please wait a moment while I gather a list of all available modules...

__future__          audioop             idle                sched
__main__            autocomplete        idle_test           scrolledlist
_ast                autocomplete_w      idlelib             search
_asyncio            autoexpand          imaplib             searchbase
_bisect             base64              imghdr              searchengine
_blake2             bdb                 imp                 secrets
_bootlocale         binascii            importlib           select
_bz2                binhex              inspect             selectors
_codecs             bisect              io                  setuptools
_codecs_cn          browser             iomenu              shelve
_codecs_hk          builtins            ipaddress           shlex
_codecs_iso2022     bz2                 itertools           shutil
_codecs_jp          cProfile            json                signal
_codecs_kr          calendar            keyword             site
_codecs_tw          calltip_w           lib2to3             smtpd
_collections        calltips            linecache           smtplib
_collections_abc    cgi                 locale              sndhdr
_compat_pickle      cgitb               logging             socket
_compression        chunk               lzma                socketserver
_csv                cmath               macosx              sqlite3
_ctypes             cmd                 macpath             sre_compile
_ctypes_test        code                macurl2path         sre_constants
_datetime           codecontext         mailbox             sre_parse
_decimal            codecs              mailcap             ssl
_distutils_findvs   codeop              mainmenu            stackviewer
_dummy_thread       collections         marshal             stat
_elementtree        colorizer           math                statistics
_functools          colorsys            mimetypes           statusbar
_hashlib            compileall          mmap                string
_heapq              concurrent          modulefinder        stringprep
_imp                config              msilib              struct
_io                 config_key          msvcrt              subprocess
_json               configdialog        multicall           sunau
_locale             configparser        multiprocessing     symbol
_lsprof             contextlib          netrc               symtable
_lzma               copy                nntplib             sys
_markupbase         copyreg             nt                  sysconfig
_md5                crypt               ntpath              tabnanny
_msi                csv                 nturl2path          tarfile
_multibytecodec     ctypes              numbers             telnetlib
_multiprocessing    curses              numpy               tempfile
_opcode             datetime            opcode              test
_operator           dbm                 operator            textview
_osx_support        debugger            optparse            textwrap
```

```
_overlapped         debugger_r          os                  this
_pickle             debugobj            outwin              threading
_pyclbr             debugobj_r          paragraph           time
_pydecimal          decimal             parenmatch          timeit
_pyio               delegator           parser              tkinter
_random             difflib             pathbrowser         token
_sha1               dis                 pathlib             tokenize
_sha256             distutils           pdb                 tooltip
_sha3               doctest             percolator          trace
_sha512             dummy_threading     pickle              traceback
_signal             dynoption           pickletools         tracemalloc
_sitebuiltins       easy_install        pip                 tree
_socket             editor              pipes               tty
_sqlite3            email               pkg_resources       turtle
_sre                encodings           pkgutil             turtledemo
_ssl                ensurepip           platform            types
_stat               enum                plistlib            typing
_string             errno               poplib              undo
_strptime           faulthandler        posixpath           unicodedata
_struct             filecmp             pprint              unittest
_symtable           fileinput           profile             urllib
_testbuffer         filelist            pstats              uu
_testcapi           fnmatch             pty                 uuid
_testconsole        formatter           py_compile          venv
_testimportmultiple fractions           pyclbr              warnings
_testmultiphase     ftplib              pydoc               wave
_thread             functools           pydoc_data          weakref
_threading_local    gc                  pyexpat             webbrowser
_tkinter            genericpath         pyparse             windows
_tracemalloc        getopt              pyshell             winreg
_warnings           getpass             query               winsound
_weakref            gettext             queue               wsgiref
_weakrefset         glob                quopri              xdrlib
_winapi             grep                random              xml
abc                 gzip                re                  xmlrpc
aifc                hashlib             redirector          xxsubtype
antigravity         heapq               replace             zipapp
argparse            help                reprlib             zipfile
array               help_about          rlcompleter         zipimport
ast                 history             rpc                 zlib
asynchat            hmac                rstrip              zoomheight
asyncio             html                run                 zzdummy
asyncore            http                runpy
atexit              hyperparser         runscript

Enter any module name to get more help.  Or, type "modules spam" to search
for modules whose name or summary contain the string "spam".

>>> |
```

＊善用内建模块，节省自己开发相同功能的时间。

图 12-11　内建模块

```
Python 3.6.5 Shell
File Edit Shell Debug Options Window Help
Python 3.6.5 (v3.6.5:f59c0932b4, Mar 28 2018, 16:07:46) [MSC v.1
900 32 bit (Intel)] on win32
Type "copyright", "credits" or "license()" for more information.
>>> import random  #导入random模块
>>> n = 3
>>> for i in range(n):
        print('产生1到100之间的整数',random.randint(1,100))


产生1到100之间的整数 75
产生1到100之间的整数 2
产生1到100之间的整数 98
>>> |
Ln: 12 Col: 4
```

图 12-12　区间内随机产生整数

意选择一名同学回答问题，那他就能从全班同学的名单(列表)中随机选取一名同学，如图 12-13 所示。

```
*Python 3.6.5 Shell*
File Edit Shell Debug Options Window Help
Python 3.6.5 (v3.6.5:f59c0932b4, Mar 28 2018, 16:07:46) [MSC v.1900 32
bit (Intel)] on win32
Type "copyright", "credits" or "license()" for more information.
>>> import random #导入random模块
>>> students = ['黄大明','蔡小林','李小浩','王大宏','邓小棋'] #学生名单
>>> print("随机选取一名学生回答问题: ",random.choice(students))
随机选取一名学生回答问题:  王大宏
>>> |
Ln: 7 Col: 5
```

图 12-13　列表内随机选取元素

3. shuffle( )*方法*

使用 shuffle( )方法重新排列列表的元素。比如，在扑克牌游戏中，发牌之前都需要先洗

牌,以便将扑克牌排列的顺序打乱,这可以利用 shuffle( )方法来实现,如图 12－14 所示。

```
Python 3.6.5 (v3.6.5:f59c0932b4, Mar 28 2018, 16:07:46) [MSC v.1900 32 bit (I
ntel)] on win32
Type "copyright", "credits" or "license()" for more information.
>>> import random #导入random模块
>>> cards = ['A','2','3','4','5','6','7','8','9','10','J','Q','K']
>>> random.shuffle(cards)  #洗牌
>>> print('洗牌后: ',cards)
洗牌后:  ['2', 'K', 'A', '10', '3', '6', 'Q', '8', '4', 'J', '9', '7', '5']
>>> |
```

图 12－14　重新排列列表的元素

12.2.2　time 时间模块

时间模块有许多功能：① 显示当前时间；② 计算程序执行完的时间；③ 在程序执行时暂停几秒。

1. time( )方法

time( )方法会回传自 1970 年 1 月 1 日 00：00：00AM 以来的秒数,那么这个功能有什么用途呢？如果分别在程序中的某两行取得 time( )回传的秒数,那么将这两个数相减就是程序在执行这两行之间所花的秒数,如图 12－15 所示。

```
Python 3.6.5 (v3.6.5:f59c0932b4, Mar 28 2018, 16:07:46) [MSC v.1900 32
 bit (Intel)] on win32
Type "copyright", "credits" or "license()" for more information.
>>> import time  #导入time模块
>>> print('计算从1970年1月1日00:00:00AM到此刻的秒数',time.time())
计算从1970年1月1日00:00:00AM到此刻的秒数 1553330904.3125699
>>> #一共经过1553330904秒, 此刻是在2019/3/23  16:48时执行
```

图 12－15　time( )方法计算时间

2. sleep( )方法

sleep( )方法可以让执行中的程序暂停几秒,在设计动画时利用这个方法非常实用。另外在大型程序中,往往有些代码会因为执行太快而产生不可预期的错误,可以用此方法来让程序执行的速度慢下来。如图 12－16 所示,发现程序没有立刻显示

```
Python 3.6.5 (v3.6.5:f59c0932b4, Mar 28 2018, 16:07:46) [MSC v.1900 32
bit (Intel)] on win32
Type "copyright", "credits" or "license()" for more information.
>>> import time  #导入time模块
>>> for i in range(1,6):
        print(i)
        time.sleep(3)  #暂停三秒


1
2
|
```

图 12－16　sleep( )方法暂停几秒

1 到 5,而是 3 秒显示 1 个数字。

3. asctime( )*方法*

asctime( )方法可以输出当前系统的时间,如图 12-17 所示。

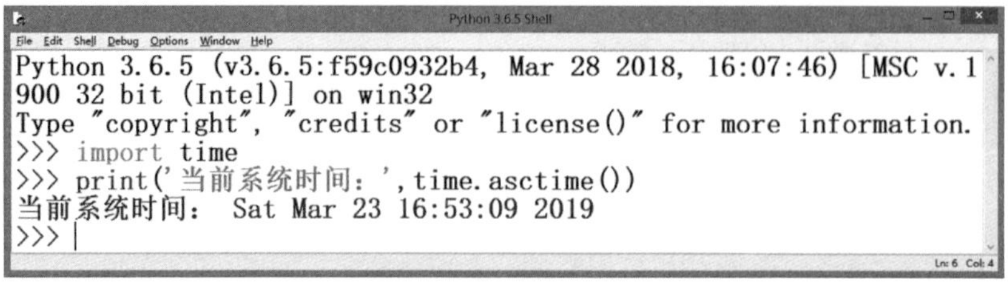
Python 3.6.5 Shell
File Edit Shell Debug Options Window Help
Python 3.6.5 (v3.6.5:f59c0932b4, Mar 28 2018, 16:07:46) [MSC v.1
900 32 bit (Intel)] on win32
Type "copyright", "credits" or "license()" for more information.
>>> import time
>>> print('当前系统时间：',time.asctime())
当前系统时间： Sat Mar 23 16:53:09 2019
>>> |
Ln: 6 Col: 4

图 12-17 asctime( )方法输出当前系统时间

4. localtime( )*方法*

localtime( )方法会回传当前系统时间的资料,依序为年、月、日、时、分、秒、星期几、今年第几天、夏令时间(夏令时间是很多国家使用的一种时间方式:在天亮得早的夏季,为了呼吁人们早睡,通过减少照明量来达到节约用电的效果,通常会人为将时间调快一小时。中国没有使用夏令时间,因此参数为 0)。星期的参数 0 代表星期一,1 代表星期二,以此类推。

图 12-18 中依序显示时间为:2019 年 3 月 23 日 16 时 58 分 12 秒星期四第 82 天(非夏令时间)。

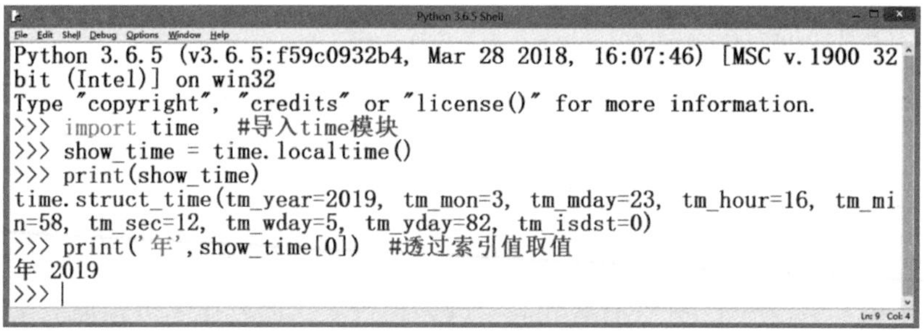
Python 3.6.5 Shell
File Edit Shell Debug Options Window Help
Python 3.6.5 (v3.6.5:f59c0932b4, Mar 28 2018, 16:07:46) [MSC v.1900 32
bit (Intel)] on win32
Type "copyright", "credits" or "license()" for more information.
>>> import time #导入time模块
>>> show_time = time.localtime()
>>> print(show_time)
time.struct_time(tm_year=2019, tm_mon=3, tm_mday=23, tm_hour=16, tm_mi
n=58, tm_sec=12, tm_wday=5, tm_yday=82, tm_isdst=0)
>>> print('年',show_time[0]) #透过索引值取值
年 2019
>>> |
Ln: 9 Col: 4

图 12-18 localtime( )方法回传时间资料

12.2.3 sys 系统模块

Python 中的 sys 系统模块(见图 12-19)负责程序与 Python 解释器的交互,提供了一系列的函数和变量,用于操控 Python 运行时的环境。比如在 12.1 节中提到的 sys.path,可用来搜寻 Python 模块的路径。

1. stdin 对象(standard input)

搭配 readline( )方法可以读取屏幕输入直到按下回车键的字符串,图 12-20 给出了示例。readline(*n*)指定参数值 *n* 可以决定读取几个字符。

```
Python 3.6.5 (v3.6.5:f59c0932b4, Mar 28 2018, 16:07:46) [MSC v.1900 32 bit (In
tel)] on win32
Type "copyright", "credits" or "license()" for more information.
>>> import sys  #导入系统模块
>>> sys.version  #获取python版本
'3.6.5 (v3.6.5:f59c0932b4, Mar 28 2018, 16:07:46) [MSC v.1900 32 bit (Intel)]'
>>> sys.platform  #获取当前执行环境的平台
'win32'
>>> sys.modules.keys()  #返回所有已经导入的模块列表
dict_keys(['builtins', 'sys', '_frozen_importlib', '_imp', '_warnings', '_thre
ad', '_weakref', '_frozen_importlib_external', '_io', 'marshal', 'nt', 'winreg
', 'zipimport', 'encodings', 'codecs', '_codecs', 'encodings.aliases', 'encodi
ngs.utf_8', '_signal', '__main__', 'encodings.latin_1', 'io', 'abc', '_weakref
set', 'site', 'os', 'errno', 'stat', '_stat', 'ntpath', 'genericpath', 'os.pat
h', '_collections_abc', '_sitebuiltins', 'sysconfig', '_bootlocale', '_locale'
, 'encodings.gbk', '_codecs_cn', '_multibytecodec', 'types', 'functools', '_fu
nctools', 'collections', 'operator', '_operator', 'keyword', 'heapq', '_heapq'
, 'itertools', 'reprlib', '_collections', 'weakref', 'collections.abc', 'impor
tlib', 'importlib._bootstrap', 'importlib._bootstrap_external', 'warnings', 'i
mportlib.util', 'importlib.abc', 'importlib.machinery', 'contextlib', 'mpl_too
lkits', 'idlelib', 'idlelib.run', 'linecache', 'tokenize', 're', 'enum', 'sre_
compile', '_sre', 'sre_parse', 'sre_constants', 'copyreg', 'token', 'queue', '
```

图 12-19　sys 系统模块

```
import sys
print("请输入字符串，输入完按回车键：",end="")
msg = sys.stdin.readline()
print(msg)
```

```
======================= RESTART: D:\python\模块\stdin.py =======================
请输入字符串，输入完按回车键：Python好有趣！我爱Python!
Python好有趣！我爱Python!

>>> |
```

```
import sys
print("请输入字符串，输入完按回车键：",end="")
msg = sys.stdin.readline(8)
print(msg)
```

```
======================= RESTART: D:\python\模块\stdin.py =======================
请输入字符串，输入完按回车键：Python好有趣！我爱Python!
Python好有
>>> |
```

图 12-20　stdin 读取屏幕输入

2. stdout 对象(standard output)

如图 12-21 所示，搭配 write( )方法可以从屏幕上输出资料。

```
import sys
sys.stdout.write("I love Python!")
```

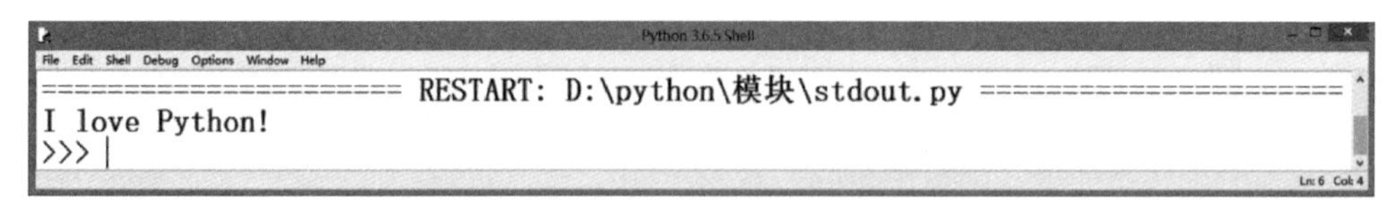

图 12-21　stdout 从屏幕上输出资料

12.3　使用第三方库

* 我们除了使用内建模块和自己开发的模块外，还能使用已经开发好的第三方库，非常实用且功能强大！

Python 最大的优势就是可以使用功能强大的第三方库，而且是免费的，有众多的开发者来维护和研发这些第三方库。

12.3.1　使用 pip 工具安装第三方库

在安装 Python 的同时也安装好了 pip 工具，存储在 Python 安装位置的 Scripts 文件夹里：C:\Users\user\AppData\Local\Programs\Python\Python36-32\Scripts，如图 12-22 所示，请读者根据自己安装的路径找到该工具。

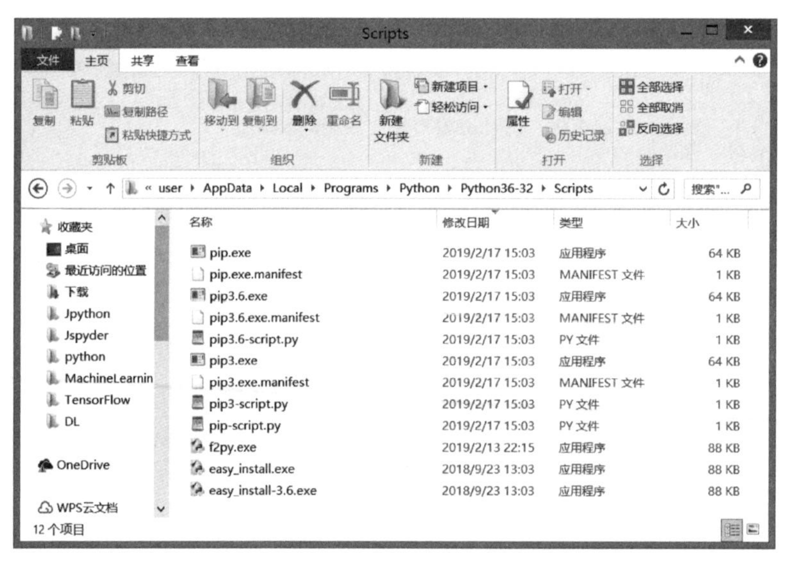

图 12-22　pip 工具安装位置

接着，在 cmd 命令窗口 cd pip 路径下就能直接使用 pip 安装工具了(见图 12-23)。

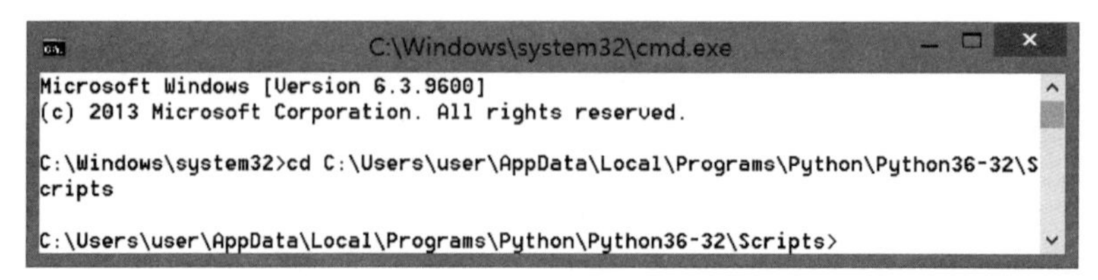

图 12-23　cmd 命令窗口 pip 安装工具

输入 pip install xxx(第三方库名称)就能安装实用的开源库。如果显示错误,表示环境变量没有配置好,添加 pip 工具的路径即可,或是按下"WIN + r"键开启 Dos 环境,输入 C:\Users\user\AppData\Local\Programs\Python\Python36-32\Scripts\pip install xxx,如图 12-24 中的示范安装图像处理的第三方库 pillow。

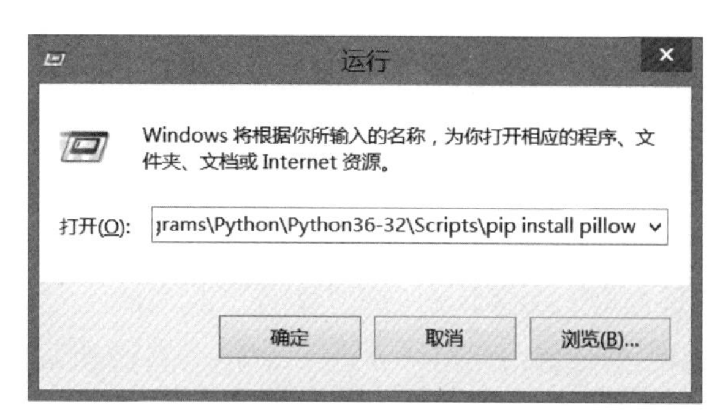

图 12-24　图像处理第三方库 pillow 安装示范

12.3.2　实用的第三方库

下面介绍几个实用的第三方库。Python 语言只是编程设计的基础,读者想要在实际项目中加以应用,学习第三方库是非常重要的。

1. pip install numpy

numpy(numeric Python)支持大量的维度数组与矩阵运算,此外也针对数组运算提供大量的数学函数库,其广泛用于科学计算和基础数学运算,包括统计学、线性代数、矩阵数学等。

2. pip install scipy

scipy 是一个科学的 Python 开源库,用于执行数学、科学和工程计算。scipy 构建在 numpy 的基础之上,它提供了许多操作 numpy 数组的函数,是一款方便、易于使用的库。

3. pip install matplotlib

matplotlib 是一个 2D 绘图库,可以生成绘图、直方图、功率谱、条形图、错误图及散点图等。

4. pip install scikit-learn

scikit-learn 是一个由 Python 开发的机器学习库,包含机器学习算法、数据集等,在人工智能和数据挖掘领域是一个使用方便的工具。

5. pip install pandas

pandas 是一款开放源码的 Python 库,为 Python 编程语言提供了高性能且易于使用的数据结构和数据分析工具。pandas 可用于金融、经济、统计、分析等学术和商业领域。

6. pip install pillow

pillow 是 Python 的图像处理标准库。

7. pip install requests

requests 用于访问网络资源,处理 URL 资源特别方便,用于爬虫。

Python 小试牛刀

1. 使用 random 随机数模块完成(1～100)猜数字的游戏,为了让玩家更容易猜测,会提示正确数字是否大于或是小于所猜的数字。

2. 请读者自行学习其他的内建模块和第三方库,为自己开发的项目需求找到适合的模块和库,加快开发的效率。这里推荐读者学习 math 数学内建模块。

Python 语言应用

第 13 章 数据图表统计

第 12 章中介绍的第三方库是专门为特定领域开发的库，涵盖了很多有趣且实用的应用，使用者可根据项目的需求导入不同的库。正是因为 Python 拥有大量的第三方库，在项目开发的前期，许多工程师会使用 Python 先实现功能，而后如有需要再将其转成安全性更高的程序语言。

* 开发项目时需要呈现结果图或统计相关的数据，因此会使用 matplotlib 库来实现。

在如今的大数据时代，我们经常需要通过数据分析来了解数据间的关系，因此图表的统计就变得很重要，它可以清晰地、视觉化地让我们了解数据间的差异。下面将介绍如何使用 matplotlib 绘图库来绘制图表，请读者先安装好 pip install matplotlib 后再开始以下的学习。

matplotlib 是一个大型的绘图库，本节只介绍如何使用其中的 pyplot 子模块来绘制大部分的图表。更改名称 plt 调用其方法：import matplotlib.pyplot as plt。

13.1 折线图的绘制

折线图常常被用来观察数据在一时间段内的规律与趋势，下面将详细介绍如何绘制折线图。

1. 显示绘制的图表 show( )

这个方法能将绘制好的图表显示出来，方便检查图表是否正确，任何图表操作都要在 show( )方法之前。

* 将数据用列表存储后，将参数传递到 plot 函数内，再使用 show( )函数显示图表。

2. plot( )画线

将一个列表作为绘制的数据传递给 plot( )方法，如图 13－1 所示，列表内的数据视为 Y 轴的值，X 轴的值自动生成列表的索引值。

```
import matplotlib.pyplot as plt    #导入matplotlib库内的pyplot子模块
y_value = [15,24,7,34,42,28]  #Y轴
plt.plot(y_value)  #画线
plt.show()
```

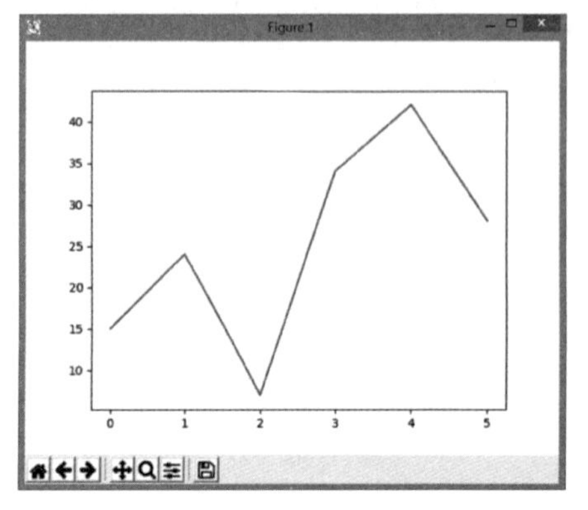

图 13 - 1　plot( )画线

3. 轴刻度 axis( )

* 设定轴刻度后会从图表的左下角开始计算刻度区间。

两轴如果没有设定刻度,则会自动选择最适当的刻度绘图;如果要指定刻度就要使用 axis( )方法,传递一个列表参数为[X 轴起点,X 轴终点,Y 轴起点,Y 轴终点](见图 13 - 2)。

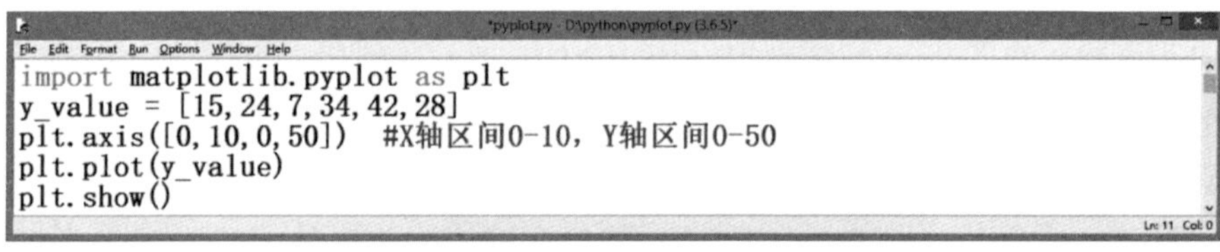

```
import matplotlib.pyplot as plt
y_value = [15,24,7,34,42,28]
plt.axis([0,10,0,50])  #X轴区间0-10, Y轴区间0-50
plt.plot(y_value)
plt.show()
```

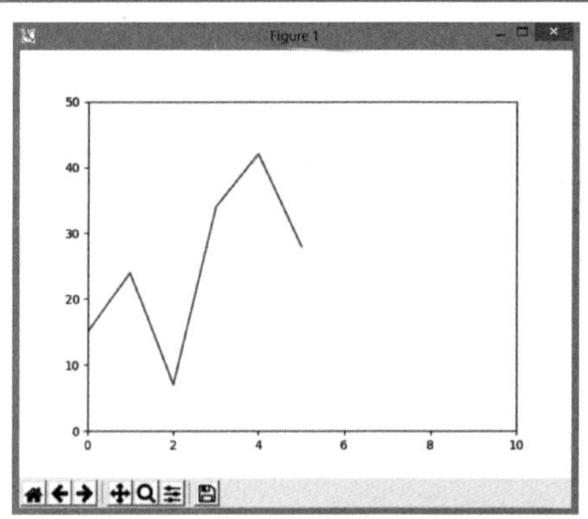

图 13 - 2　axis( )方法设定轴刻度

4. 线条宽度 linewidth( )

* 适当调整线的宽度可以更好地呈现图表结果。

使用 plot( )画线方法时,可以输入 linewidth 参数设定线条的宽度(见图 13 - 3)。

5. 显示标题(title,xlabel,ylabel)

matplotlib 显示中文时往往会出现乱码,需要通过一些处理才能正常显示中文。

```
import matplotlib.pyplot as plt
y_value = [15,24,7,34,42,28]
plt.plot(y_value,linewidth=5)  #画线，线条宽度5
plt.show()
```

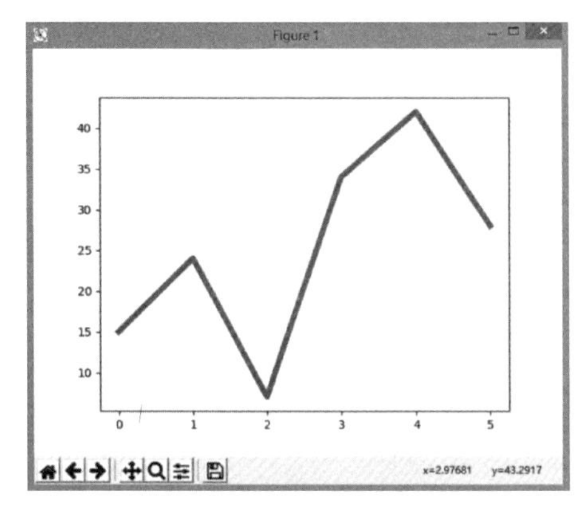

图 13－3　linewidth 参数设定线的宽度

这里介绍其中一种方法 plt.rcParams['font.sans-serif'] = ['SimHei'],在程序中添加这一行就能显示中文。

如图 13－4 所示,设定标题方法分为:图表标题 title( )、X 轴标题 xlabel( )、Y 轴标题 ylabel( )在这些方法里传递标题名称和 fontsize 字体大小两个参数(见图 13－4),表达式为

title(标题名称,fontsize=数值)　＃xlabel 和 ylabel 如同

＊设定两轴和图表的标题,让图表更具有意义。

```
import matplotlib.pyplot as plt
y_value = [15,24,7,34,42,28]
plt.plot(y_value,linewidth=3)
plt.rcParams['font.sans-serif'] = ['SimHei']  #显示中文
plt.title('标题',fontsize=24)  #显示图表标题，字体大小24
plt.xlabel('Value',fontsize=15)  #显示X轴标题，字体大小15
plt.ylabel('Price',fontsize=15)  #显示Y轴标题，字体大小15
plt.show()
```

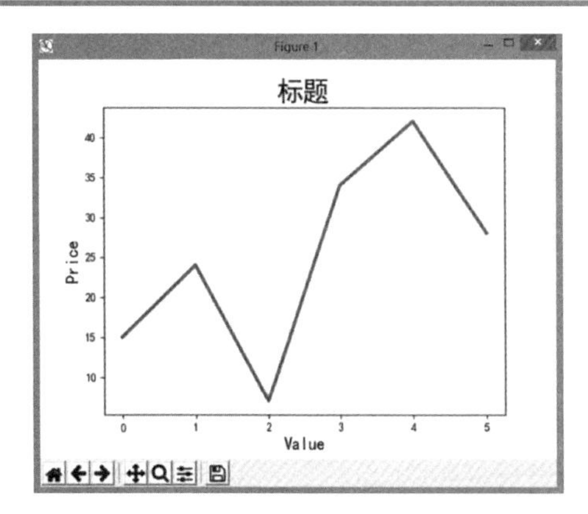

图 13－4　设定图表、X 轴和 Y 轴标题

6. 坐标轴刻度设定 tick_params( )

图表使用 tick_params( )设定坐标轴的选择对象、刻度大小和颜色,表达式为

tick_params(axis=选择对象, labelsize=刻度大小,color=颜色)

如果选择对象是'both'代表作用在 *XY* 轴,'x'代表作用在 *X* 轴,'y'代表作用在 *Y* 轴。如果颜色是'red'代表红色,'green'代表绿色(见图 13-5)。

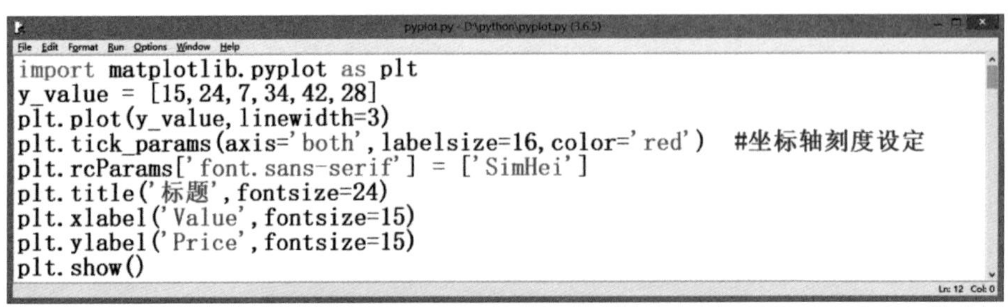

```
import matplotlib.pyplot as plt
y_value = [15,24,7,34,42,28]
plt.plot(y_value,linewidth=3)
plt.tick_params(axis='both',labelsize=16,color='red')   #坐标轴刻度设定
plt.rcParams['font.sans-serif'] = ['SimHei']
plt.title('标题',fontsize=24)
plt.xlabel('Value',fontsize=15)
plt.ylabel('Price',fontsize=15)
plt.show()
```

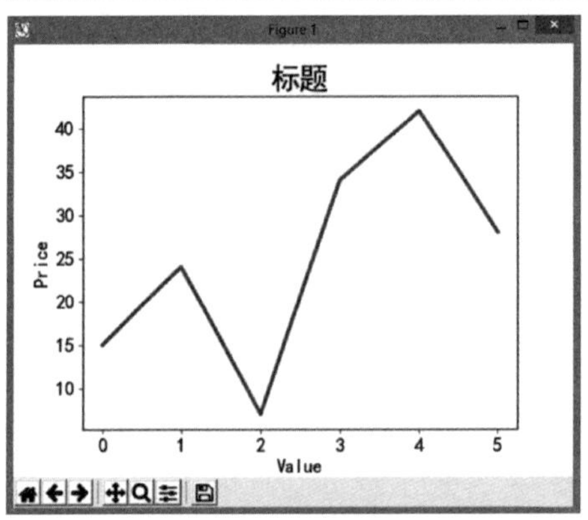

图 13-5 坐标轴刻度

7. 图表的 *X* 轴起始值

*根据图表的数据调整 *X* 轴的起始值。

前面显示的图表中的 *X* 轴刻度值都是从 0 开始,与现实生活常见的图表不同,因此可以如同设定 *Y* 轴的方法,再增加一个 *X* 轴的列表传递到 plot( )画线方法,如图 13-6 所示。

8. 多组数据的图表

*多组数据的呈现,可以达到"比较"的效果,让图表更加完整。

很多图表都包含多组数据,这样才能达到对比的效果,因此可以传递多个数据给 plot( )画线方法(见图 13-7),表达式为

plot(第一组数据,第二组数据) #数据包含 X 轴与 Y 轴

9. 线条颜色和形式

*调整线条的形式和颜色是为了更好地区分每组数据,而不会混淆造成错误的判断。

图表中不同颜色的线条是系统预设的颜色,也可以自定义线条的颜色和形式(见图 13-8)。使用 plot( )方法,每个数据最后的参数设定线条的颜色和形式,比如红色虚线参数为'r:';绿色星形参数为'g*';蓝色圆圈点划线参数为'bo-.'等,具体可参考表 13-1。

```
import matplotlib.pyplot as plt
y_value = [15,24,7,34,42,28]
x_value = [1,2,3,4,5,6]     #X轴
plt.plot(x_value,y_value,linewidth=3)    #增加X轴的设定
plt.tick_params(axis='both',labelsize=16,color='red')
plt.rcParams['font.sans-serif'] = ['SimHei']
plt.title('标题',fontsize=24)
plt.xlabel('Value',fontsize=15)
plt.ylabel('Price',fontsize=15)
plt.show()
```

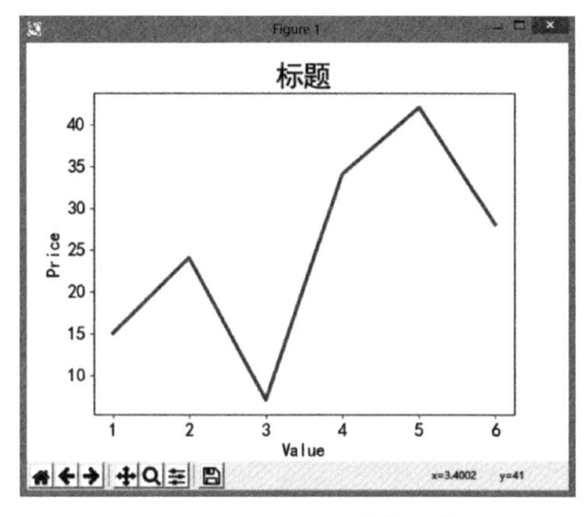

图 13－6　更改 *X* 轴起始值

```
import matplotlib.pyplot as plt
y1_value = [15,24,7,34,42,28]    #第一组数据
y2_value = [7,28,15,22,47,33]    #第二组数据
x_value = [1,2,3,4,5,6]     #X轴
plt.plot(x_value,y1_value,x_value,y2_value)    #两组数据画线
plt.tick_params(axis='both',labelsize=16,color='red')
plt.rcParams['font.sans-serif'] = ['SimHei']
plt.title('标题',fontsize=24)
plt.xlabel('Value',fontsize=15)
plt.ylabel('Price',fontsize=15)
plt.show()
```

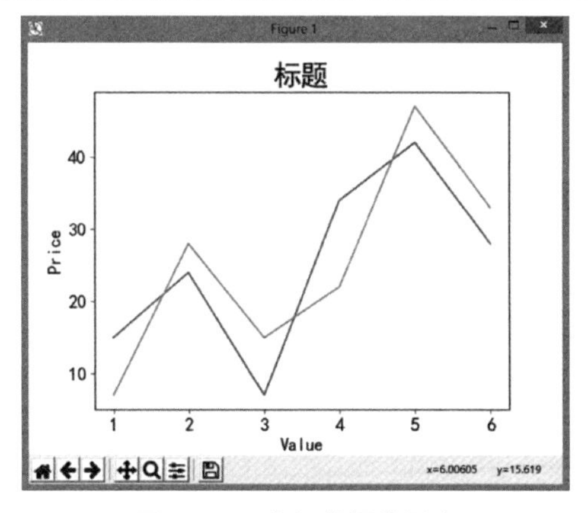

图 13－7　多组数据的图表

```
import matplotlib.pyplot as plt
y1 = [15,24,7,34,42,28]
y2 = [7,28,15,22,47,33]
y3 = [4,14,23,29,36,42]
x = [1,2,3,4,5,6]
plt.plot(x,y1,'r:',x,y2,'g*',x,y3,'bo-.')    #设定线条颜色和形式
plt.tick_params(axis='both',labelsize=16,color='red')
plt.rcParams['font.sans-serif'] = ['SimHei']
plt.title("标题",fontsize=24)
plt.xlabel("Value",fontsize=15)
plt.ylabel("Price",fontsize=15)
plt.show()
```

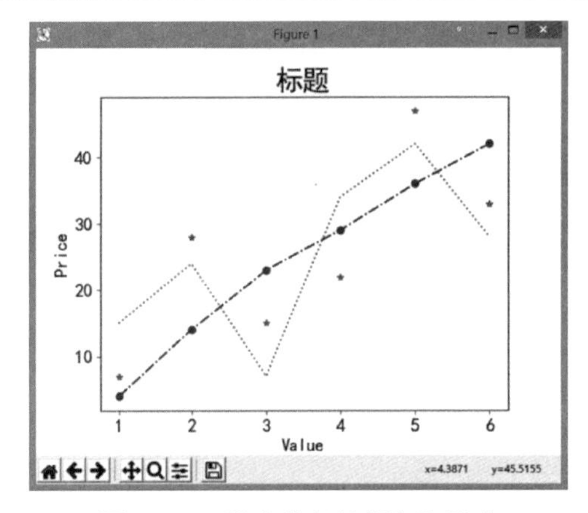

图 13-8　设定线条的颜色和形式

表 13-1　线条不同颜色和形式的参数

别名	颜色	形　式	描　述	形　式	描　述
'b'	蓝色	'-','solid'	实线	's'	方形标记
'g'	绿色	':','dotted'	虚线	'*'	星形标记
'r'	红色	'--','dashed'	破折线	'>','<','^','v'	三角形标记
'y'	黄色	'-.','dashdot'	点划线	'h','H'	六边形标记
'c'	青色	'.'	点标记	'p'	五边形标记
'k'	黑色	'o'	圆圈标记	'8'	八边形标记
'm'	洋红色	'D','d'	菱形标记	','	像素标记
'w'	白色	'+'	加号标记	'_','|'	水平竖线标记

10. 刻度设计

上面介绍的所有绘制的图表 XY 轴都是 plot( )方法对于输入的数据自动调整间距,如图 13-9 所示的图表间距为 0.25,导致 X 轴的刻度显示不是我们想要的效果,因为年度销售表 X 轴只想呈现年份 2017、2018 和 2019,这样 X 轴才会比较清楚明了,所以需要设定 XY 轴值,使用 xticks( )/yticks( )方法(见图 13-10)。

```
import matplotlib.pyplot as plt
iphone = [2146,3124,1265]     #苹果手机销售线
huawei = [1317,2469,4812]     #华为手机销售线
oppo = [1744,3724,2246]       #oppo手机销售线
x = [2017,2018,2019]          #销售年
plt.plot(x,iphone,'-*',x,huawei,'-o',x,oppo,'-v')
plt.title("Sales Report", fontsize=24)
plt.xlabel("Year", fontsize=16)
plt.ylabel("Number of Sales", fontsize=16)
plt.tick_params(axis='both',labelsize=16,color='red')
plt.show()
```

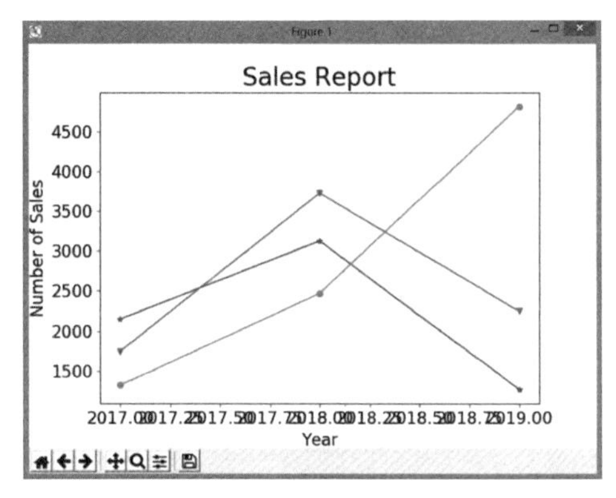

图 13－9　*X* 轴预设间距太小

* plot( )函数会自动调整 *X* 轴的区间，可以利用 xticks/yticks 方法直接设定区间大小。

```
import matplotlib.pyplot as plt
iphone = [2146,3124,1265]
huawei = [1317,2469,4812]
oppo = [1744,3724,2246]
x = [2017,2018,2019]       #销售年
plt.xticks(x)              #设定X轴值
plt.plot(x,iphone,'-*',x,huawei,'-o',x,oppo,'-v')
plt.title("Sales Report", fontsize=24)
plt.xlabel("Year", fontsize=16)
plt.ylabel("Number of Sales", fontsize=16)
plt.tick_params(axis='both',labelsize=16,color='red')
plt.show()
```

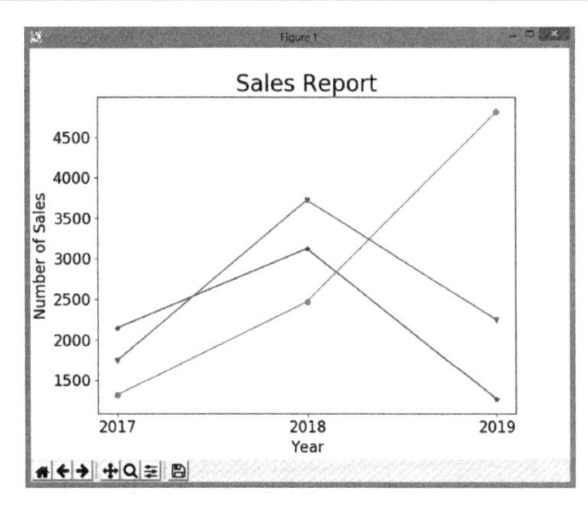

图 13－10　使用 xticks( )方法设定间距

11. 图例 legend( )

图 13－10 中的手机销售图已经能够很清楚地显示销售的涨跌情况，但图中没有解释每个线条代表的意义，无法看出哪一条线表示哪一个手机品牌。因此要使用 legend( )方法，此时 plot( )画线方法也有所不同，请读者细心阅读下面的代码：

Sales_iphone, = plt.plot(x, iphone, '-*', label='iphone')

Sales_huawei, = plt.plot(x, huawei, '-*', label='huawei')

Sales_oppo, = plt.plot(x, oppo, '-*', label='oppo')

请注意回传值的画线变量 Sales_iphone、Sales_huawei、Sales_oppo 右边都要加个“,”。另外，每个线条都要给它设定一个标签 label，也就是图例上显示的名称：

plt.legend(handles =[Sales_iphone,Sales_huawei,Sales_oppo],
loc='best')

* 增加图例让使用者更容易观察图表。

legend( )方法 handles 参数为列表，元素为画线变量，loc 参数为图例在图表上的位置(见图 13－11)。

```
import matplotlib.pyplot as plt
iphone = [2146,3124,1265]
huawei = [1317,2469,4812]
oppo = [1744,3724,2246]
x = [2017,2018,2019]
plt.xticks(x)
Sales_iphone, = plt.plot(x, iphone, '-*', label='iphone')     #画线变量
Sales_huawei, = plt.plot(x, huawei, '-*', label='huawei')     #画线变量
Sales_oppo, = plt.plot(x, oppo, '-*', label='oppo')           #画线变量
plt.legend(handles=[Sales_iphone,Sales_huawei,Sales_oppo], loc='best')  #图例
plt.title("Sales Report", fontsize=24)
plt.xlabel("Year", fontsize=16)
plt.ylabel("Number of Sales", fontsize=16)
plt.tick_params(axis='both',labelsize=16,color='red')
plt.show()
```

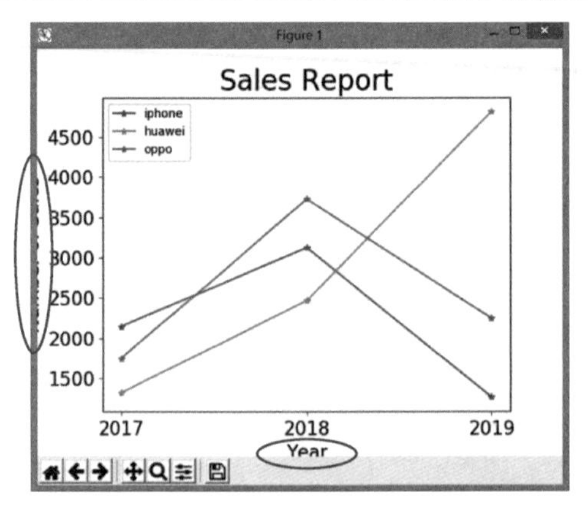

图 13－11　legend( )方法设定图例

从图 13－11 中可以看出一个问题，有时候产生的图表窗口太小，导致部分图表内容被遮盖住(图 13－11 中圈出部分)，因此需要做额外处理。

12. 图表窗口留白 tight_layout( )

plt.tight_layout(pad＝留白的大小)方法可以设定图表窗口四周留白的大小，使图表能够完整地呈现在窗口中。pad 参数可换成 h_pad/w_pad 分别设定高度/宽度的留白，如图 13－12 所示，特别注意留白后的图表会调整数据的间距，此时 Y 轴与图 13－11 中的不同，根据任务需求再使用 yticks( )方法设定 Y 轴间距。

```
import matplotlib.pyplot as plt
iphone = [2146,3124,1265]
huawei = [1317,2469,4812]
oppo = [1744,3724,2246]
x = [2017,2018,2019]
plt.xticks(x)
Sales_iphone, = plt.plot(x, iphone, '-*', label='iphone')
Sales_huawei, = plt.plot(x, huawei, '-*', label='huawei')
Sales_oppo, = plt.plot(x, oppo, '-*', label='oppo')
plt.legend(handles=[Sales_iphone,Sales_huawei,Sales_oppo], loc='best')
plt.tight_layout(pad=5)  #窗口留白
plt.title("Sales Report", fontsize=24)
plt.xlabel("Year", fontsize=16)
plt.ylabel("Number of Sales", fontsize=16)
plt.tick_params(axis='both',labelsize=16,color='red')
plt.show()
```

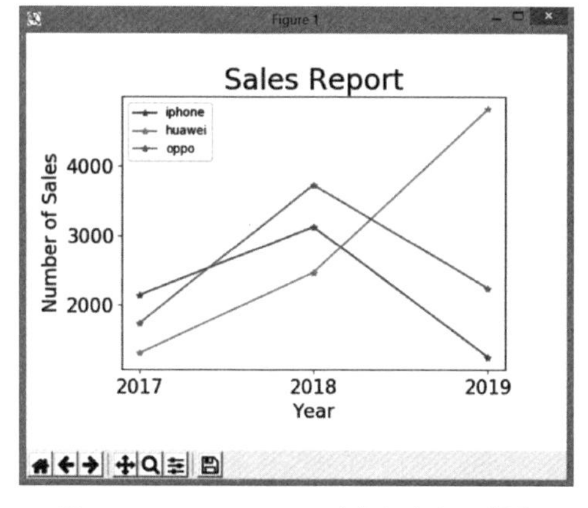

图 13－12　tight_layout( )方法窗口留白

*调整窗口大小，让图表能完整显示。

13. 图例的位置 loc 参数设定

legend( )方法的 loc 参数可以决定图例显示在图表中的位置，参数见表 13－2。为了增强程序的可读性，建议使用英文表示，比如 loc＝'upper center '，每个参数的图例位置请见图 13－13。

表 13－2　图例位置 loc 参数

英文表示	数字表示	描　　述
'best '	0	最佳位置
'upper right '	1	右上

续表

英 文 表 示	数 字 表 示	描　　述
'upper left'	2	左上
'lower left'	3	左下
'lower right'	4	右下
'right'	5	右边
'center left'	6	中间靠左
'center right'	7	中间靠右
'lower center'	8	中间靠下
'upper center'	9	中间靠上
'center'	10	中间

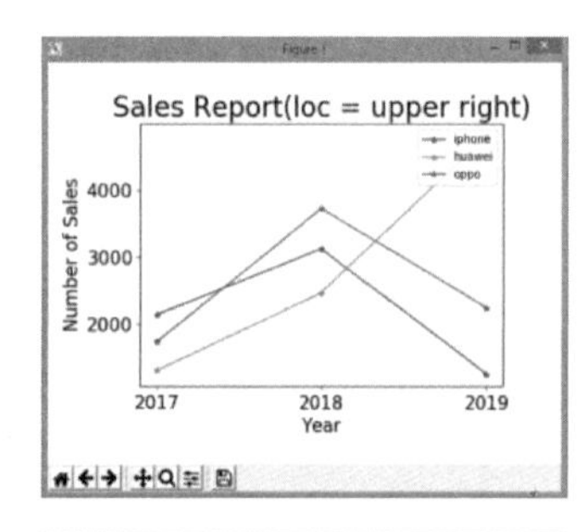

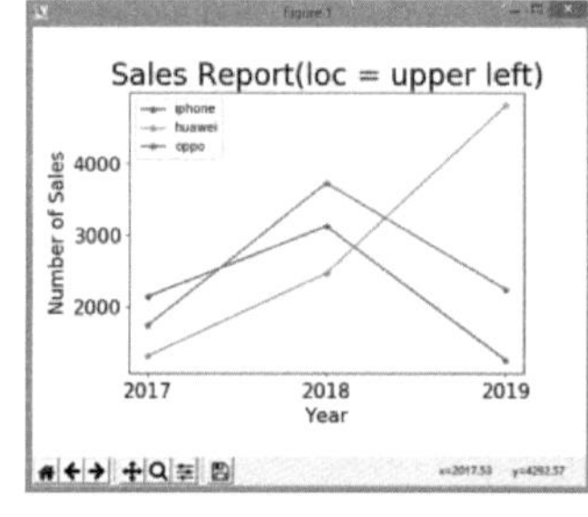

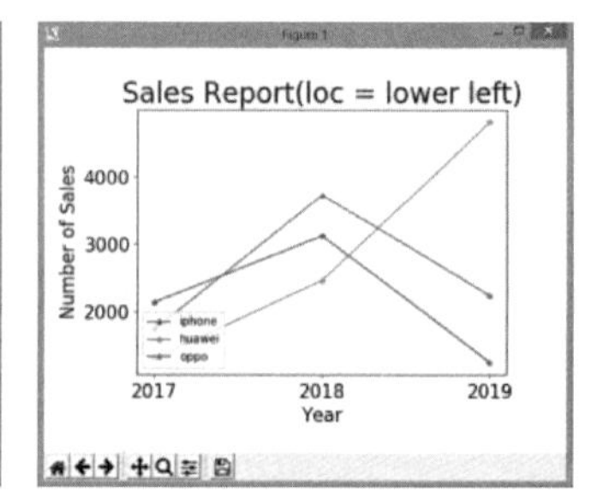

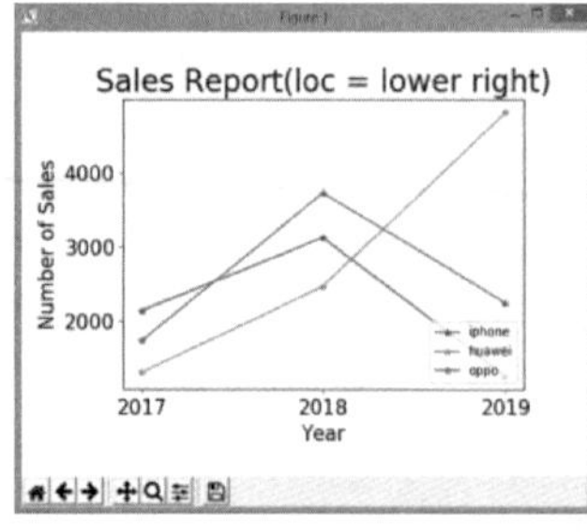

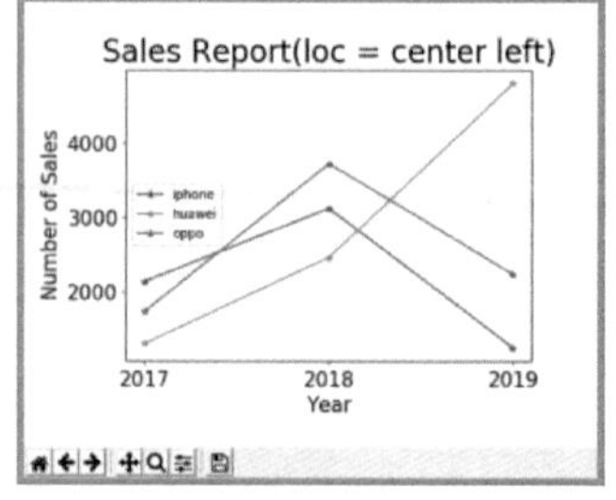

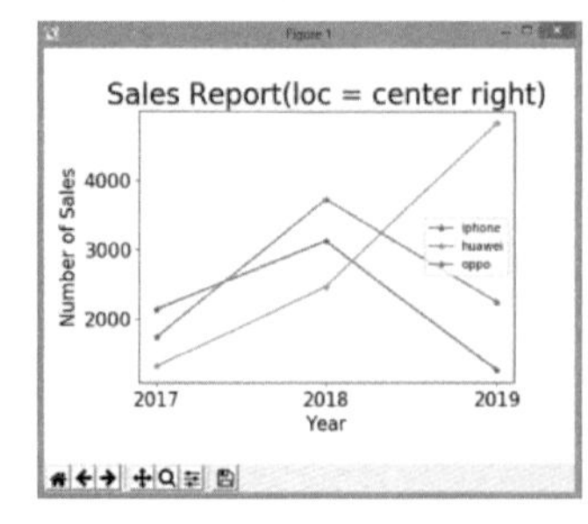

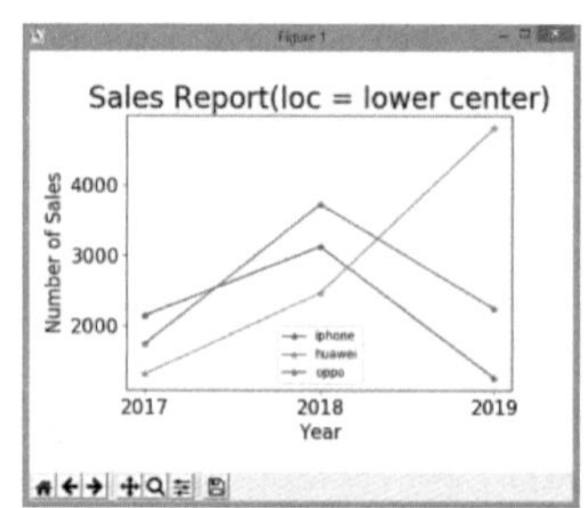

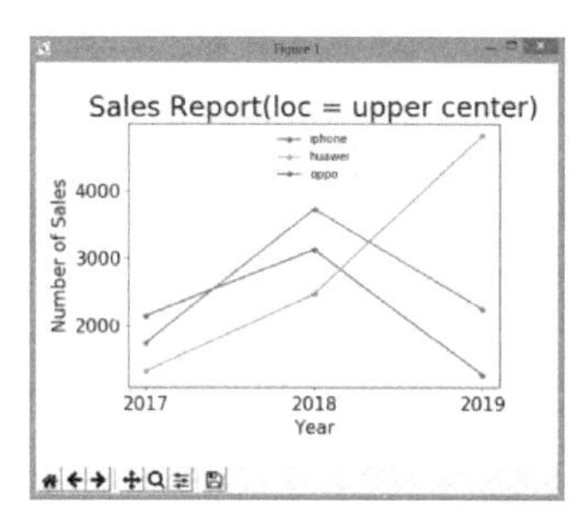

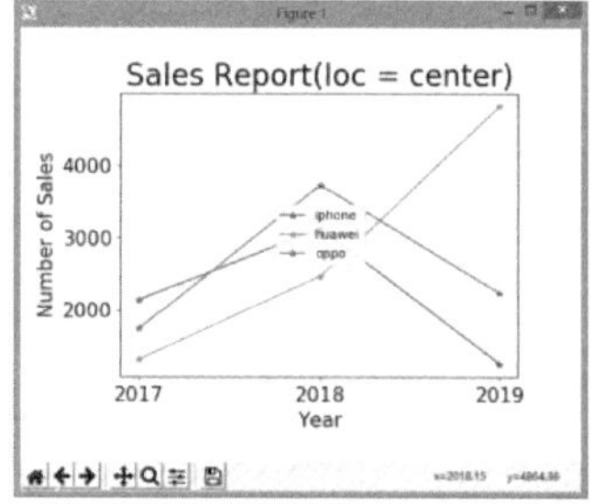

图 13－13　图表内的图例位置

如何将图例放在图表之外呢？在 legend( )方法中增加 bbox_to_anchor＝(坐标位置)的参数，就能将图例放在图表之外；再搭配 loc 参数，就能放在图表外的任何位置。如图 13－14 所示，参考图表的坐标位置，右上角是(1，1)，左下角是(0，0)，如果要将图例放在右下角外侧，则要设定成 loc＝'lower left '和 bbox_to_anchor＝(1，0)，图 13－15 给出了示例。

＊切记：图例的位置不能妨碍数据的观察。

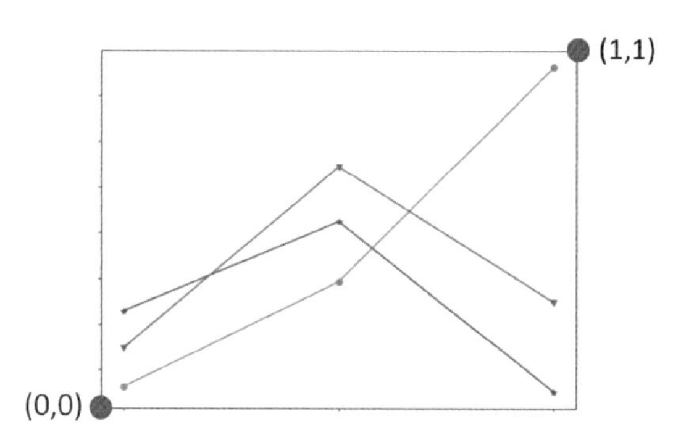

图 13－14　图表的坐标位置

```
import matplotlib.pyplot as plt
iphone = [2146,3124,1265]
huawei = [1317,2469,4812]
oppo = [1744,3724,2246]
x = [2017,2018,2019]
plt.xticks(x)
Sales_iphone, = plt.plot(x, iphone, '-*', label='iphone')
Sales_huawei, = plt.plot(x, huawei, '-*', label='huawei')
Sales_oppo, = plt.plot(x, oppo, '-*', label='oppo')
plt.legend(handles=[Sales_iphone,Sales_huawei,Sales_oppo],\
           loc='lower left', bbox_to_anchor=(1,0))  #图例放在外侧
plt.tight_layout(pad=5)
plt.title("Sales Report", fontsize=24)
plt.xlabel("Year", fontsize=16)
plt.ylabel("Number of Sales", fontsize=16)
plt.tick_params(axis='both',labelsize=16,color='red')
plt.show()
```

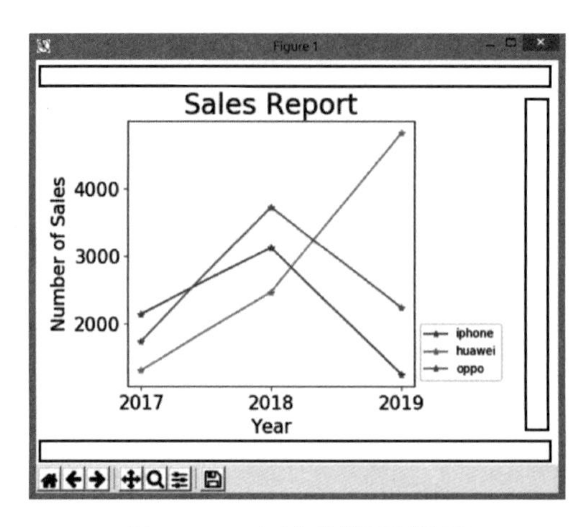

图 13－15　图表外的图例位置

14. 存储图表

＊存储图表，这样才能加在自己的简报或报告中。

设计数据图表后，最重要就是存储图表，这样之后才能方便地使用它。可以用 savefig( )方法来存储图表，此方法要在 show( )方法之前使用。

savefig( )方法先传递储存位置参数，然后再设定 bbox_inches＝'tight'，裁剪图表多余的空白处(见图 13－15 方框圈出部分)，可以看出图 13－15 与图 13－16 空白处的差异。

13.2　散点图的绘制

介绍完折线图，本节主要介绍散点图的绘制方法，数据分析经常使用散点图来观察数据的分布集中程度。

```
import matplotlib.pyplot as plt
iphone = [2146,3124,1265]
huawei = [1317,2469,4812]
oppo = [1744,3724,2246]
x = [2017,2018,2019]
plt.xticks(x)
Sales_iphone, = plt.plot(x, iphone, '-*', label='iphone')
Sales_huawei, = plt.plot(x, huawei, '-*', label='huawei')
Sales_oppo, = plt.plot(x, oppo, '-*', label='oppo')
plt.legend(handles=[Sales_iphone,Sales_huawei,Sales_oppo],\
           loc='lower left', bbox_to_anchor=(1,0))
plt.tight_layout(pad=5)
plt.title("Sales Report", fontsize=24)
plt.xlabel("Year", fontsize=16)
plt.ylabel("Number of Sales", fontsize=16)
plt.tick_params(axis='both',labelsize=16,color='red')
plt.savefig('D:\python\图表\Sales_Report.jpg',bbox_inches='tight')  #储存图表
plt.show()
```

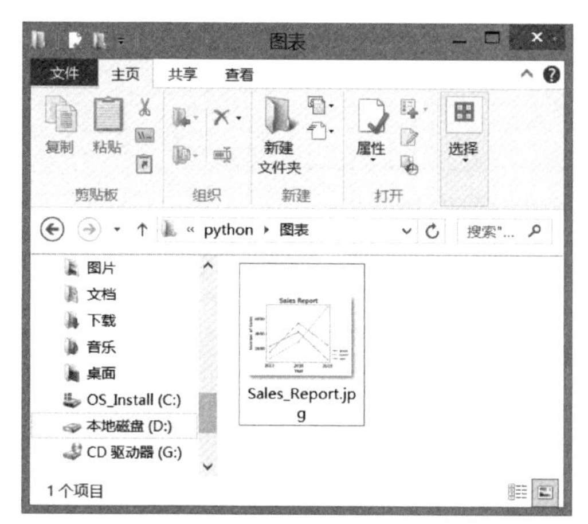

图 13 - 16　存储图表

1. 绘制散点图 scatter( )

绘制散点图使用 scatter( )方法，其表达式为

scatter(x, y, s, c)

在(X,Y)坐标中绘制一点，图表左下角为(0,0)、右上角为(1,1)，s 为点的大小，预设值为 20，c 为点的颜色，预设值为蓝色，如图 13 - 17 所示。

*并不是所有数据都适合用折线图来呈现，因此我们也要学习不同的图表方式。

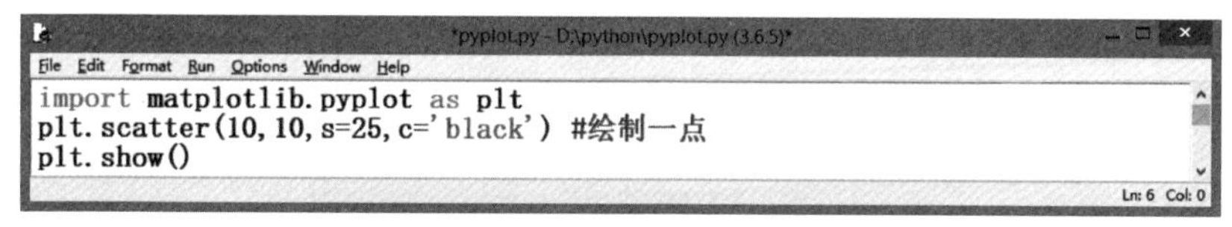

```
import matplotlib.pyplot as plt
plt.scatter(10, 10, s=25, c='black') #绘制一点
plt.show()
```

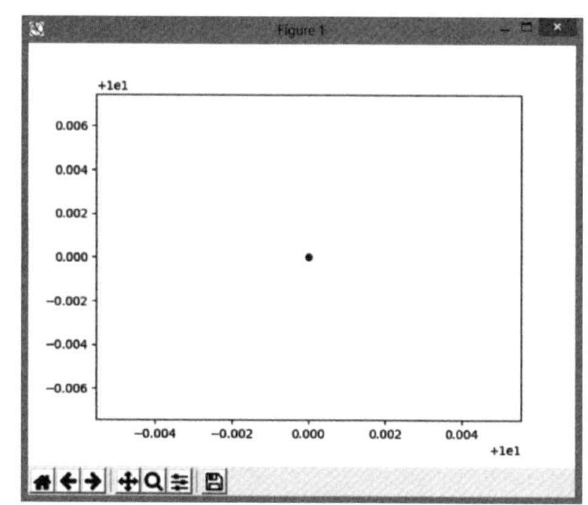

图 13 - 17　在坐标中绘制一点

2. 绘制系列点

如果想要绘制系列点，可以将系列点 X 轴值放在一个列表中，Y 轴值放在另一个列表中，然后分别传递参数给 scatter( )，如图 13 - 18 所示。

```
import matplotlib.pyplot as plt
x = [1,2,3,4,5]     #X轴
y = [2,4,6,8,10]    #Y轴
plt.scatter(x,y)    #绘制系列点
plt.show()
```

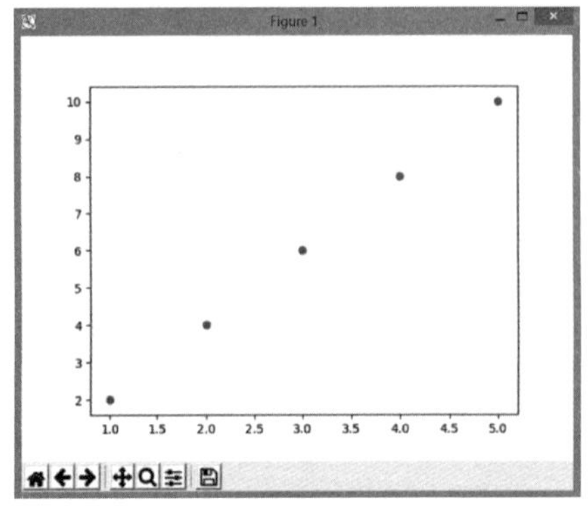

图 13-18　在坐标中绘制系列点

3. 绘制特定颜色系列点

在 scatter( )内增加 color(也可用 c)参数设定点的颜色,可以直接指定颜色,比如'y'(黄色),或使用 RGB 方式,比如(0,0,1)表示蓝色。如果需要绘制出 100 个系列点,可以使用 range( )函数搭配 list( )函数转换成列表,图 13-19 给出了示例。

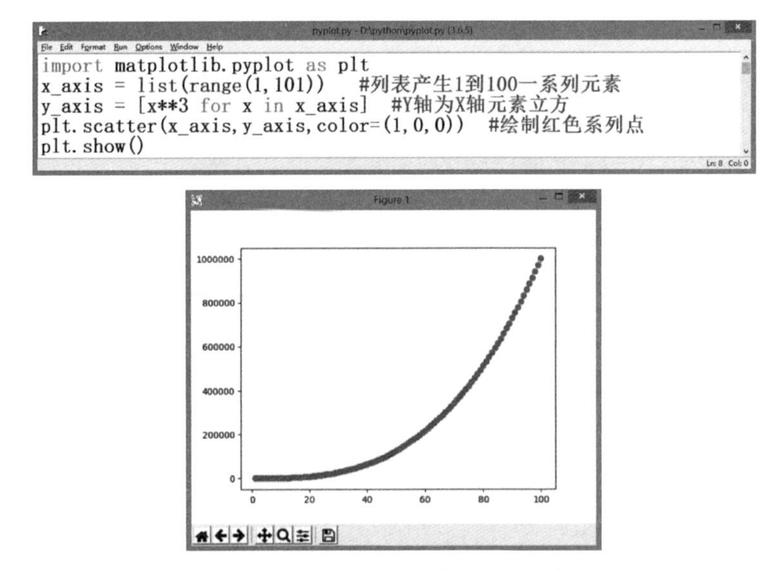

图 13-19　绘制 100 个红色系列点

13.3　条形图的绘制

前面我们学习了标题、图例、坐标刻度、线条颜色等方法,无论是折线图、散点图

还是条形图等，使用 matplotlib 绘制图表的方法都是类似的。下面介绍条形图的绘制 bar( )，其表达式为

bar(x, h, w, c)

x 表示 X 轴的值，h 表示条形图的高度也就是 Y 轴的值，w(width)表示条形图的宽度，c(color)表示条形图的颜色，图 13 - 20 给出了示例。

＊条形图可以呈现数据的“累积”效果，展示各组数据的差异性。

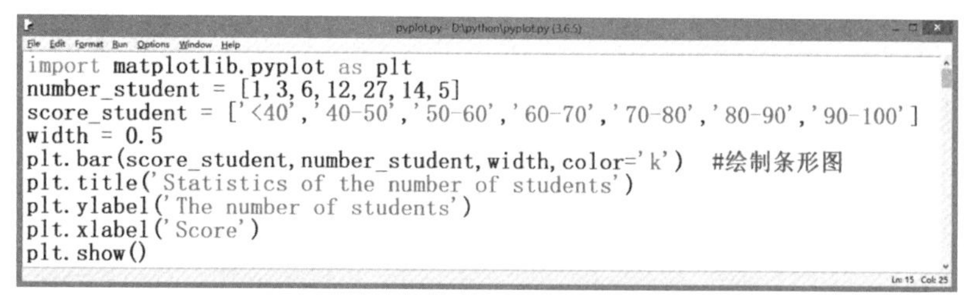

```
import matplotlib.pyplot as plt
number_student = [1,3,6,12,27,14,5]
score_student = ['<40','40-50','50-60','60-70','70-80','80-90','90-100']
width = 0.5
plt.bar(score_student,number_student,width,color='k')  #绘制条形图
plt.title('Statistics of the number of students')
plt.ylabel('The number of students')
plt.xlabel('Score')
plt.show()
```

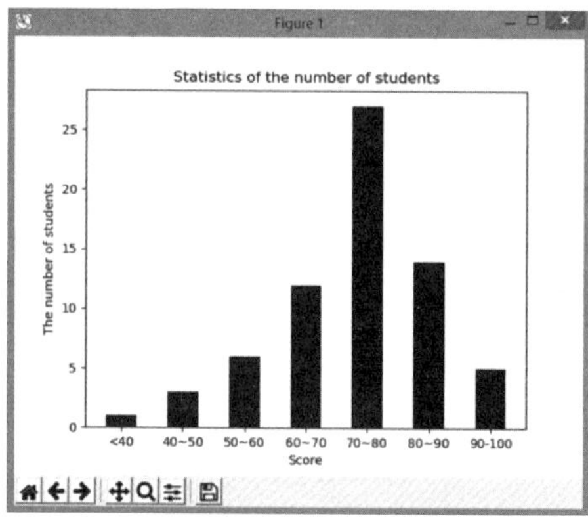

图 13 - 20　绘制条形图

13.4　多个图表的绘制

如果想要程序一次输出多个图表，则可以使用 figure(n)方法，n 表示第 n 张图表。在建立图表时，将想要绘制的图接在 figure(指定的图表)之后即可，如图 13 - 21 所示。

＊设定不同的 figure 来绘制不同的图表。

```
import matplotlib.pyplot as plt
#XY轴数据
x_axis = [1,2,3,4,5,6,7,8,9,10]
y1_axis = [x**2 for x in x_axis]
y2_axis = [x**3 for x in x_axis]
#第一个图表
plt.figure(1)
plt.plot(x_axis,y1_axis,'--p')
plt.title('figure(1)')
#第二个图表
plt.figure(2)
plt.bar(x_axis,y2_axis,width=0.5,color='r')
plt.title('figure(2)')

plt.show()
```

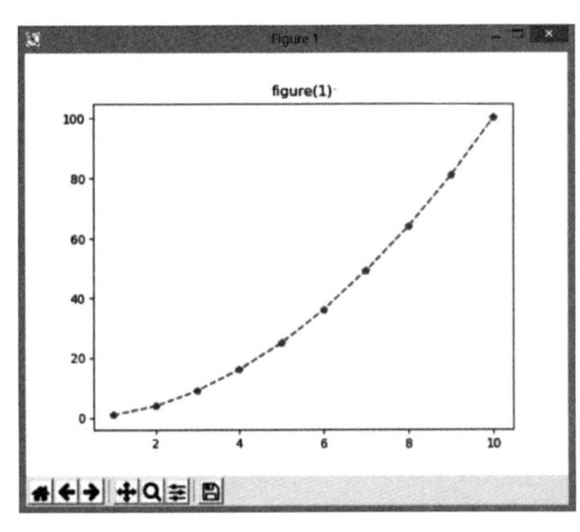

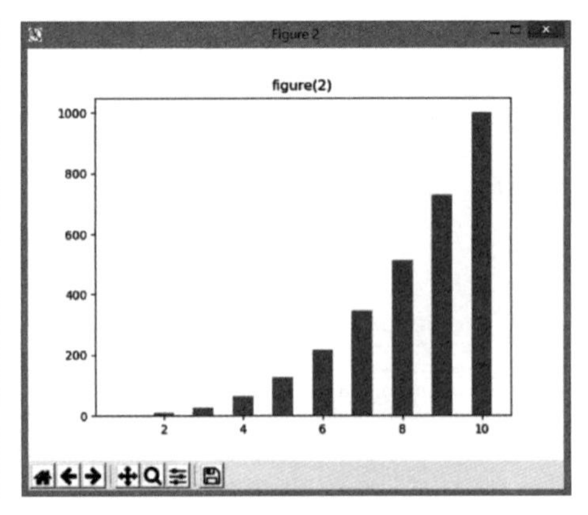

图 13-21　绘制多个图表

13.5　图表含有子图的绘制

* 可以同时绘制多个子图，以便更好地观察数据的分布关系。

我们已经学会了如何输出多个图表，而当图表之间有关联时，我们通常希望这些子图能同时出现在同一个图表中，从而方便地比较图表间的关系，为此可以使用 subplot( )方法，即在一个图表中绘制多个子图，表达式为

subplot(Row，Column，number)

subplot( )方法会将图表平均分成 Row 行、Column 列个子图，每一个子图从左至右、从上至下依序编号为第 number 个。如图 13-22 所示，绘制左右各一张子图表。

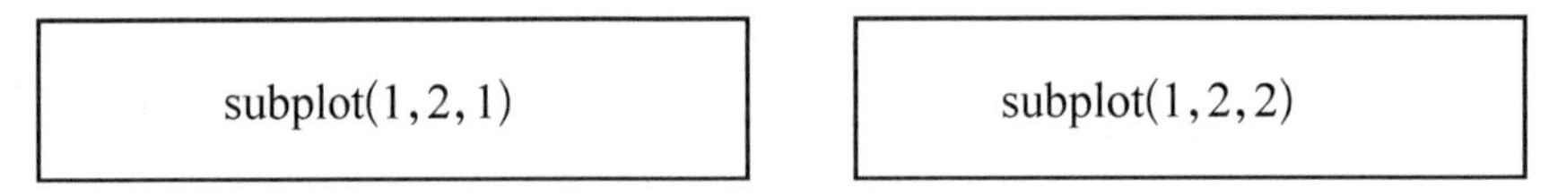

图 13-22　包含左右各 1 张子图的 subplot( )方法

图表分成一行两列共 1×2 个子图，第 1 个子图为 subplot(1，2，1)，第 2 个子图 subplot(1，2，2)。如果是两行两列，则分成 2×2，共 4 个子图表，如图 13-23 所示。

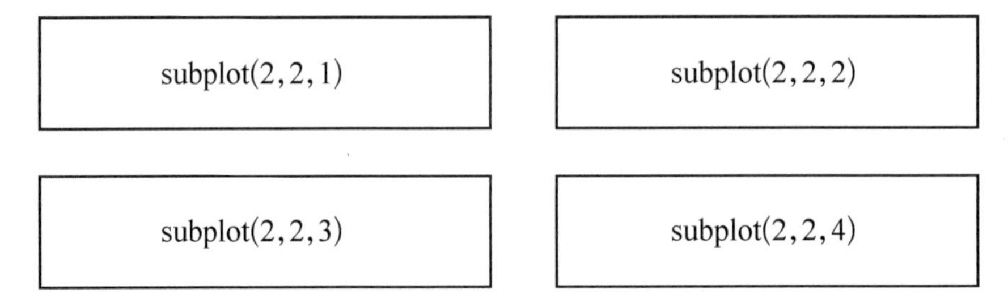

图 13-23　包含 4 个子图的 subplot( )方法

与 13.4 节绘制多个图表的 figure( )方法相似，subplot( )方法选择其中一个子图，然后绘制这张子图的代码，再用 subplot( )方法选择另一个子图继续绘制。图 13－24 所示为绘制包含 6 个子图的方法。

```
import matplotlib.pyplot as plt
#XY轴数据
x_axis = [1,2,3,4,5,6,7,8,9,10]
y1_axis = [x**2 for x in x_axis]
y2_axis = [x**3 for x in x_axis]
y3_axis = [11,24,65,85,24,66,84,54,8,37]
y4_axis = [6,2,4,9,22,12,15,6,9,18]
y5_axis = [x*4-6 for x in x_axis]
y6_axis = [x*3+2 for x in x_axis]
#第一个子图表
plt.subplot(3,2,1)
plt.xticks(x_axis)
plt.plot(x_axis,y1_axis,'--p')
plt.title('subplot(3,2,1)')
#第二个子图表
plt.subplot(3,2,2)
plt.xticks(x_axis)
plt.bar(x_axis,y2_axis,width=0.5,color='r')
plt.title('subplot(3,2,2)')
#第三个子图表
plt.subplot(3,2,3)
plt.xticks(x_axis)
plt.plot(x_axis,y3_axis,'g-.>')
plt.title('subplot(3,2,3)')
#第四个子图表
plt.subplot(3,2,4)
plt.xticks(x_axis)
plt.bar(x_axis,y4_axis,width=0.5,color='k')
plt.title('subplot(3,2,4)')
#第五个子图表
plt.subplot(3,2,5)
plt.xticks(x_axis)
plt.plot(x_axis,y5_axis,'y*')
plt.title('subplot(3,2,5)')
#第六个子图表
plt.subplot(3,2,6)
plt.xticks(x_axis)
plt.bar(x_axis,y6_axis,width=0.5,color='m')
plt.title('subplot(3,2,6)')

plt.tight_layout(pad=4)
plt.show()
```

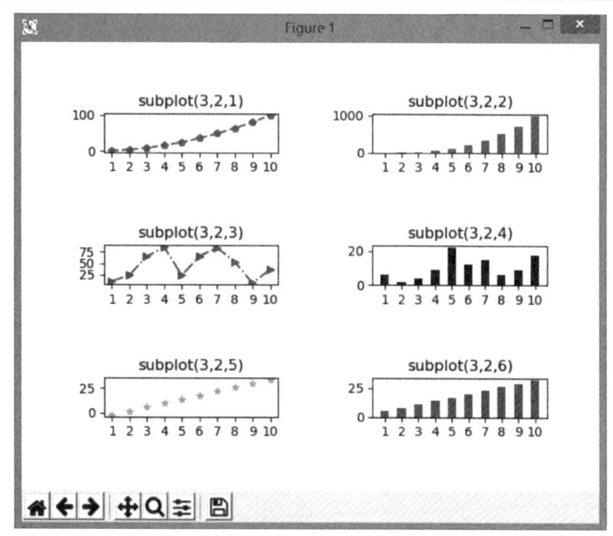

图 13－24　绘制 6 个子图的图表

第 14 章　图像处理的基础操作

本章将介绍可用于图像处理的第三方库 pillow，并简单说明图像处理的基础操作，包括图像旋转、图像裁切和更改图像大小等。为学习本章内容，请读者先安装 PIL(pip install pillow)，然后输入 from PIL import xxx(模块名称)导入。为了与旧版的 PIL 相容，要输入 PIL 而非 pillow。

14.1　图像坐标

＊图像坐标非常重要，读者要多加留心，错误的坐标会导致不正确的结果。

有一些图像处理的操作是为了对图像的像素值进行更改或是取值，因此图像坐标非常重要。只有在正确的图像坐标中才能准确找到像素点的位置，或是对某一区域范围进行裁切等。

想要表示图像的像素区域，就从最左上角的像素坐标到最右下角的像素坐标以

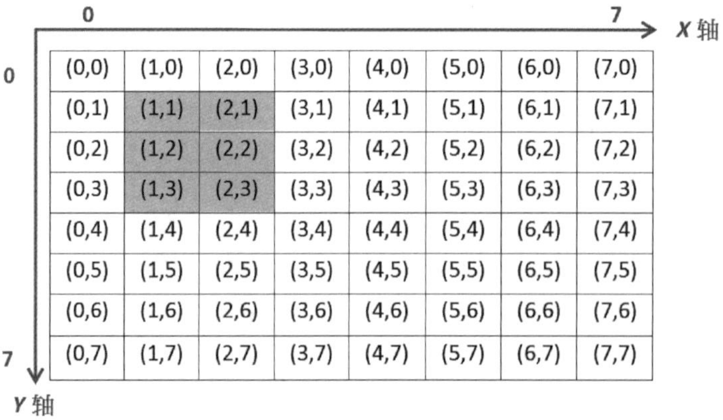

0　　7　X 轴

(0,0)	(1,0)	(2,0)	(3,0)	(4,0)	(5,0)	(6,0)	(7,0)
(0,1)	(1,1)	(2,1)	(3,1)	(4,1)	(5,1)	(6,1)	(7,1)
(0,2)	(1,2)	(2,2)	(3,2)	(4,2)	(5,2)	(6,2)	(7,2)
(0,3)	(1,3)	(2,3)	(3,3)	(4,3)	(5,3)	(6,3)	(7,3)
(0,4)	(1,4)	(2,4)	(3,4)	(4,4)	(5,4)	(6,4)	(7,4)
(0,5)	(1,5)	(2,5)	(3,5)	(4,5)	(5,5)	(6,5)	(7,5)
(0,6)	(1,6)	(2,6)	(3,6)	(4,6)	(5,6)	(6,6)	(7,6)
(0,7)	(1,7)	(2,7)	(3,7)	(4,7)	(5,7)	(6,7)	(7,7)

0　7　Y 轴

图 14 - 1　图像坐标

元组的形式表达。比如图 14－1 中的灰底区域，可以用(1，1，2，3)表示，左上角像素坐标为(1，1)，右下角像素坐标为(2，3)。

14.2　图像的基本操作

介绍完图像坐标后，下面开始介绍 pillow 图像处理的基本操作，这里将使用上海交通大学校园大门的照片(sjtu.jpg)作为展示图(见图 14－2)，存储在与主程序相同的目录之下。

图 14－2　上海交通大学校园大门

1. 建立图像对象

PIL 库中的 Image 模块内有 open( )方法，用来建立一个图像对象，表达式为

对象名称 ＝ Image.open(“图像路径”)

＊得到图像对象后，就能在指定的图像上进行操作了。

举例来说，建立展示图为图像对象 sjtu_image ＝ Image.open("sjtu.jpg")。

2. 图像大小属性

图像对象的宽和高可以通过访问 size 属性得到。如图 14－3 所示，展示图的大小为

＊图像的宽和高是很重要的属性，在深度学习中经常使用，比如特征图的大小等。

width, height ＝ sjtu.size　＃注意回传时先宽后高

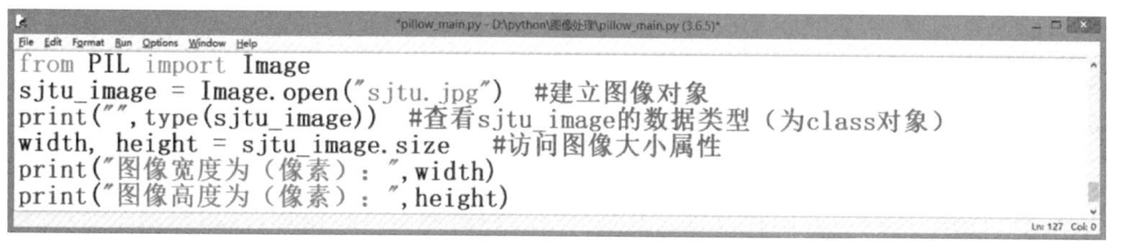

```
==================== RESTART: D:\python\图像处理\pillow_main.py ====================
<class 'PIL.JpegImagePlugin.JpegImageFile'>
图像宽度为（像素）： 1610
图像高度为（像素）： 790
>>> |
```

图 14-3　访问图像属性得到宽和高

3. 图像名称属性

通过 filename 属性取得图像名称，以展示图为例，得到名称 sjtu.jpg，如图 14-4 所示。

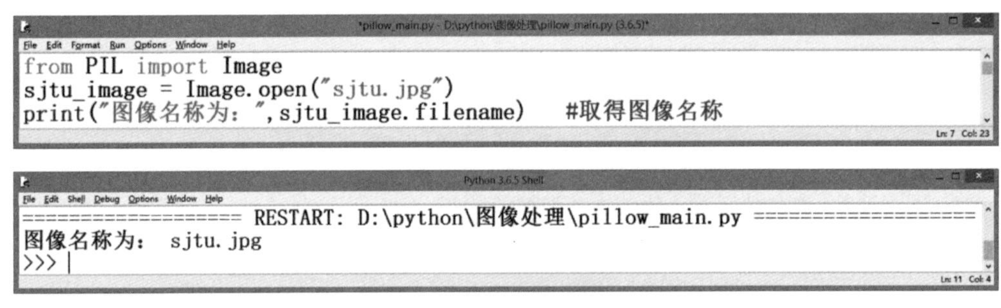

图 14-4　取得图像名称

4. 图像格式属性

通过 format 属性取得图像格式(也就是图像的副文档名)，format_description 属性取得更详细的图像格式描述，如图 14-5 所示。

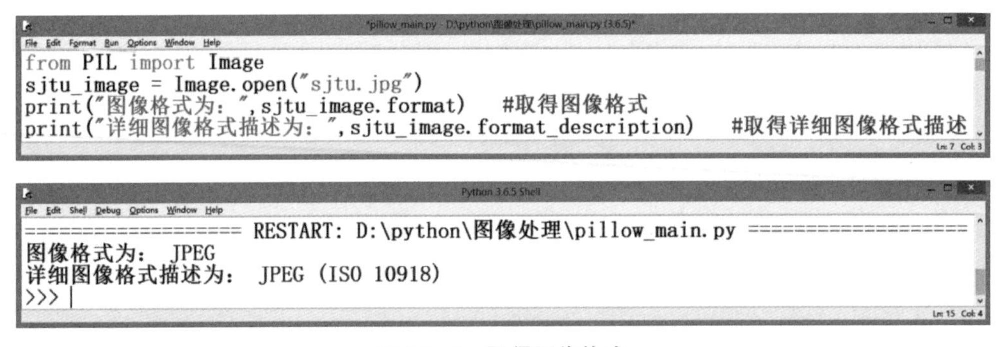

图 14-5　取得图像格式

5. 存储图像

如同第 13.1 节中介绍的存储图表一样，存储图像同样非常重要。Image 模块使用 save( )方法存储图像。此方法可以存储不同格式的图像，比如将 jpg 图像转存成 png 图像。

6. 建立新的图像对象

可以使用 new( )方法建立新的图像对象，表达式为

new(模式设定,图像大小,颜色)

模式设定的方法有很多种,一般使用“RGBA”建立 png 图像或使用“RGB”建立 jpg 图像,图像大小是元组,设定图像的宽度和高度,颜色预设值为黑色,如图 14－6 所示。

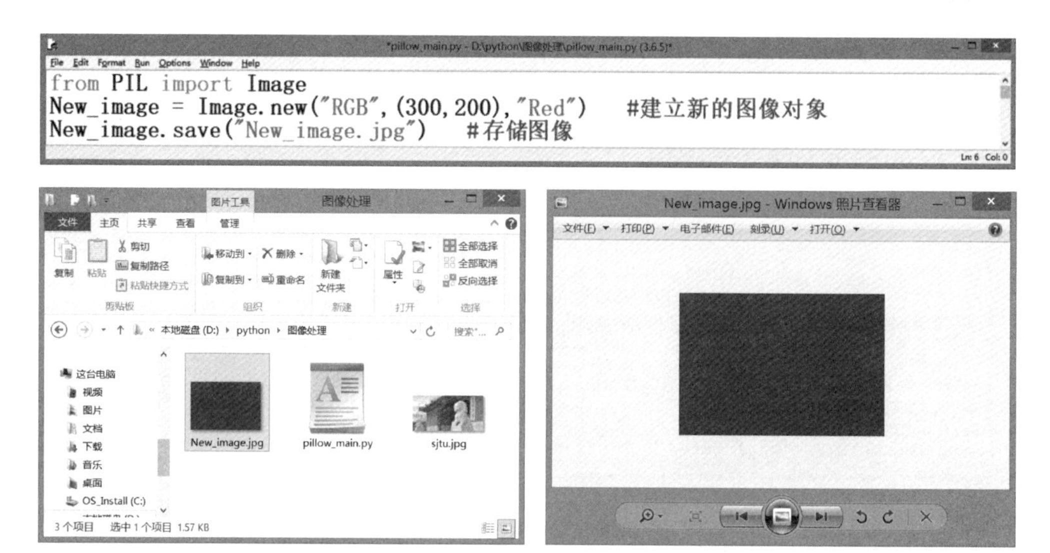

图 14－6　建立新的图像对象并设定模式

14.3　图像的编辑(更改大小、旋转、翻转、取得像素值)

1. 更改图像大小

如图 14－7 所示,Image 模块提供 resize( )方法可以更改图像大小,表达式为

resize((宽度,高度))　#图像大小改成(width,height)

2. 旋转图像

Image 模块使用 rotate( )方法可以逆时针旋转图像(见图 14－8),但不会改变图像尺寸,图像旋转后超出的部分会用黑色填充,因此图像会有一部分被裁切。

对于旋转后所裁切的部分图像内容可以在 rotate( )方法增加 expand=True 的参数,这样会自动调整适当的图像尺寸,显示出整个图像,多余部分用黑色填充(见图 14－9)。

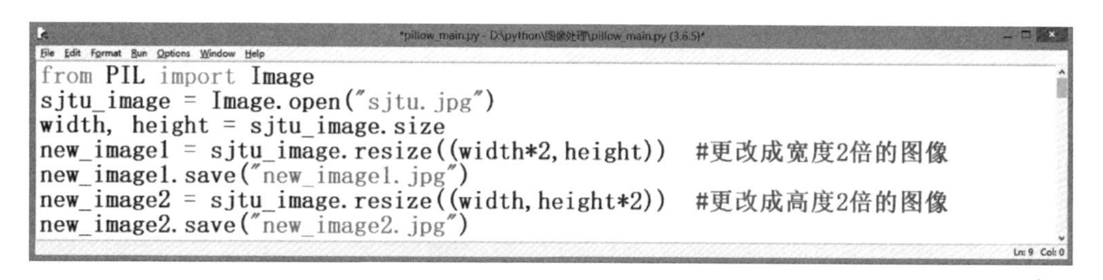

＊切记：存储新的图像名称不要覆盖原来的图像。

图 14 - 7　更改图像大小

```
from PIL import Image
sjtu_image = Image.open("sjtu.jpg")
sjtu_image.rotate(45).save("rotate45.jpg")       #图像旋转45度并且保存
sjtu_image.rotate(90).save("rotate90.jpg")       #图像旋转90度并且保存
sjtu_image.rotate(235).save("rotate235.jpg")     #图像旋转235度并且保存
```

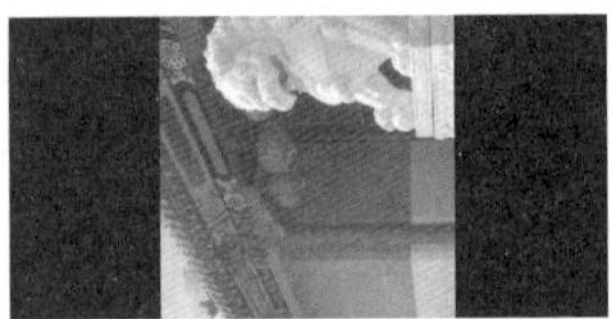

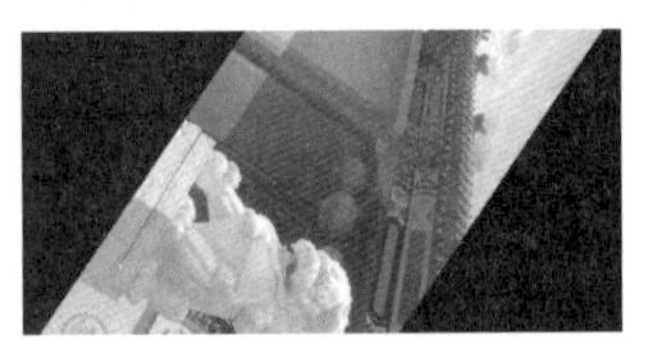

图 14 - 8　图像旋转

```
from PIL import Image
sjtu_image = Image.open("sjtu.jpg")
sjtu_image.rotate(45).save("rotate45.jpg")                       #图像旋转45度并且保存
sjtu_image.rotate(45,expand=True).save("expand45.jpg")#图像旋转45度调整图像尺寸
```

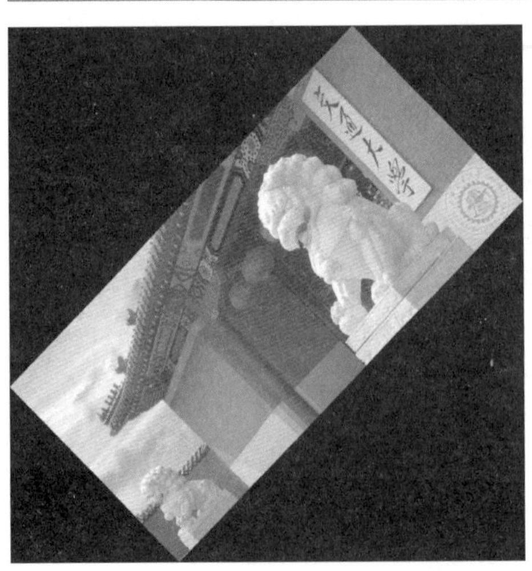

(a) expand = True

(b) expand = False

图 14 - 9　旋转后调整图像尺寸

图 14 - 9(a)为增加 expand=True 参数旋转后的图像，读者可以与参数为 False 的图(b)进行比较。

3. 翻转图像

Image 模块使用 transpose( )方法翻转图像(见图 14 - 10)，表达式为

transpose(Image.FLIP_LEFT_RIGHT)　　#水平翻转

transpose(Image.FLIP_TOP_BOTTOM)　#垂直翻转

```
from PIL import Image
sjtu_image = Image.open("sjtu.jpg")
sjtu_image.transpose(Image.FLIP_LEFT_RIGHT).save('transpose1.jpg')  #水平翻转
sjtu_image.transpose(Image.FLIP_TOP_BOTTOM).save('transpose2.jpg')  #垂直翻转
```

(a) 水平翻转

(b) 垂直翻转

图 14 - 10　翻转图像

4. 取得像素值

Image 模块使用 getpixel( )方法来取得像素值(色彩信息)，表达式为

get_pixel((x,y))　　#取得图像坐标(x,y)一个像素的色彩信息

因为图像是 jpg 格式，像素值为 RGB 色彩空间(见图 14 - 11)。

```
from PIL import Image
sjtu_image = Image.open("sjtu.jpg")
print("坐标(100,100)的像素值：",sjtu_image.getpixel((100,100)))
```

```
==================== RESTART: D:\python\图像处理\pillow_main.py ====================
坐标(100,100)的像素值： (230, 219, 223)
>>> |
```

* 三个数值分别代表红色、绿色、蓝色的分量。

图 14 - 11　取得像素值

14.4　图像的编辑(复制、裁切、粘贴)

1. 复制图像

在进行图像处理时，为了保持原图像完整而不被随意更改，可以使用 copy( )方

法复制图像，以此避免错误操作造成原图像的遗失，如图 14－12 所示。

```
from PIL import Image
sjtu_image = Image.open("sjtu.jpg")
copy_image = sjtu_image.copy()     #复制图像
copy_image.save("copy.jpg")
```

copy.jpg

图 14－12　复制图像

2. 裁切图像

Image 模块使用 crop( )方法裁切图像，表达式为

裁切的图像对象 ＝ 被裁切的图像对象.crop((图像区域坐标))

＊从 size 属性得到图像的“宽与高”，这样能避免裁切区域超过图像范围而报错。

如图 14－13 所示，裁切展示图的(900，100，1 300，400)图像区域后，得到裁切后的图像。如果使用 crop( )方法报错，可能因为裁切区域超过原图像的尺寸大小，请读者留意。

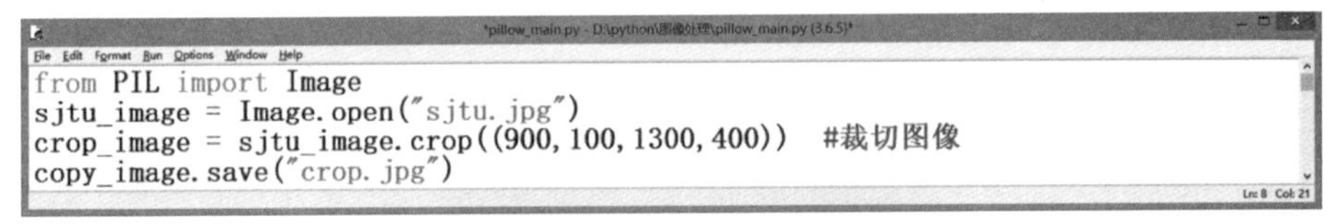

```
from PIL import Image
sjtu_image = Image.open("sjtu.jpg")
crop_image = sjtu_image.crop((900, 100, 1300, 400))   #裁切图像
copy_image.save("crop.jpg")
```

crop.jpg

图 14－13　裁切图像

3. 粘贴图像

＊根据图像的左上角坐标粘贴图块。

Image 模块使用 paste( )方法粘贴图像，表达式为

被粘贴的图像对象.paste(粘贴的图像对象，粘贴位置(x，y))

让我们试着用前面裁切得到的狮头图像粘贴到展示图上吧！如图 14－14 所示，在复制展示图 copy_image 图像上的坐标(200，200)处粘贴裁切图像。

```
from PIL import Image
sjtu_image = Image.open("sjtu.jpg")
copy_image = sjtu_image.copy()  #粘贴图像为了保持原图的完整，因此复制原图像
crop_image = sjtu_image.crop((900,100,1300,400))  #裁切图像
copy_image.paste(crop_image,(200,200))  #在复制的原图像上进行粘贴操作
copy_image.save("paste.jpg")
```

图 14－14　粘贴图像

14.5　图像的绘制(点、线、方形、椭圆)

pillow 库内的 ImageDraw 模块可用于简单的图像对象 2D 绘制。图像绘制前需要建立绘图对象 Draw( )方法，根据这个对象在图像上操作。

绘图对象名称 ＝ ImageDraw.Draw(图像对象名称)

1. 图像画点

ImageDraw 模块使用 point( )方法在图像上画点，表达式为

point([(x1,y1),(x2,y2),(x3,y3),…,点坐标],fill)
#fill 参数是要填充的颜色

例如，画出一系列的点，并在 XY 轴坐标中每隔两个像素画一点，该点至 X 轴 1 200 像素，Y 轴 900 像素，超过图像尺寸不会报错。程序设计及图像处理如图 14－15 所示。

＊根据循环设计逐列每两格像素画蓝点。

```
from PIL import Image, ImageDraw
sjtu_image = Image.open("sjtu.jpg")        #图像对象
draw_image = ImageDraw.Draw(sjtu_image)    #绘图对象
for i in range(0,1200,2):
    for j in range(0,900,2):
        draw_image.point([(i,j)],'blue') #画点
sjtu_image.save("point.jpg")
```

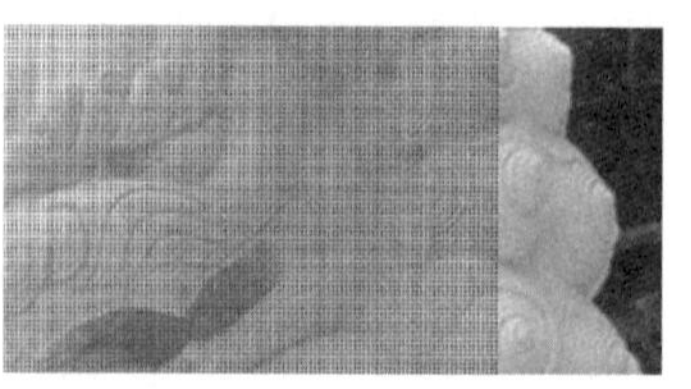

图 14－15　图像画点

2. 图像画线

ImageDraw 模块使用 line( )方法在图像上画线，表达式为

line([(x1,y1),(x2,y2),(x3,y3),…,点坐标],fill,width)

line( )方法的第一个参数是绘制点的坐标，然后依序将点连接起来，width 参数是线条宽度，预设值为 1，fill 参数是线条的颜色，如图 14－16 所示。

```
from PIL import Image,ImageDraw
sjtu_image = Image.open("sjtu.jpg")       #图像对象
draw_image = ImageDraw.Draw(sjtu_image)  #绘图对象
draw_image.line([(100,50),(300,700),(500,50)],'Red',width=10)  #画线
sjtu_image.save("line.jpg")
```

图 14－16　图像画线

3. 图像画方形

ImageDraw 模块使用 rectangle( )方法在图像上画方形(见图 14－17)，表达式为

rectangle(图像区域坐标,fill,outline)　#outline 参数可有可无，设定边框颜色

4. 图像画椭圆形

ImageDraw 模块使用 ellipse( )方法在图像上椭圆形(见图 14－18)，表达式为

ellipse(图像区域坐标,fill,outline)　#outline 参数可有可无，设定边框颜色

```
from PIL import Image, ImageDraw
sjtu_image = Image.open("sjtu.jpg")       #图像对象
draw_image = ImageDraw.Draw(sjtu_image)   #绘图对象
draw_image.rectangle((100,100,800,400),fill='Red',outline='Blue')  #画方形
sjtu_image.save("rectangle.jpg")
```

图 14－17　图像画方形

```
from PIL import Image, ImageDraw
sjtu_image = Image.open("sjtu.jpg")       #图像对象
draw_image = ImageDraw.Draw(sjtu_image)   #绘图对象
draw_image.ellipse((100,100,600,300),fill='Green',outline='Yellow') #画椭圆
draw_image.ellipse((800,550,1000,750),fill='Blue',outline='Yellow') #画圆形
sjtu_image.save("ellipse.jpg")
```

图 14－18　图像画椭圆形

绘制椭圆形是将图像区域的面积放入最大的圆形或是椭圆形，如果图像区域为正方形，则会画出圆形；如果图像区域为长方形，则会画出椭圆形。

第 15 章 图像进阶操作

* OpenCV 库的作用是将很多图像处理方法打包封装好，需要用到的时候直接调用即可，不需要再自己手动编写相应代码。

本章将介绍 OpenCV 计算机视觉库的图像进阶操作，第 16 章会根据 OpenCV 讲解人脸识别的应用。OpenCV 是一个开源跨平台的计算机视觉库，可以运行在 Windows、Linux、Mac OS 和 Android 操作系统上，由一系列 C 函数和少量 C++类构成，同时提供了 Python 语言的接口，实现了很多图像处理和计算机视觉方面的通用算法。

15.1 安装 OpenCV 与 numpy

* 需要对应自己系统合适的版本，例如 Linux 系统或 Windows 系统，32 位或 64 位。

如图 15－1 所示，首先输入网址：https://www.lfd.uci.edu/～gohlke/pythonlibs/#opencv，然后下载 opencv_python-3.4.5-cp36-cp36m-win32.whl 文件

图 15－1 下载网址

(依据Python安装版本)。

下载完成后,将文件存放至任意文件夹,开启 cmd 窗口进入此文件夹,接着进入 pip install opencv_python-3.4.5-cp36-cp36m-win32.whl,将文件直接存放在 pip 位置,然后安装,如图 15-2 所示。

```
C:\Windows\system32\cmd.exe
C:\Users\user\AppData\Local\Programs\Python\Python36-32\Scripts>pip install open
cv_python-3.4.5-cp36-cp36m-win32.whl
Processing c:\users\user\appdata\local\programs\python\python36-32\scripts\openc
v_python-3.4.5-cp36-cp36m-win32.whl
Installing collected packages: opencv-python
Successfully installed opencv-python-3.4.5
You are using pip version 19.0.2, however version 19.0.3 is available.
You should consider upgrading via the 'python -m pip install --upgrade pip' comm
and.
```

图 15-2　pip 安装 OpenCV

测试是否安装成功,在 Python Shell 窗口输入 import cv2,没有错误信息表示已经成功安装了 OpenCV。这里需要注意,导入 OpenCV 是 import cv2,而不是 import opencv(见图 15-3)。

```
Python 3.6.5 (v3.6.5:f59c0932b4, Mar 28 2018, 16:07:46) [MSC v.1
900 32 bit (Intel)] on win32
Type "copyright", "credits" or "license()" for more information.
>>> import cv2
>>> |
```

图 15-3　导入 OpenCV

安装完 OpenCV 后,还要继续安装 numpy,因为人脸识别的运算需要用到 numpy 的数学函数库的数据结构,使用 pip install numpy 安装即可。

15.2　OpenCV 读取和显示图像

1. 建立 OpenCV 图像窗口

OpenCV 使用 namedWindow( )建立显示图像的窗口,表达式为

cv2.namedWindow(窗口名称,窗口标识)

*不建立显示图像的窗口,在下文中无法显示图像。

窗口标识一般默认为 WINDOW_AUTOSIZE,可能值包括以下几种。

(1) WINDOW_AUTOSIZE: 窗口大小自动适应图像大小,并且不可手动更改。

(2) WINDOW_NORMAL: 窗口大小可以改变。

(3) WINDOW_OPENGL: 窗口创建的时候会支持 OpenGL。

2. OpenCV 读取图像

OpenCV 使用 imread( )读取图像,并回传给图像对象,如同 pillow 图像处理时使用 open( ),表达式为

Image_object = cv2.imread(图像路径,图像标识)

Image_object 为图像对象,名称可以自行命名,图像标识可能值包括以下几种。

(1) cv2.IMREAD_COLOR:预设值,表示读取彩色图像,也可用值为 1 表示。

(2) cv2.IMREAD_GRAYSCALE:表示读取灰度图像,也可用值为 0 表示。

(3) cv2.IMREAD_UNCHANGED:表示读取包含 alpha 通道的彩色图像,alpha 表示透明度,常见在 bmp 图像格式,也可用值为−1 表示。

3. OpenCV 显示图像

OpenCV 使用 imshow( )显示读取的图像对象显示在指定窗口内,表达式为

cv2.imshow(窗口名称,图像对象)

4. 关闭 OpenCV 图像窗口

图像显示在窗口后,在大型的程序中通常会设计关闭窗口来清除内存,这是非常重要的,可以是暂停几秒或是按下某键后关闭窗口,表达式为

cv2.destroyWindow(窗口名称)　　＃删除单一指定窗口
cv2.destroyAllWindows( )　　＃删除所有窗口

5. 时间等待

OpenCV 使用 cv2.waitKey(s)等待时间,s 单位为毫秒,若 $s=0$ 代表永久等待;若是 cv2.waitKey(1 000)相当于前面提到的 time.sleep(1),都是等待 1 秒的效果。

6. 存储图像

OpenCV 使用 imwrite( )存储图像,表达式为

cv2.imwrite(图像路径,图像对象)

利用上述介绍的方法,就能完成 OpenCV 基本的操作,读取显示存储和关闭图像,如图 15－4 所示。

```
import cv2
cv2.namedWindow("picture_1")              #建立窗口1
cv2.namedWindow("picture_2")              #建立窗口2
img1 = cv2.imread("sjtu1.jpg",1)          #读取彩色图像img1
img2 = cv2.imread("sjtu1.jpg",0)          #读取灰度图像img2
cv2.imshow("picture_1",img1)              #显示图像img1
cv2.imshow("picture_2",img2)              #显示图像img2
cv2.imwrite("gray_picture.jpg",img2)      #储存灰度图像img2
cv2.waitKey(5000)                         #等待5秒
cv2.destroyWindow("picture_1")            #关闭窗口1
cv2.waitKey(5000)                         #等待5秒
cv2.destroyAllWindows()                   #关闭所有窗口
```

图 15－4　OpenCV 的基本操作

15.3　OpenCV 的绘图功能

OpenCV 也和其他库一样具备绘图功能，在计算机视觉处理时可以用来标记重要图像内容，图 15－5 给出了示例。

1. 画直线

OpenCV 使用 cv2.line( )画直线，表达式为

cv2.line(绘图对象,(x1,y1),(x2,y2),颜色,宽度)

绘图对象是指在某个图像对象上绘图，($x1$,$y1$)是直线的起点坐标，($x2$,$y2$)是直线的终点坐标，直线颜色是 3 个 RGB 值(Blue,Green,Red)介于 0～255 之间的值，预设值为黑色，直线宽度预设值为 1。

2. 画方形

OpenCV 使用 cv2.rectangle( )画方形，表达式为

cv2.rectangle(绘图对象,(x1,y1),(x2,y2),颜色,宽度)

($x1$,$y1$)是方形左上角的坐标，($x2$,$y2$)是方形右下角的坐标，方形的颜色和宽度与画直线的方法一样。宽度如果是负值，则为实心方形。

3. 画圆形

OpenCV 使用 cv2.circle( )画圆形，表达式为

cv2.circle(绘图对象,(x,y),圆半径,颜色,宽度)

(x,y)是圆中心，圆形颜色和宽度与方形的画法一样。

4. 显示文字

OpenCV 使用 cv2.putText( )画圆形,表达式为

cv2.putText(绘图对象,文字,位置,字体,大小,颜色,文字宽度)

位置是指第一个字左下角的坐标,字体格式有以下几种选项。

(1) FONT_HERSHEY_SIMPLEX: sans-serif 正常大小字体。

(2) FONT_HERSHEY_PLAIN: sans-serif 较小字体。

(3) FONT_HERSHEY_COMPLEX: serif 字体。

(4) FONT_ITALIC: italic 字体。

```
import cv2
cv2.namedWindow("Drawing")
img = cv2.imread("sjtu1.jpg",1)
cv2.line(img,(50,200),(700,200),(0,255,0),5)        #画直线
cv2.rectangle(img,(50,50),(200,200),(255,0,0),5)   #画方形
cv2.circle(img,(600,100),30,(0,0,255),-1)          #画圆形
cv2.putText(img,"I Love SJTU!",(220,200),\
        cv2.FONT_HERSHEY_SIMPLEX,2,(255,0,255),8)  #显示文字
cv2.imshow("Drawing",img)
cv2.waitKey(0)  #永久等待
```

图 15-5 OpenCV 绘图功能

15.4 平滑滤波(去除噪声、模糊图像)

* 滤波器矩阵中的参数不同,能够实现对输入图像进行不同滤波操作的目的。

线性滤波是图像处理最基本的操作,其过程如图 15-6 所示。有一个二维的滤波器矩阵(又称为卷积核,也就是指图中输入和输出图像之间的 3×3 矩阵)和一个要处理的二维输入图像(input)。对图像的每一个像素点,计算它的邻域像素和滤波器矩阵所对应元素的乘积,然后加起来作为该输出图像(output)像素位置的值,这样就完成了滤波过程,将此卷积核滑动窗口在每一个输入图像的像素点上操作,就能根据不同卷积核产生不同效果的输出图像。

滤波分为平滑滤波器和锐化滤波器。平滑滤波的作用是抑制噪声从而使图像变

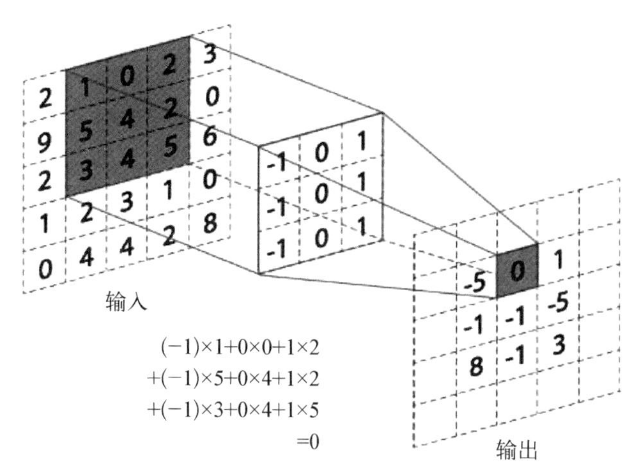

图 15 - 6　滤波器操作过程

模糊；而锐化滤波的作用是强调图像细节和边缘检测等。本节主要介绍平滑滤波器中的均值滤波、中值滤波以及高斯平滑滤波，第 15.5 节将介绍锐化滤波，包含 Prewitt、Sobel 等不同算子。

* 不同算子实际上就是不同参数的滤波器矩阵。

15.4.1　均值滤波

均值滤波也称为线性滤波，其采用的主要方法为邻域平均法。线性滤波的基本原理是用均值代替原图像中的各个像素值，即对待处理的当前像素点 (x,y) 选择一个模板。该模板由其近邻的若干像素组成，求模板中所有像素的均值，再把该均值赋予当前像素点 (x,y) 作为处理后图像在该点上的灰度 $g(x,y)$，即 $g(x,y)=1/m\sum f(x,y)$，m 为该模板中包含当前像素在内的像素总个数。均值滤波本身存在着固有的缺陷，即它不能很好地保护图像细节，在图像去噪的同时也破坏了图像的细节部分，从而使图像变得模糊，不能很好地去除噪声点。

常见的 3×3 均值滤波卷积核：$\frac{1}{9}\begin{bmatrix}1 & 1 & 1\\1 & 1 & 1\\1 & 1 & 1\end{bmatrix}$，该卷积核的作用在于取 9 个值的平均值代替中间像素值，所以能够起到平滑的效果，如图 15 - 7 所示。图(a)为带有椒盐噪声的图像，图(b)为经过均值滤波操作后的图像，可以看出图(b)变得模糊，不利于去除噪声。

```
import cv2 as cv
import numpy
def blur_demo(image):
    dst = cv.blur(image, (7, 7))  # 均值模糊
    cv.imwrite("blur_demo.jpg",dst)
    cv.imshow("blur_demo", dst)
src = cv.imread(r"C:\Users\user\Desktop\lena.png", cv.IMREAD_COLOR)
blur_demo(src)
cv.waitKey(0)
cv.destroyAllWindows()
```

(a) 原图像　　(b) 均值滤波后的图像

图 15－7　均值滤波示例

15.4.2　中值滤波

＊线性滤波和非线性滤液的区别在于，对输入图像像素进行线性还是非线性处理来得到输出结果。

中值滤波法是一种非线性平滑技术，它将输入图像的像素点值经过中值滤波器为该点某邻域窗口内的所有像素点的中值。中值滤波在图像处理中常用于保护边缘信息，是经典的平滑噪声的方法，详细的过程如图 15－8 所示。

以输入图像第 3 行第 4 列像素值 33 进行 3×3 中值滤波，所对应的输出值 51 也是输出图像第 3 行第 4 列的像素位置。

假设输入图像的像素值

10	142	42	55	135	242	114
51	23	7	80	66	100	103
117	88	51	33	12	25	77
85	124	106	97	22	65	43
37	88	75	21	50	23	44
75	135	177	64	173	53	101

→

7	80	66	51	33	12	106	97	22

排序 ↓

7	12	22	33	51	66	80	97	106

←

输出图像的像素值（*表示省略）

*	*	*	*	*	*	*
*	*	*	*	*	*	*
*	*	*	51	*	*	*
*	*	*	*	*	*	*
*	*	*	*	*	*	*
*	*	*	*	*	*	*

图 15－8　中值滤波操作过程

图 15－9 中图(a)为带有椒盐噪声的图像，图(b)为经过中值滤波操作后的图像，可以发现图像去除噪声的同时也不会变模糊，中值滤波对于椒盐噪声的处理效果比均值滤波好。

```
import cv2 as cv
import numpy
def median_blur_demo(image):
    # 第二个参数是滤波器的尺寸，一个大于1的奇数。
    # 比如这里是3，中值滤波器就会使用3×3的范围来计算。
    # 即对像素的中心值及其3×3邻域组成了一个数值集，对其进行处理计算
    # 当前像素被中值替换掉
    dst = cv.medianBlur(image, 3)    # 中值模糊 适合椒盐噪声去噪
    cv.imwrite("median_blur_demo.jpg",dst)
    cv.imshow("median_blur_demo",dst)
src = cv.imread(r"C:\Users\user\Desktop\lena.png", cv.IMREAD_COLOR)
blur_demo(src)
cv.waitKey(0)
cv.destroyAllWindows()
```

(a) 原图像

(b) 中值滤波后的图像

图 15－9　中值滤波

15.4.3　高斯滤波

高斯滤波是一种线性滤波，是对整幅图像进行加权平均的过程，每个像素值都由其本身和邻域内的其他像素值经过加权平均后得到。高斯滤波器对于抑制服从正态分布的噪声非常有效，正态分布的噪声也就是高斯噪声，与前面处理的椒盐噪声不同。

高斯噪声是指概率密度函数服从高斯分布(正态分布)的一类噪声。椒盐噪声是出现在随机位置、噪点深度基本固定的噪声；高斯噪声与其相反，是在几乎每一个点上都出现噪声并且噪点深度随机的噪声。近似的 3×3 高斯滤波器为

$$\frac{1}{16}\begin{bmatrix}1 & 2 & 1\\2 & 4 & 2\\1 & 2 & 1\end{bmatrix}。$$

图 15－10 中图(a)为增加高斯噪声的原图,图(b)为经过高斯滤波处理后的输出图,可以发现高斯滤波可以有效地抑制高斯噪声。

```
import cv2 as cv
import numpy as np
def GaussianBlur_demo(image):
    dst = cv.GaussianBlur(image, (11,11),0)
    cv.imwrite("GaussianBlur_demo.png", dst)
    cv.imshow("GaussianBlur_demo", dst)
def clamp(p):
    if p > 255:
        return 255
    if p < 0:
        return 0
    else:
        return p
def gaussian_noise(image):           # 加高斯噪声
    h, w, c = image.shape
    for row in range(h):
        for col in range(w):
            s = np.random.normal(0, 50, 3)
            b = image[row, col, 0]   # blue
            g = image[row, col, 1]   # green
            r = image[row, col, 2]   # red
            image[row, col, 0] = clamp(b + s[0])
            image[row, col, 1] = clamp(g + s[1])
            image[row, col, 2] = clamp(r + s[2])
    cv.imwrite("noise image.png", image)
    cv.imshow("noise image", image)
    return image
src = cv.imread(r"lena.png", cv.IMREAD_COLOR)
out = gaussian_noise(src)
GaussianBlur_demo(out)
cv.waitKey(0)
cv.destroyAllWindows()
```

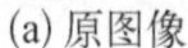

(a) 原图像

(b) 高斯滤波后的图像

图 15－10　高斯滤波

15.5　锐化滤波(边缘检测、强调细节)

本节将介绍锐化滤波,不同于 15.4 节中去除噪声模糊图像的平滑滤波,利用不同的卷积核(一般称为“算子”)产生不同的图像效果,请读者自行更改以下代码里的 kernel 值(见图 15 - 11),观察其差异(代码里以 Prewitt 算子为例进行说明)。

```
import cv2 as cv
import numpy

def custom_demo(image):
    #可以自定义卷积核,然后观察不同的效果
    kernel = numpy.array([[1, 1, 1], [0, 0, 0], [-1, -1, -1]], numpy.float32)
    dst = cv.filter2D(image, -1, kernel=kernel)
    cv.imwrite("custom_blur_demo.png", dst)
    cv.imshow("custom_blur_demo", dst)

src = cv.imread(r"lena.png", cv.IMREAD_COLOR)
custom_demo(src)
cv.waitKey(0)
cv.destroyAllWindows()
```

图 15 - 11　自定义算子

1. Prewitt 算子与 Sobel 算子

Prewitt 卷积核与 Sobel 卷积核是类似的,都对水平边缘或垂直边缘有比较好的检测效果。Prewitt(见图 15 - 12)与 Sobel 算子(见图 15 - 13)的不同之处在于,Sobel 算子更加强调了与边缘相邻的像素点对边缘的影响。

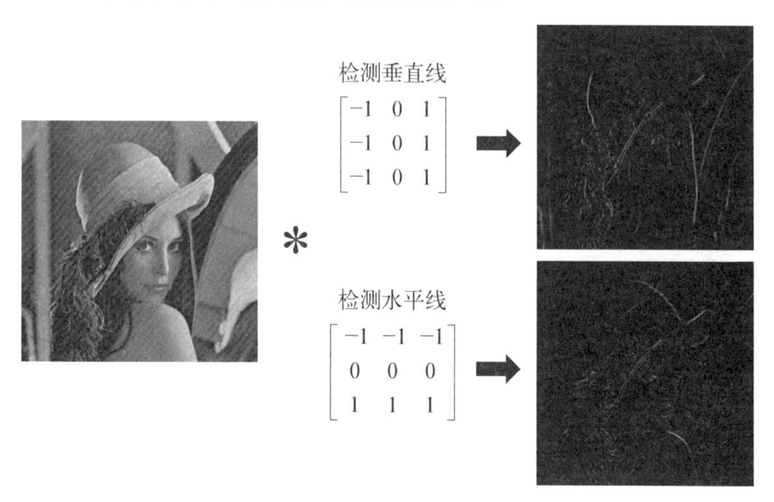

图 15 - 12　Prewitt 算子

2. Laplacian 算子

Laplacian 算子也是一种锐化方法(见图 15 - 14),同时也可以做边缘检测,而且边缘检测并不局限于水平方向或垂直方向,这是 Laplacian 算子与 Sobel 算子的区别。

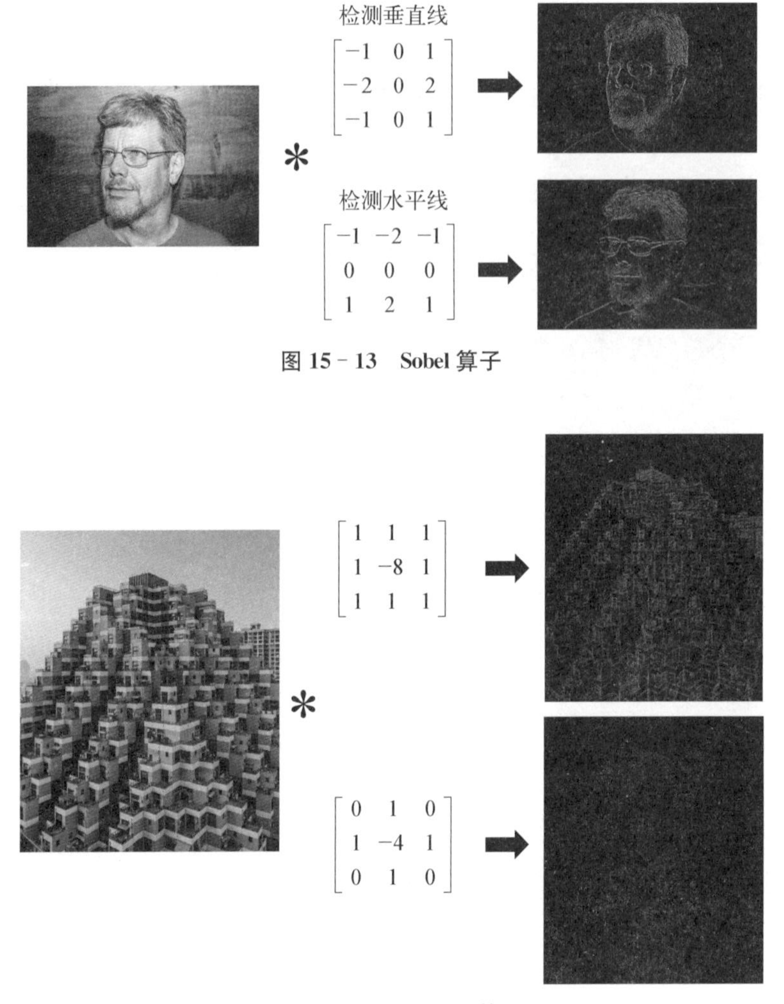

图 15 - 13 Sobel 算子

图 15 - 14 Laplacian 算子

3. 锐化算子

只要卷积核的元素总和为 1 就会锐化输入图像，读者可以尝试不同的组合，如图 15 - 15 所示，看看会出现哪些有趣的效果？

4. 浮雕算子

浮雕算子可以使图像产生一种 3D 阴影的效果，如图 15 - 16 所示，浮雕滤波器的元素是不对称的，与图像锐化不同，读者可以调整不同的大小，观察有什么差异。

15.6 图像形态学

形态学又称数学形态学(mathematical morphology)。简单来讲，形态学就是基于形状的一系列图像处理的操作。通过将结构元素(代码里的 kernel 值)作用于输入

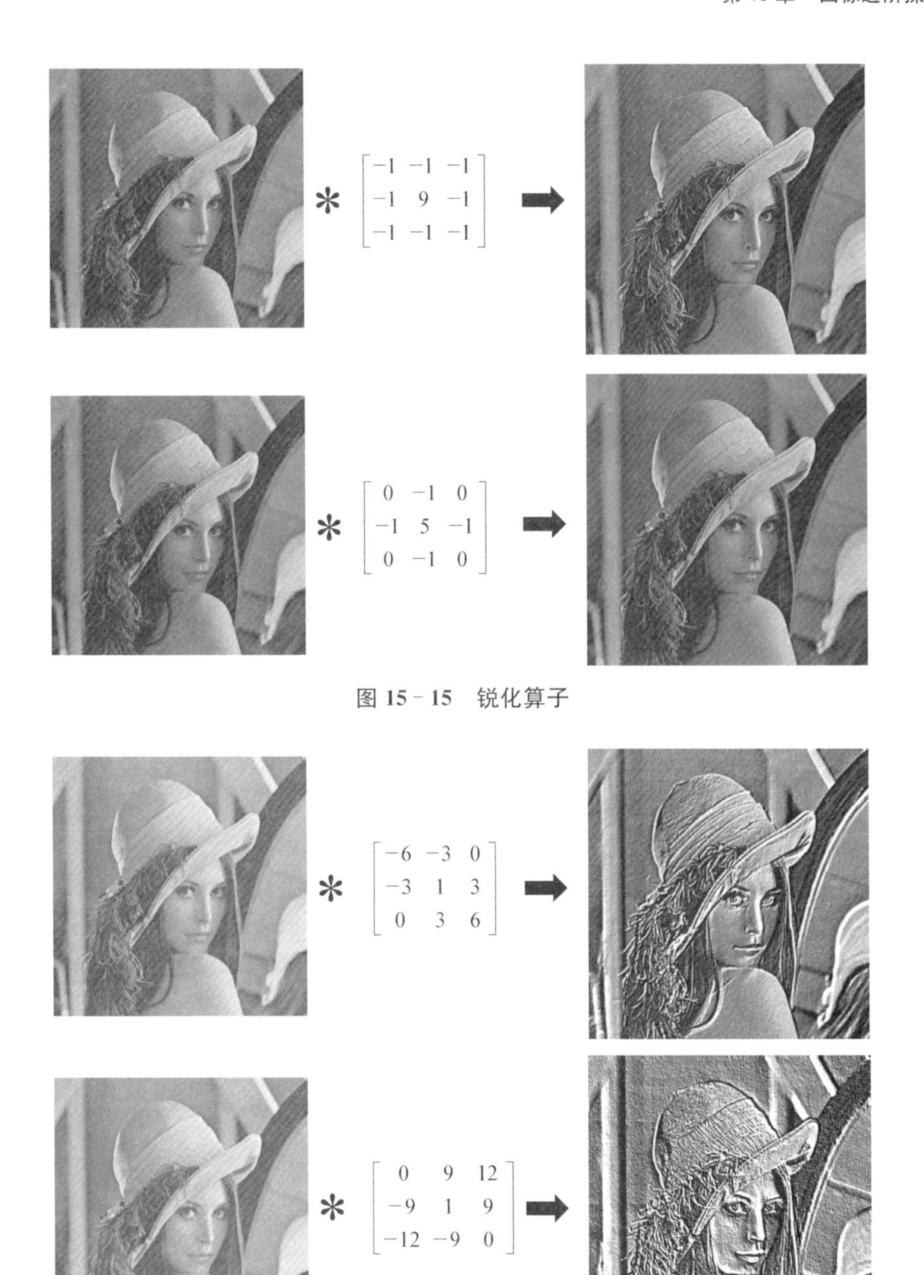

图 15 - 15　锐化算子

图 15 - 16　浮雕算子

* 不同的算子会产生不同奇妙的结果，这也是人们长时间研究所得到的。

图像来产生输出图像。形态学在图像处理中有着广泛的应用，主要的应用是从图像中提取对于表达和描述形状有意义的区域，使后续的识别工作能够抓住目标对象最为重要的形状特征，比如边缘、连通区域等。

最基本的形态学操作有腐蚀与膨胀，广泛用于消除噪声、分割（isolate）独立的图像元素，以及连接（join）相邻的元素、寻找图像中明显的极大值区域或极小值区域。

1. 腐蚀(erosion)

腐蚀会把物体的边缘变细，结构元素(卷积核)沿着图像滑动，如果卷积核对应的原图的所有像素值为1，那么中心元素就会保持原来的值，否则将变为零。腐蚀主要应用于去除噪声，也可以断开连在一起的物体，其表达式为

cv2.erode(image,kernel)　#image 输入图像、kernel 卷积核

假设输入图像的像素值如图 15-17 所示，结构元素的中心元素为黑色，腐蚀就是将结构元素滑动遍历整个输入图像，如果对应相同的结构元素时，则保留中心元素的值，否则都为零，如此一来可以去除毛刺或噪声点。

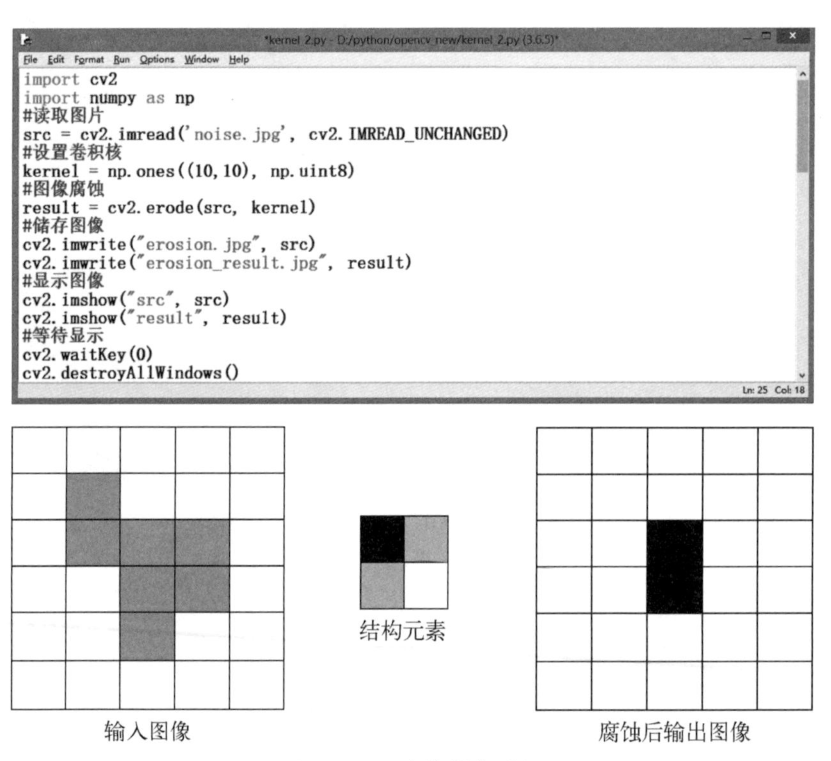

```
import cv2
import numpy as np
#读取图片
src = cv2.imread('noise.jpg', cv2.IMREAD_UNCHANGED)
#设置卷积核
kernel = np.ones((10,10), np.uint8)
#图像腐蚀
result = cv2.erode(src, kernel)
#储存图像
cv2.imwrite("erosion.jpg", src)
cv2.imwrite("erosion_result.jpg", result)
#显示图像
cv2.imshow("src", src)
cv2.imshow("result", result)
#等待显示
cv2.waitKey(0)
cv2.destroyAllWindows()
```


图 15-17　腐蚀操作过程

图 15-18 中图(a)为输入图像、图(b)为经过腐蚀操作后的输出图像，可以发现腐蚀后去除白噪声，不过主体的边缘变细了。

2. 膨胀(dilation)

膨胀会使小孔或没有连接的区域连通起来，同时边缘也会加粗，卷积核所对应的输入图像的像素值只要有一个是1，中心像素值就是1，其表达式为

cv2.dilate(image,kernel)　#image 输入图像、kernel 卷积核

假设输入图像的像素值为图 15-19 所示，结构元素的中心元素为黑色，膨胀就

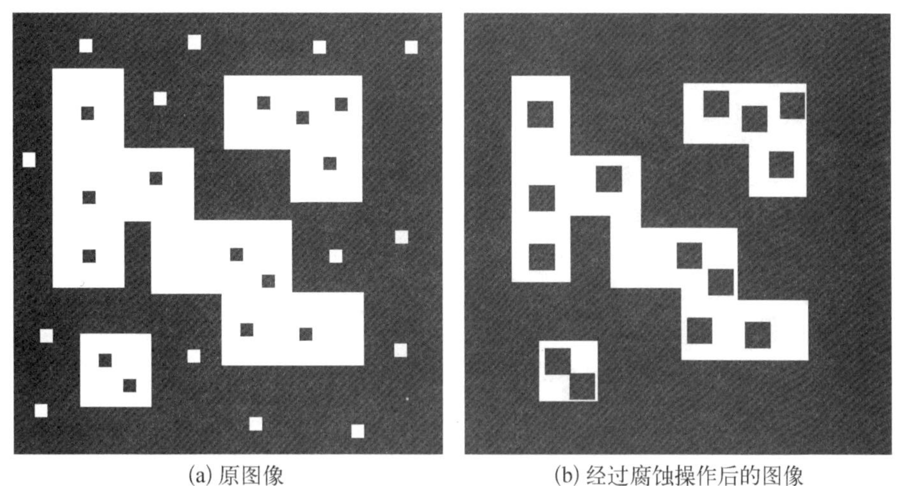

(a) 原图像　　(b) 经过腐蚀操作后的图像

图 15 - 18　腐蚀

是将结构元素滑动遍历整个输入图像，只要对应其中一个结构元素时，则保留中心元素的值，否则为零，如此一来可以连通小孔以及边缘加粗。

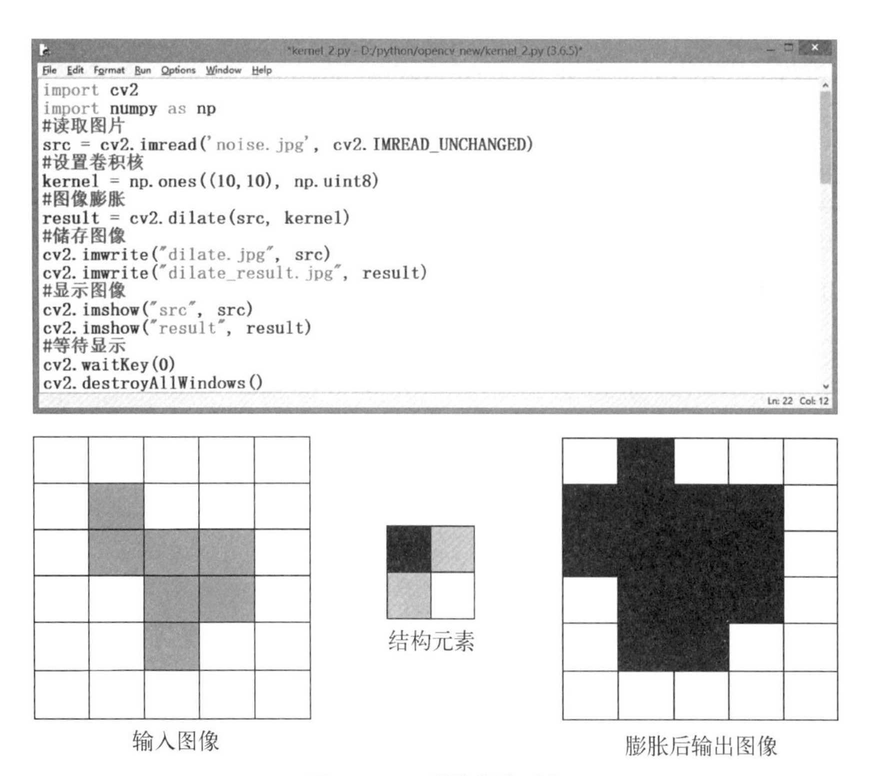

```
import cv2
import numpy as np
#读取图片
src = cv2.imread('noise.jpg', cv2.IMREAD_UNCHANGED)
#设置卷积核
kernel = np.ones((10,10), np.uint8)
#图像膨胀
result = cv2.dilate(src, kernel)
#储存图像
cv2.imwrite("dilate.jpg", src)
cv2.imwrite("dilate_result.jpg", result)
#显示图像
cv2.imshow("src", src)
cv2.imshow("result", result)
#等待显示
cv2.waitKey(0)
cv2.destroyAllWindows()
```


图 15 - 19　膨胀操作过程

图 15 - 20 中图(a)为输入图像，图(b)为经过膨胀操作后的输出图像，可以发现膨胀后连通小孔边缘加粗。

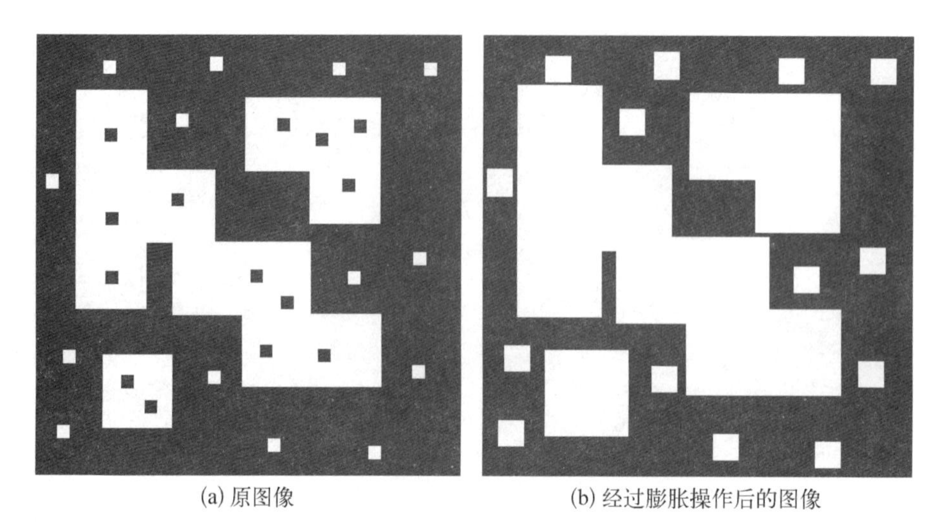

(a) 原图像　　(b) 经过膨胀操作后的图像

图 15-20　膨胀操作输入和输出图像

3. 开运算(opening operation)

开运算是图像依次经过腐蚀、膨胀处理后的过程。图像被腐蚀后,去除噪声,但是图像边缘变细,接着对腐蚀过的图像进行膨胀处理。开运算可以去除噪声,并保留原有图像。

开运算使用的函数 morphologyEx,它是形态学扩展的一组函数,其参数 cv2.MORPH_OPEN 对应开运算,其表达式为

dst = cv2.morphologyEx(src, cv2.MORPH_OPEN, kernel)

参数 dst 表示处理的结果,src 表示原图像,cv2.MORPH_OPEN 表示开运算,kernel 表示卷积核。

图 15-21 中图(a)为输入图像,图(b)为经过开运算后的输出图像,可以发现去除噪声外,图像本身保留原有的特征,边缘不会因为腐蚀处理而变得太细。

```
*kernel_2.py - D:/python/opencv_new/kernel_2.py (3.6.5)*
File Edit Format Run Options Window Help
import cv2
import numpy as np
#读取图片
src = cv2.imread('smile_noise.jpg', cv2.IMREAD_UNCHANGED)
#设置卷积核
kernel = np.ones((7,7), np.uint8)
#图像开运算
result = cv2.morphologyEx(src, cv2.MORPH_OPEN, kernel)
#储存图像
cv2.imwrite("open.jpg", src)
cv2.imwrite("open_result.jpg", result)
#显示图像
cv2.imshow("src", src)
cv2.imshow("result", result)
#等待显示
cv2.waitKey(0)
cv2.destroyAllWindows()
Ln: 22 Col: 5
```

(a) 原图像

(b) 经过开运算操作后的图像

图 15 - 21　开运算操作输入和输出图像

4. 闭运算(closing operation)

闭运算是图像依次经过膨胀、腐蚀处理后的过程。图像先膨胀后腐蚀,它有助于连通目标物体内部的小孔,或物体断开的区域。

闭运算使用的函数 morphologyEx,其表达式为

dst = cv2.morphologyEx(src, cv2.MORPH_CLOSE, kernel)

参数 dst 表示处理的结果,src 表示原图像, cv2.MORPH_CLOSE 表示闭运算, kernel 表示卷积核。

图 15 - 22 中图(a)为输入图像,图(b)为经过闭运算后的输出图像,可以发现连通内部小孔外,图像本身保留原有的特征,边缘不会因为膨胀处理而变得太粗。

```
import cv2
import numpy as np
#读取图片
src = cv2.imread('star_noise.jpg', cv2.IMREAD_UNCHANGED)
#设置卷积核
kernel = np.ones((3,3), np.uint8)
#图像闭运算
result = cv2.morphologyEx(src, cv2.MORPH_CLOSE, kernel)
#储存图像
cv2.imwrite("close.jpg", src)
cv2.imwrite("close_result.jpg", result)
#显示图像
cv2.imshow("src", src)
cv2.imshow("result", result)
#等待显示
cv2.waitKey(0)
cv2.destroyAllWindows()
```

*请读者仔细思考,开运算和闭运算两者的差异以及在什么情况下的图像采用哪种操作?

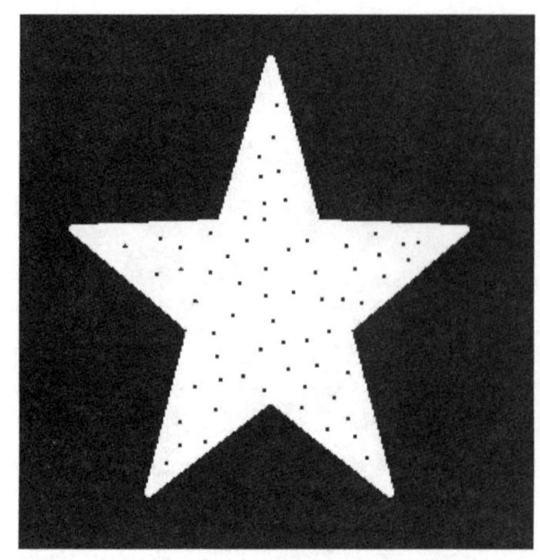

(a) 原图像

(b) 经过闭运算操作后的图像

图 15-22　闭运算操作输入和输出图像

第16章 人脸识别

人脸检测是一种计算机程序应用，它可以在图像中检测人脸的位置，同时可以找出多张人脸，并在检测的过程中使用特征与图像资料库相互匹配。然后根据检测出来的人脸与先前存储的人脸进行比对后，就能识别出这个人是谁，也就是人脸识别。

*你一定会对本章的内容感到兴奋！从本书最开始的 Python 语言基础学习至此，我们已经可以编写出用于人脸识别的系统了。请读者尝试识别自己的数据库吧！

16.1 OpenCV 人脸检测

OpenCV 将许多已经训练且测试过的脸部、表情、笑脸等特征分类文件存储在 OpenCV安装包 opencv\sources\data\harrcascades 文件夹内（见图 16－1）。本节内

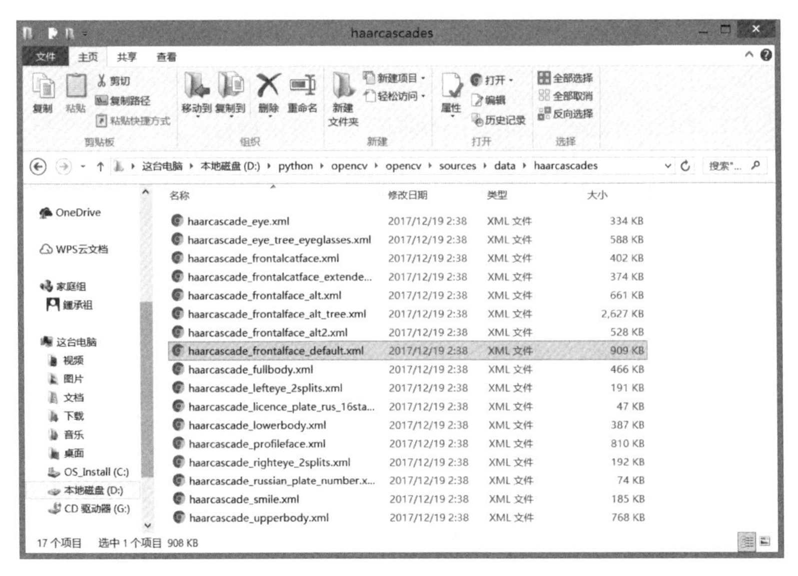

图 16－1 存储在 OpenCV 安装包内的特征分类文件

容将需要用到文件夹内的 haarcascade_frontalface_default.xml。

1. 下载人脸识别的特征文件

之前在 Python 上安装的 OpenCV 中并没有下载上述的人脸识别特征分类文件，因此我们需要前往 https://opencv.org/opencv-3-4.html，然后点击 Win pack 执行下载(见图 16-2)。

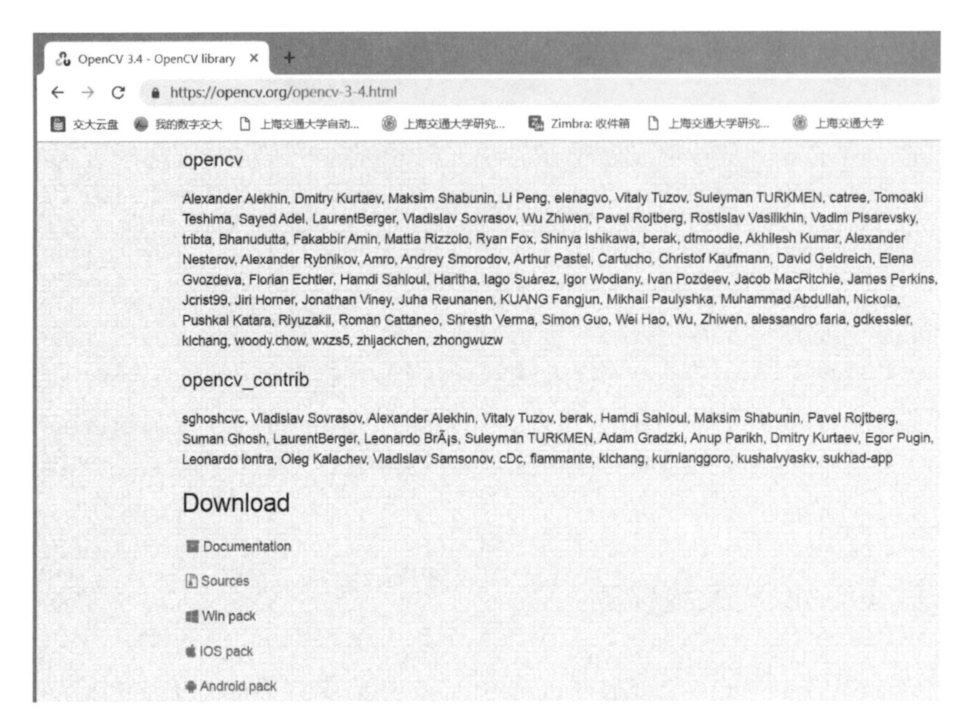

图 16-2　下载人脸识别特征分类文件

下载完成后，将 opencv-3.4.0-vc14_vc15.exe 移到指定的文件夹再执行，图 16-3 中给出的示例将安装包放在 D:\python\opencv 并且进行 Extract 解压缩。解压缩完成后就能进入 opencv\sources\data\harrcascades 使用特征文件了！

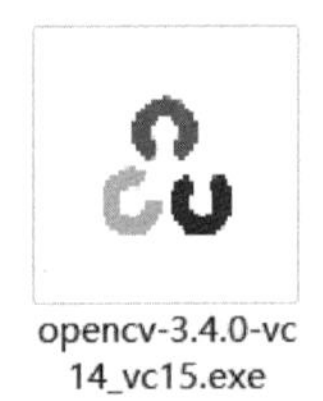

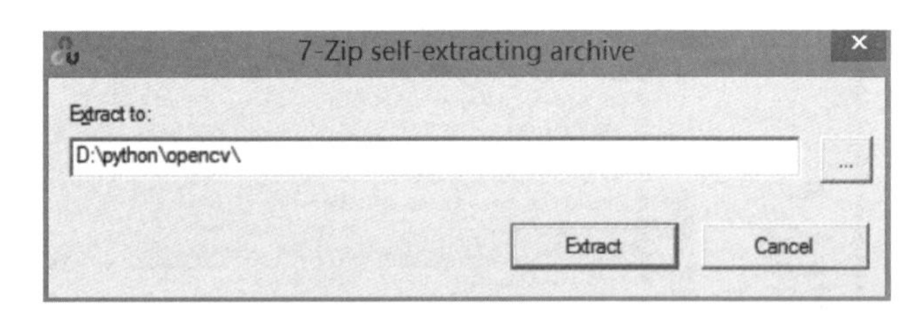

图 16-3　解压缩安装包

2. 人脸检测

OpenCV 利用人脸特征文件检测图像中的人脸，首先使用 CascadeClassifier( ) 类创建识别对象，表达式为

face_object = cv2.CascadeClassifier("指定的特征文件路径")

其中，face_object 是识别对象，可自行命名，特征文件路径在此指 haarcascade_frontalface_default.xml 的路径。

* 首先创建识别对象(类)，然后再使用 detectMultiScale(类方法)进行识别。

接着识别对象需要使用 detectMultiScale( )方法进行识别动作，表达式为

face_detection = face_object.detectMultiScale(img，参数 1，参数 2，…)

其中，参数分别为 scaleFactor 表示特征比对中，图像比例的缩小倍数。一般设成 1.1；minNeighbors 表示每个区块需要比对多少个特征才算成功。预设值为 3；minSize 表示最小识别区块；maxSize 表示最大识别区块。

如图 16－4 所示，当 detectMultiScale 方法检测到人脸后会回传列表参数给face_detection，而列表的元素是元组，每个元组内有 4 个数字，分别代表每一个人脸左上角的 X 轴坐标和 Y 轴坐标，以及人脸的宽度 w 和高度 h。有了这些数据就能在图像上画出方形来标注位置，还能通过 len(face_detection)知道找到多张人脸(见图 16－5)。

* 读者可根据自己的图像，调整 detectMultiScale 方法的参数值。

```
*opencv_main.py - D:\python\opencv\opencv_main.py (3.6.5)*
File Edit Format Run Options Window Help
import cv2
from PIL import Image
#人脸特征文件路径
haarcascade_path = 'D:\python\opencv\opencv\sources\data\haarcascades\haarcascade_frontalface_default.xml'
#建立人脸识别对象
face_object = cv2.CascadeClassifier(haarcascade_path)
#读取图像
img = cv2.imread('face\pic2.jpg')
#人脸识别方法
faces_detection = face_object.detectMultiScale(img,scaleFactor=1.3,minNeighbors=8,minSize=(30,30))
#画实心方形当作文字背景
cv2.rectangle(img,(img.shape[1]-800,img.shape[0]-100),(img.shape[1],img.shape[0]),(0,255,255),-1)
#显示文字
cv2.putText(img,"Finding  " + str(len(faces_detection)) + "  face(s)",\
            (img.shape[1]-700,img.shape[0]-30),cv2.FONT_ITALIC,2,(0,0,0),3)
#储存已检测人脸图像
number = 1  #人脸编号
for (x,y,w,h) in faces_detection:
    cv2.rectangle(img,(x,y),(x+w,y+h),(0,0,255),8)    #框出识别的人脸图像
    filename = "face\\face"+str(number)+".jpg"
    image = Image.open("face\pic2.jpg")
    imageCrop = image.crop((x,y,x+w,y+h))    #裁剪人脸图像
    imageResize = imageCrop.resize((150,150),Image.ANTIALIAS)    #调整大小和画质
    imageResize.save(filename)    #储存图像
    number+=1
#建立图像窗口
cv2.namedWindow("Face_Detection",cv2.WINDOW_NORMAL)
#显示已识别完人脸的图像
cv2.imshow("Face_Detection",img)
Ln: 40 Col: 43
```

图 16－4　人脸检测代码

人脸检测并非能找到全部的人脸，图像中的人脸如果被遮挡或模糊等，都会造成检测失败，因此 detectMultiScale 的参数调整需要读者多尝试、多摸索，这样才能在指定的图像上成功检测出人脸。

3. 存储人脸图像

当系统检测出人脸后，存储每一张人脸的步骤是非常重要的！这一步骤可以方便之后进行人脸识别操作。使用 pillow 模块 open( )开启原图像并且在每一张人脸上用 crop( )裁切，然后用 resize( )更改图像大小，最后用 save( )存储人脸图像，如图 16－6 所示。

图 16-5 人脸检测结果

* faces_detection变量存储每个检测到的人脸坐标。根据 for 循环逐一裁切每张人脸。

```
#存储已检测人脸图像
number = 1  #人脸编号
for (x, y, w, h) in faces_detection:
    cv2.rectangle(img, (x, y), (x+w, y+h), (0, 0, 255), 8)    #框出识别的人脸图像
    filename = "face\\face"+str(number)+".jpg"
    image = Image.open("face\pic2.jpg")
    imageCrop = image.crop((x, y, x+w, y+h))     #裁剪人脸图像
    imageResize = imageCrop.resize((150, 150), Image.ANTIALIAS)    #调整大小和画质
    imageResize.save(filename)    #储存图像
    number+=1
```

 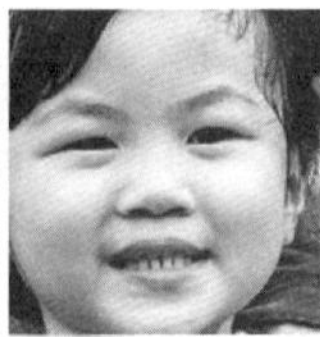    

图 16-6 存储人脸图像

16.2 OpenCV 读取摄像头画面

* 建立摄像头对象后，就能使用摄像头拍摄画面，并且根据画面检测人脸。

OpenCV 可以读取摄像头画面，因此就能检测出画面中的人脸，首先要先取得摄像头对象，表达式为

camera_object = VideoCapture(n)　# 笔记本内建摄像头，n=0

camera_object 是摄像头对象，可以使用 camera_object.isOpened( )方法检查摄像头是否开启。如果有开启，则回传 True，否则回传 False，接着使用 read( )方法读取画面，表达式为

ret, img = camera_object.read( )

其中，ret 是布尔值，如果是 True 表示拍摄成功；如果是 False 表示拍摄失败。

img 是摄像头拍摄得到的图像对象。拍摄结束后使用 camera_object.release( ) 关闭摄像头，表达式为

key = cv2.waitKey(n)　　#n 是等待时间，key 是回传使用者的按键值

前面提到的 cv2.waitKey( )方法除了有等待时间外，还有等待使用者的按键。当使用者按下某键时，会回传此键的 ASCII 码给 key 变量，如图 16－7 所示。

```
import cv2
from PIL import Image
haarcascade_path = 'D:\python\opencv\opencv\sources\data\haarcascades\haarcascade_frontalface_default.xml'
face_object = cv2.CascadeClassifier(haarcascade_path)
cv2.namedWindow("camera")    #摄像头窗口
camera_object = cv2.VideoCapture(0)  #摄像头对象
while(camera_object.isOpened()):   #检查摄像头
    ret, img = camera_object.read()   #读取摄像头
    cv2.imshow("camera", img)    #显示摄像头画面
    #读取一张摄像头画面，按下Q或q键开始人脸检测
    if ret == True:
        key = cv2.waitKey()
        if key == ord('Q') or key == ord('q'):
            cv2.imwrite("face\camera_picture.jpg", img)  #储存摄像头画面
            break
camera_object.release()   #关闭摄像头
#使用摄像头拍摄的画面执行人脸检测
faces_detection = face_object.detectMultiScale(img,scaleFactor=1.1,minNeighbors=5,minSize=(10,10))
cv2.rectangle(img, (img.shape[1]-350,img.shape[0]-50), (img.shape[1],img.shape[0]), (0,255,255), -1)
cv2.putText(img, "Finding  " + str(len(faces_detection)) + "  face(s)",\
            (img.shape[1]-330,img.shape[0]-20),cv2.FONT_ITALIC,1, (0,0,0),2)
cv2.imwrite("face\camera_picture2.jpg", img)   #储存人脸检测完的画面
number = 1
for (x,y,w,h) in faces_detection:
    cv2.rectangle(img, (x,y), (x+w,y+h), (0,0,255),4)
    filename = "face\\camera_face"+str(number)+".jpg"
    image = Image.open("face\\camera_picture.jpg")
    imageCrop = image.crop((x,y,x+w,y+h))
    imageResize = imageCrop.resize((150,150),Image.ANTIALIAS)
    imageResize.save(filename)
    number+=1
cv2.namedWindow("Face_Detection",cv2.WINDOW_NORMAL)
cv2.imshow("Face_Detection", img)
```

＊用 or 二进制逻辑去判断是否按下 Q 或是 q 键。

图 16－7　读取摄像头画面进行人脸检测

16.3　摄像头实时人脸识别

本节介绍的实时人脸识别相对较难。在数据库内放入多张检测的人脸图，然后将未知的人脸在此数据库内进行对比，最终识别出这张未知的人脸是谁。然而人脸比对的算法是非常复杂且多种多样的，这里向读者介绍 face recognition 开源人脸识

别模块,使用这个开源模块只需短短几行代码就能实现人脸比对的功能,是一个非常实用且准确度相当高的模块。

安装 face recognition 模块之前,要先安装 cmake、boost 和 dlib。请读者依序 pip install 安装,最后再 pip install face_recognition,识别步骤如下:

*读者可以将自己准备的照片放在数据库内。

(1) 数据库放入学生 1 和学生 2 的图像,如图 16-8 所示。

student1.jpg

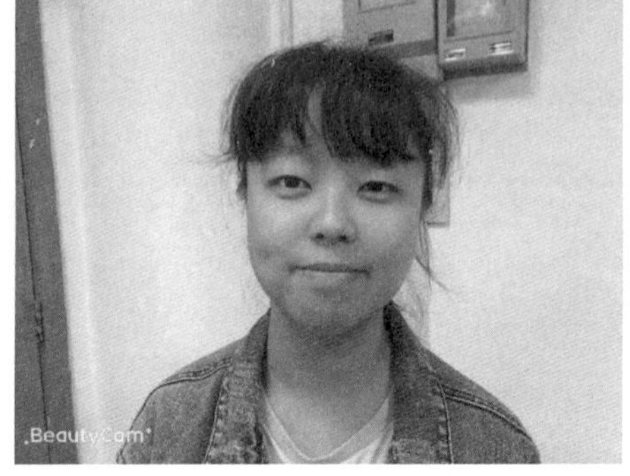

student2.jpg

图 16-8 预检测人脸图

(2) 使用 load_image_file( )方法加载数据库的图像,使用 face_encodings( )方法取得数据库和摄像头画面的人脸编码,如图 16-9 所示。

*逐一读取图像进行编码。

*建立数据库,包含人脸编码变量和名字变量。

```
1   import face_recognition
2   import cv2
3   #取得摄像头对象
4   video_capture = cv2.VideoCapture(0)
5   #输入学生1的照片然后得到人脸编码
6   student1_image = face_recognition.load_image_file("student1.jpg")
7   student1_face_encoding = face_recognition.face_encodings(student1_image)[0]
8   #输入学生2的照片然后得到人脸编码
9   student2_image = face_recognition.load_image_file("student2.jpg")
10  student2_face_encoding = face_recognition.face_encodings(student2_image)[0]
11  #建立人脸编码和名字的列表
12  known_face_encodings = [
13      student1_face_encoding,
14      student2_face_encoding
15  ]
16  known_face_names = [
17      "student1",
18      "student2"
19  ]
20  #初始化变量
21  face_locations = []
22  face_encodings = []
23  face_names = []
24  process_this_frame = True
25  number=1
26  while True:
27      #读取摄像头画面
28      ret, frame = video_capture.read()
29      #调整成较小的画面(1/4倍),识别速度变快
30      small_frame = cv2.resize(frame, (0, 0), fx=0.25, fy=0.25)
31      #OpenCV使用BGR图像颜色格式,转成RGB图像颜色格式
32      rgb_small_frame = small_frame[:, :, ::-1]
33      #一次处理一张图像
34      if process_this_frame:
35          #取得人脸坐标以及人脸编码
36          face_locations = face_recognition.face_locations(rgb_small_frame)
37          face_encodings = face_recognition.face_encodings(rgb_small_frame, face_locations)
38          face_names = []
```

```
39            for face_encoding in face_encodings:
40                #人脸识别是否为学生1或是学生2? 是则回传True、否则为False
41                matches = face_recognition.compare_faces(known_face_encodings, face_encoding)
42                name = "Unknown"  #如果识别没有则显示Unknown不认识的人
43                #如果人脸识别成功
44                if True in matches:
45                    #找到是哪一位的索引值
46                    first_match_index = matches.index(True)
47                    name = known_face_names[first_match_index]
48                face_names.append(name)
49
50        process_this_frame = not process_this_frame
51        #显示识别结果
52        for (top, right, bottom, left), name in zip(face_locations, face_names):
53            #还原4倍大小
54            top *= 4
55            right *= 4
56            bottom *= 4
57            left *= 4
58            #画方形
59            cv2.rectangle(frame, (left, top), (right, bottom), (0, 0, 255), 2)
60            #画显示人物文字背景实心方形
61            cv2.rectangle(frame, (left, bottom - 35), (right, bottom), (0, 0, 255), cv2.FILLED)
62            font = cv2.FONT_HERSHEY_SIMPLEX
63            #显示文字
64            cv2.putText(frame, name, (left + 6, bottom - 6), font, 1.0, (255, 255, 255), 3)
65            #存档
66            cv2.imwrite("face_recognition_%d.jpg" %number,frame)
67            number += 1
68        #显示人脸辨识图像
69        cv2.imshow('Video', frame)
70        #按下q键离开循环
71        if cv2.waitKey(1) & 0xFF == ord('q'):
72            break
73    #关闭摄像头和窗口
74    video_capture.release()
75    cv2.destroyAllWindows()
```

图 16－9　摄像头画面人脸编码

＊通过摄像头画面检测到人脸后，系统会根据当前人脸去匹配是否符合数据库内的人脸编码。

(3) 使用 face_locations( )方法取得人脸特征位置，接着使用 compare_faces( )方法与数据库的人脸进行比对。

(4) 摄像头开启后捕捉人脸并且识别检测到的人脸是否在数据库内，单张人脸识别结果如图 16－10 所示，人脸识别成功，并显示出是哪一位同学。画面也可以同时出现多张人脸，系统依然能识别成功(见图 16－11)。如果人脸不在数据库内，则会显示“Unknown”代表不知道此人(见图 16－12)。

图 16－10　单张人脸识别成功

图 16-11　多张人脸识别成功

图 16-12　识别失败,查无此人

第 17 章　搜索算法

搜索算法是利用计算机的高性能来穷举一个问题的局部或所有可能情况的解空间，从而求出问题的解，目前有枚举算法、深度优先搜索、广度优先搜索、A* 算法、回溯算法、蒙特卡洛树搜索、散列函数等。在大规模实验环境中，通常通过在搜索前根据条件降低搜索规模，根据问题的约束条件进行剪枝，利用搜索过程中的中间解来避免重复计算，提升搜索效率。

如图 17－1 所示的这样一棵树称为搜索树。初始状态对应着根节点，目标状态对应着目标节点。排在前的结点称为父节点，其后的结点称为子节点，同一层中的节点称为兄弟节点，由父节点产生子节点称为扩展。完成搜索的过程就是找到一条从根节点到目标节点的路径，找出一个最优的解。这种搜索算法的实现类似于图或树的遍历，通常可以有两种不同的实现方法，即深度优先搜索(DFS—depth first search)和广度优先搜索(BFS—breadth first search)。

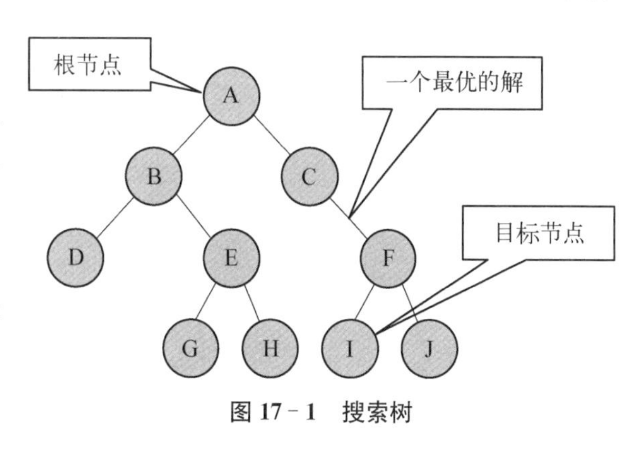

图 17－1　搜索树

17.1　二叉树

树结构是一种非线性数据结构，由多个数据元素根据彼此的关系联结起来形成一棵树。而树仅有一个特定的根节点，其余节点可分为互不相交的有限集合，其中每一个集合本身也是一棵树，称为根的子树。B 节点是 A 节点的孩子，而 A 节点是 B

节点的双亲。D 与 E 节点称为兄弟节点,都是同一双亲的孩子节点。E 与 F 节点称为堂兄节点,都为同一层的节点但有不同的双亲。

节点的“度”是节点所拥有子树的数目。叶子节点是度为 0 的节点,如图 17-2 中的第四层,而分支节点是度不为 0 的节点。树的第一层皆为根节点,而树的深度是这棵树的最大层数,如图 17-2 所示是最大深度为 4 的树。

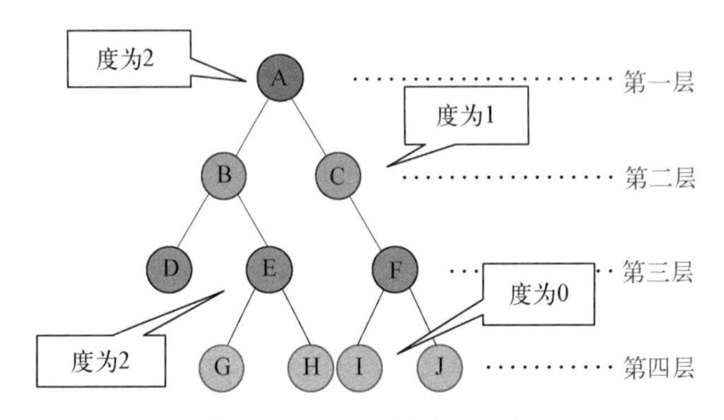

图 17-2 搜索树的度和深度

二叉树是树的一种形式,不存在度大于 2 的节点,每个节点都要区分其子节点为左子树还是右子树,即使只有一棵子树也要区分。

17.2 深度优先搜索

深度优先搜索的基本思想是:对于每个路径都是往下深入找到其子节点,并且每个节点只能访问一次,搜索的规则分为前序遍历、中序遍历和后序遍历。

(1) 先序遍历:对任意子树,先访问根,然后遍历其左子树,最后遍历其右子树。

(2) 中序遍历:对任意子树,先遍历其左子树,然后访问根,最后遍历其右子树。

(3) 后序遍历:对任意子树,先遍历其左子树,然后遍历其右子树,最后访问根。

那么 Python 代码是如何实现的呢?首先,我们先建立一棵与图 17-2 中所示相同的树。定义一个 TreeNode 类,可以定义其根节点属性以及左子树和右子树属性。

*提示:__init__()函数为该类对象初始化时调用的函数,通常作用是为类内变量(属性)赋值。

```
class TreeNode(object): #定义二叉树节点
    def __init__(self,val,left=None,right=None):
        self.val = val
        self.left = left
        self.right = right

if __name__ =='__main__':
    root = TreeNode('A')
    root.left = TreeNode('B',left=TreeNode('D'),\
                         right=TreeNode('E',left=TreeNode('G'),right=TreeNode('H')))
    root.right = TreeNode('C',right=TreeNode('F',left=TreeNode('I'),right=TreeNode('J')))
```

然后定义一个二叉树的类，将建立好的树传递进去，递归最后遍历的结果。

＊注意：采用递归的方式实现。

```
class BinaryTree(object):

    def __init__(self,root=None):
        self.root = root

    def preScan(self,retList, node): #先序遍历：先根、再左、后右
        if node != None:
            retList.append(node.val)
            self.preScan(retList, node.left)
            self.preScan(retList, node.right)
        return retList

    def midScan(self, retList, node): #中序遍历：先左、再根、后右
        if node != None:
            self.midScan(retList, node.left)
            retList.append(node.val)
            self.midScan(retList, node.right)
        return retList

    def postScan(self, retList, node): #后序遍历：先左、再右、后根
        if node != None:
            self.postScan(retList, node.left)
            self.postScan(retList, node.right)
            retList.append(node.val)
        return retList
```

再建立一个 BinaryTree 的类，调用其方法。

＊注意：retList 传入的参数为[ ]，即一个空列表。

```
bTree = BinaryTree(root)

retList = bTree.preScan([],bTree.root)
print('前序遍历：',retList)

retList2 = bTree.midScan([],bTree.root)
print('中序遍历：',retList2)

retList3 = bTree.postScan([],bTree.root)
print('后序遍历：',retList3)

retList4 = bTree.breadthFirst([],bTree.root)
print('广度优先遍历：',retList4)
```

得到的输出结果如图 17－3 所示。

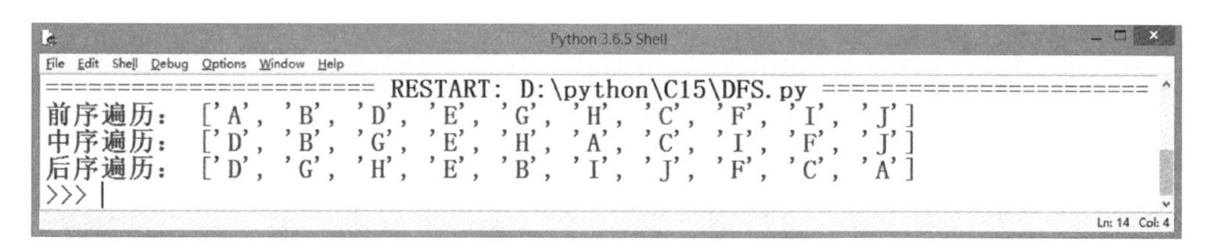

图 17－3　深度优先搜索结果

17.3　广度优先搜索

广度优先搜索又称为层次遍历，从上往下对每一层依次访问。在每一层中，从左

往右访问节点,访问完一层就前往下一层搜索,直到没有节点可以访问为止。广度优先搜索的通用做法是采用队列进行遍历。

*思考:这里用列表模拟队列,请读者仔细观察,如何在 Python 的列表中实现"先入先出"的队列数据结构。

17.2 节介绍的深度优先搜索的 BinaryTree 类中新增了 breadthFirst 方法。

```
def breadthFirst(self, retList, node):
    nodeStack = [node, ]     #队列
    while len(nodeStack) > 0:
        my_node = nodeStack.pop()
        retList.append(my_node.val)
        if my_node.left is not None:
            nodeStack.insert(0, my_node.left)
        if my_node.right is not None:
            nodeStack.insert(0, my_node.right)
    return retList
```

调用其方法输出广度优先搜索的结果,

```
retList4 = bTree.breadthFirst([], bTree.root)
print('广度优先遍历:', retList4)
```

最终的输出结果如图 17-4 所示。

```
Python 3.6.5 Shell
File Edit Shell Debug Options Window Help
====================== RESTART: D:\python\C15\BFS.py ======================
广度优先遍历: ['A', 'B', 'C', 'D', 'E', 'F', 'G', 'H', 'I', 'J']
>>> |
Ln: 6 Col: 4
```

图 17-4 广度优先搜索结果

17.4 基于搜索算法的迷宫地图实验

与本书配套的《人工智能基础与进阶》一书中第 5 章"人工智能搜索算法"第 5.4 节提到如何使用盲搜索(DFS 和 BFS 算法)以及启发式搜索(A* 算法)求解迷宫地图的搜索路径。本节主要讲解各个算法的代码,而详细的原理分析请读者阅读上述第 5 章的知识点。

如图 17-5 所示,使用与上述第 5 章中相同的迷宫地图,起始点为(1,1),终点为(1,8)。而 BFS 和 DFS 方法先用列表建立迷宫地图 maze 以及搜索路径结果 result,先在 maze 上搜索路径,接着将最终的搜索路径传递到 result。定义与上述第 5 章内容相同的搜索顺序 directions,利用 lambda 匿名函数来操作当前节点依序往下、右、上和左的方向搜索(见图 17-6)。

1. 广度优先搜索

广度优先搜索(breadth-first search,BFS)使用队列结构来存放搜索的节点,Python 需要先导入"from collections import deque"才能使用队列结构,其中 popleft( )方法符合

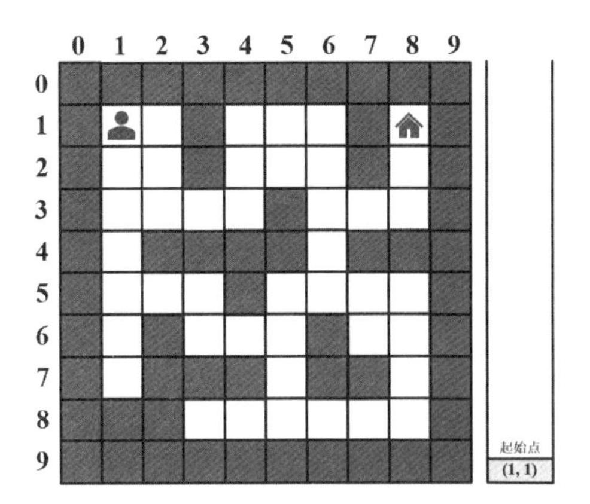

图 17 - 5　迷宫地图

```
1   #迷宫地图,(1,1)起始点,(1,8)终点
2   maze = [[1, 1, 1, 1, 1, 1, 1, 1, 1, 1],
3           [1, 0, 0, 1, 0, 0, 0, 1, 0, 1],
4           [1, 0, 0, 1, 0, 0, 0, 1, 0, 1],
5           [1, 0, 0, 0, 0, 1, 0, 0, 0, 1],
6           [1, 0, 1, 1, 1, 1, 0, 1, 1, 1],
7           [1, 0, 0, 0, 1, 0, 0, 0, 0, 1],
8           [1, 0, 1, 0, 0, 0, 1, 0, 0, 1],
9           [1, 0, 1, 1, 1, 0, 1, 1, 0, 1],
10          [1, 1, 1, 0, 0, 0, 0, 0, 0, 1],
11          [1, 1, 1, 1, 1, 1, 1, 1, 1, 1]]
12  #DFS搜索路径结果
13  result = [[1, 1, 1, 1, 1, 1, 1, 1, 1, 1],
14          [1, 0, 0, 1, 0, 0, 0, 1, 0, 1],
15          [1, 0, 0, 1, 0, 0, 0, 1, 0, 1],
16          [1, 0, 0, 0, 0, 1, 0, 0, 0, 1],
17          [1, 0, 1, 1, 1, 1, 0, 1, 1, 1],
18          [1, 0, 0, 0, 1, 0, 0, 0, 0, 1],
19          [1, 0, 1, 0, 0, 0, 1, 0, 0, 1],
20          [1, 0, 1, 1, 1, 0, 1, 1, 0, 1],
21          [1, 1, 1, 0, 0, 0, 0, 0, 0, 1],
22          [1, 1, 1, 1, 1, 1, 1, 1, 1, 1]]
23  #搜索顺序: 下右上左
24  directions = [
25      lambda x, y: (x + 1, y),  # 下
26      lambda x, y: (x, y + 1),  # 右
27      lambda x, y: (x - 1, y),  # 上
28      lambda x, y: (x, y - 1),  # 左
29  ]
```

图 17 - 6　建立地图、搜索结果以及搜索顺序

“先入先出”的原则,即先放入的节点优先取出。如图 17 - 7 所示,每一个取出的节点(也就是当前节点)都会依序循环搜索 4 个方向,如果可以前进就将移动的新节点入队,并设当前节点为其父节点以及将值设为 2(表示已经走过),避免重复搜索此节点。当前节点为终点时搜索结束,根据父节点依序返回找到最终的搜索路径。如图 17 - 8 所示,主程序调用 BFS_quene 函数传入起始点和终点参数,并显示 maze 和 result(见图 17 - 9)。

```
31    # 广度优先搜索使用队列结构
32    def BFS_queue(x1, y1, x2, y2): #起始点(x1,y1), 终点(x2,y2)
33        q = deque()                #q为一个队列
34        path = []                  #path列表存放访问过的节点
35        q.append((x1, y1, -1))     #将起始点放入队列内
36        maze[x1][y1] = '*'         #将起始点设为'*'符号
37        while len(q) > 0:          #当队列结构有节点时开始搜索
38            cur_node = q.popleft() #先进先出原则取节点（当前节点）
39            path.append(cur_node)  #将当前节点放入path列表内
40            if cur_node[:2] == (x2, y2): #如果当前节点为终点则搜索成功
41                resultpath = []     #resultpath列表为最终搜索路径的节点
42                i = len(path) - 1   #索引值从0开始, 因此需要-1
43                while i >= 0:
44                    resultpath.append(path[i][:2]) #依序取出节点
45                    i = path[i][2]    #将当前节点的索引值更新为其父节点
46                resultpath.reverse()  #颠倒顺序为从起始点到终点的路径
47                for v in resultpath:  #将最终搜索路径的节点设为'*'符号
48                    result[v[0]][v[1]] = '*'
49                return True
50            for d in directions:       #循环四个方向搜索
51                next_x, next_y = d(cur_node[0], cur_node[1])  #更新为移动过后的节点
52                if maze[next_x][next_y] == 0:    #如果此节点可以前进
53                    q.append((next_x, next_y, len(path) - 1))  #将此节点放入队列, 且设定当前节点父节点
54                    maze[next_x][next_y] = 2  #将此节点设为2表示已走过
55        print('无路可走')
56        return False   #搜索失败
```

图 17-7　建立 BFS_queue 函数

```
57
58  if __name__ == '__main__':
59      print('-----------原始地图---------')
60      for k in maze:   #输出地图
61          for v in k:
62              print(v, end="  ")
63          print("")
64      print("")
65      BFS_queue(1, 1, 1, 8)  #调用DFS搜索函数
66      print('-------BFS搜索后的结果------')
67      for k in result:   #输出最终路径
68          for v in k:
69              print(v, end="  ")
70          print("")
```

图 17-8　调用函数并显示结果

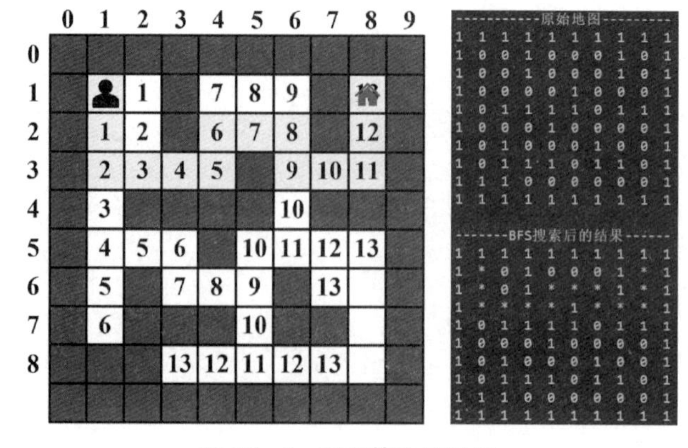

图 17-9　BFS 算法结果图

2. 深度优先搜索

深度优先搜索(depth-first search，DFS)使用栈结构来存放搜索的节点。如图 17－10所示，利用一个 stack 列表作为栈，其中 append( )以及 pop( )方法符合“先入后出”原则，即先放入的节点最后取出，每一个取出的节点(也就是当前节点)都会依序循环搜索 4 个方向，如果可以前进就将移动的新节点入栈，将值设为 2(表示已经走过)，避免重复搜索此节点，然后“跳出此循环”。若 4 个方向都无法前进，就会将当前节点出栈返回到上一个节点的其他方向前进。当前节点为终点时搜索结束，逐一访问栈存放的节点就是最终的搜索路径，如图 17－11 所示，主程序调用 DFS_stack 函数传入起始点和终点参数，并显示 maze 和 result(见图 17－12)。

```
30    # 深度优先搜索使用栈结构
31    def DFS_stack(x1, y1, x2, y2):    #起始点(x1,y1), 终点(x2,y2)
32        stack = []                    #栈结构存放搜索路径的节点
33        stack.append((x1, y1))        #先进后出
34        maze[x1][y1] = '*'            #'*'符号表示最终路径的节点
35        while len(stack) > 0:         #当栈结构有节点时开始搜索
36            cur_node = stack[-1]      #当前节点为栈结构最后一个节点
37            if cur_node == (x2, y2): #如果当前节点为终点则搜索成功
38                for i,v in enumerate(stack): #循环得到栈结构存放的节点
39                    result[v[0]][v[1]] = '*' #将其设定为'*'符号
40                return True
41            for d in directions:    #循环四个方向搜索
42                next_x, next_y = d(*cur_node) #更新为移动过后的节点
43                if maze[next_x][next_y] == 0: #如果此节点可以前进
44                    stack.append((next_x, next_y)) #将此节点入栈
45                    maze[next_x][next_y] = 2  #将此节点设为2表示已走过
46                    break   #照顺序搜索, 某一方向成功就跳出循环, 继续搜索下一个节点
47            else:
48                stack.pop()  #如果四个方向搜索失败, 则将此节点出栈
49        print('无路可走')
50        return False  #搜索失败
```

图 17－10　建立 DFS_stack 函数

```
51
52  if __name__ == '__main__':
53      print('-----------原始地图---------')
54      for k in maze:    #输出地图
55          for v in k:
56              print(v, end="  ")
57          print("")
58      print("")
59      DFS_stack(1, 1, 1, 8)  #调用DFS搜索函数
60      print('-------DFS搜索后的结果------')
61      for k in result:    #输出最终路径
62          for v in k:
63              print(v, end="  ")
64          print("")
```

图 17－11　调用函数并显示结果

3. A＊算法(A-Star)

上述提到的 BFS 和 DFS 算法属于盲搜索，而 A＊算法是一种启发式搜索算法，

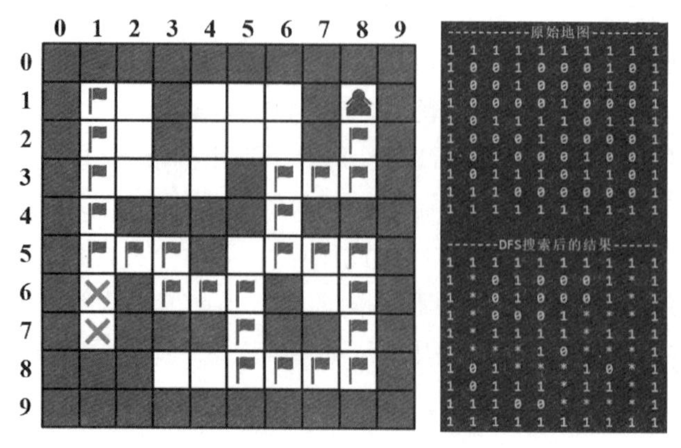

图 17-12 DFS 算法结果图

是在状态空间中对搜索位置进行评估,每一步都选择代价最小的节点,因此提高了搜索的效率,A*算法详细的说明请读者复习上述提到的另一本书中第 5 章的内容。

A*算法首先会先定义两个列表:开放列表内存放可以前进的方格;封闭列表内存放所有不需要再次检查的方格,然后进行以下步骤。

(1) 将起始格设为当前格(当前步骤的方格)。

(2) 将当前格加进封闭列表内。

(3) 寻找当前格可通过的相邻方格(排除在封闭列表内和障碍物的方格)。如果没有在开放列表内,则计算 F 值并设当前方格为父方格,再加进开放列表内;如果已经在开放列表内,则计算通过当前格到此格的新 G 值是否比原来的 G 值较低,如果是则更改父方格并重新计算 F 值。

(4) 判断开放列表是否为空,如果是,则找不到路径,算法结束,否则继续。

(5) 遍历所有在开放列表内的方格,选择 F 值最小的方格为下一步。

(6) 判断下一步是否为终点格,如果是则找到路径,算法结束,否则继续。

(7) 将下一步设为当前格,并从开放列表内删除。

(8) 重复步骤(2)~(7),直到算法结束。

了解了 A*算法步骤后,分别建立 A_star.py 文件为 A*算法的核心模块、A_star_maze.py 文件为迷宫地图相关操作模块和 A_star_main.py 文件为调用前两模块的主程序。以下为 A_star.py 文件的代码,每个类以及方法都有注释说明,主要为三大类组成:Point 类建立坐标点、Node 类建立节点以及 A_star 类为 A*算法的搜索过程。

```
class Point:
    #建立坐标点
    def __init__(self, x = 0, y = 0):
        self.x = x
        self.y = y
```

```
class Node:
    #建立节点
    def __init__(self, point, g = 0, h = 0):
        self.point = point      #节点
        self.father = None      #父节点
        self.g = g              #g 值
        self.h = h              #h 值

    def manhattan(self, endNode):
        #H 值计算:曼哈顿距离
        self.h = (abs(endNode.point.x - self.point.x) + abs(endNode.point.y
- self.point.y)) * 10

    def set_G(self, g):
        #设定 G 值
        self.g = g

    def set_Father(self, node):
        #设定父节点
        self.father = node

class A_star:
    def __init__(self, maze, startNode, endNode):
        #开放列表
        self.openList = []
        #封闭列表
        self.closeList = []
        #迷宫地图
        self.maze = maze
        #起始点
        self.startNode = startNode
        #终点
        self.endNode = endNode
        #当前节点
        self.currentNode = startNode
        #最终搜索路径
```

```
        self.pathlist = []

    def Min_F_Node(self):
        #开放列表内最小F值的节点
        nodeTemp = self.openList[0]
        for node in self.openList:
            if node.g + node.h < nodeTemp.g + nodeTemp.h:
                nodeTemp = node
        return nodeTemp

    def Node_In_Openlist(self,node):
        #节点是否在开放列表内
        for nodeTmp in self.openList:
            if nodeTmp.point.x == node.point.x \
            and nodeTmp.point.y == node.point.y:
                return True
        return False

    def Node_In_Closelist(self,node):
        #节点是否在封闭列表内
        for nodeTmp in self.closeList:
            if nodeTmp.point.x == node.point.x \
            and nodeTmp.point.y == node.point.y:
                return True
        return False

    def endNode_In_OpenList(self):
        #终点是否在开放列表内
        for nodeTmp in self.openList:
            if nodeTmp.point.x == self.endNode.point.x \
            and nodeTmp.point.y == self.endNode.point.y:
                return True
        return False

    def Node_From_OpenList(self,node):
        #节点是否在开放列表内
```

```
        for nodeTmp in self.openList:
            if nodeTmp.point.x == node.point.x \
            and nodeTmp.point.y == node.point.y:
                return nodeTmp
        return None

    def search_node(self,node):
        #搜索移动过的节点
        #判断此节点是否可以通行
        if self.maze.is_pass(node.point) != True:
            return
        #判断此节点是否在封闭列表内
        if self.Node_In_Closelist(node):
            return
        #此节点的 G 值计算
        if abs(node.point.x - self.currentNode.point.x) == 1 and abs(node.
point.y - self.currentNode.point.y) == 1:
            gTemp = 14
        else:
            gTemp = 10
        #如果不在开放列表内,就将此节点放入开放列表内
        if self.Node_In_Openlist(node) == False:
            self.openList.append(node)
            node.set_G(self.currentNode.g + gTemp)
            #此节点的 H 值计算
            node.manhattan(self.endNode)
            node.father = self.currentNode
        #如果已经在开放列表内,判断当前节点到此节点的 G 值是否更小
        #如果更小,就重新计算 G 值,并且改变父节点
        else:
            nodeTmp = self.Node_From_OpenList(node)
            if self.currentNode.g + gTemp < nodeTmp.g:
                nodeTmp.g = self.currentNode.g + gTemp
                nodeTmp.father = self.currentNode
        return
```

```
    def search(self):
        #搜索周围八个方向
        self.search_node(Node(Point(self.currentNode.point.x - 1, self.currentNode.point.y - 1)))
        self.search_node(Node(Point(self.currentNode.point.x - 1, self.currentNode.point.y)))
        self.search_node(Node(Point(self.currentNode.point.x - 1, self.currentNode.point.y + 1)))
        self.search_node(Node(Point(self.currentNode.point.x, self.currentNode.point.y - 1)))
        self.search_node(Node(Point(self.currentNode.point.x, self.currentNode.point.y)))
        self.search_node(Node(Point(self.currentNode.point.x, self.currentNode.point.y + 1)))
        self.search_node(Node(Point(self.currentNode.point.x + 1, self.currentNode.point.y - 1)))
        self.search_node(Node(Point(self.currentNode.point.x + 1, self.currentNode.point.y)))
        self.search_node(Node(Point(self.currentNode.point.x + 1, self.currentNode.point.y + 1)))
        return

    def start(self):
        #开始搜索
        self.startNode.manhattan(self.endNode)
        self.startNode.set_G(0)
        self.openList.append(self.startNode)
        while True:
            #当前节点放入封闭列表内
            self.closeList.append(self.currentNode)
            #搜索当前节点的八个方向
            self.search()
            #判断开放列表是否为空,如果是,则找不到路径
            if len(self.openList) == 0:
                return False
            #判断终点是否在开放列表内,如果是,则找到路径
```

```
        elif self.endNode_In_OpenList():
            nodeTmp = self.Node_From_OpenList(self.endNode)
            while True:
                #根据终点的父节点依序往回找就是最终的搜索路径
                self.pathlist.append(nodeTmp)
                if nodeTmp.father ! = None:
                    nodeTmp = nodeTmp.father
                else:
                    return True
        #更新当前节点为开放列表内 F 值最小的节点
        self.currentNode = self.Min_F_Node()
        #当前节点从开放列表内删除
        self.openList.remove(self.currentNode)
    return True

def set_Map(self):
    #更新迷宫地图,显示最终的搜索路径
    for node in self.pathlist:
        self.maze.set_maze(node.point)
    return
```

以下为 A_star_maze.py 文件的代码,每个类以及方法都有注释说明,主要是迷宫地图相关的操作,包含定义、显示和修改迷宫地图以及判断节点是否通行。

```
class maze:
    def __init__(self):
        #迷宫地图,(1,1)起始点,(1,8)终点
        self.maze = [[1, 1, 1, 1, 1, 1, 1, 1, 1, 1],
                     [1, 0, 0, 1, 0, 0, 0, 1, 0, 1],
                     [1, 0, 0, 1, 0, 0, 0, 1, 0, 1],
                     [1, 0, 0, 0, 0, 1, 0, 0, 0, 1],
                     [1, 0, 1, 1, 1, 1, 0, 1, 1, 1],
                     [1, 0, 0, 0, 1, 0, 0, 0, 0, 1],
                     [1, 0, 1, 0, 0, 0, 1, 0, 0, 1],
                     [1, 0, 1, 1, 1, 0, 1, 1, 0, 1],
                     [1, 1, 1, 0, 0, 0, 0, 0, 0, 1],
                     [1, 1, 1, 1, 1, 1, 1, 1, 1, 1]]
```

```
        self.w = 10   #地图的宽
        self.h = 10   #地图的高

    def show_maze(self):
        #显示迷宫地图
        for k in self.maze:
            for v in k:
                print(v, end = "  ")
            print("")
        return

    def set_maze(self, point):
        #将节点设为'*'符号
        self.maze[point.x][point.y] = '*'
        return

    def is_pass(self, point):
        #此节点是否超出界限
        if point.x < 0 or point.x > self.h - 1 or point.y < 0 or point.y >
self.w - 1:
            return False
        #此节点是否可以通过
        if self.maze[point.x][point.y] == 0:
            return True
```

以下为 A_star_main.py 文件的代码，每个类以及函数都有注释说明。调用 maze 类建立地图对象，并且修改与显示最终搜索结果（见图 17—13）以及 A_star 类建立 A＊算法对象，开始搜索迷宫地图路径。

```
import A_star_maze as maze
import A_star
if __name__ == '__main__':
    print('------------原始地图------------')
    #构建地图操作类
    maze_data = maze.maze()
    #显示原始地图
    maze_data.show_maze()
```

```
    print("")
    #构建 A*算法类
    aStar = A_star.A_star(maze_data, A_star.Node(A_star.Point(1,1)), A_star.Node(A_star.Point(1,8)))
    print('--------A*搜索后的结果--------')
    #开始 A*搜索
    if aStar.start():
        #显示最终搜索路径地图
        aStar.set_Map()
        maze_data.show_maze()
    else:
        print("搜索失败")
```

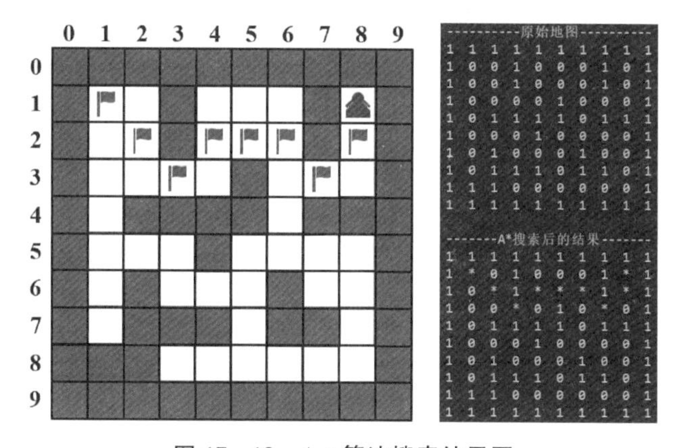

图 17-13　A*算法搜索结果图

17.5　梯度下降法

机器学习算法可以视为求解一个最优化问题，而梯度下降法就是求解最优化问题常用的一个方法，梯度下降法简单易实现，是一种反复迭代求出局部最小值的方法，每一步都会求解目标函数的梯度向量。

如此一来就需要先定义目标函数，也可以称为损失函数，不管怎么称呼，它其实就是一个函数，而梯度下降法的目的就是获取这个函数的局部最小值，如果是简单的函数，利用梯度下降法很容易求解出函数的极小点。

假设 $f(x)$ 是 $\mathbf{R}^n$ 上具有一阶连续偏导数的函数。需要求解的无约束最优化问题为

$$\min_{x \in \mathbf{R}^n} f(x)$$

即需要求出目标函数 $f(x)$的极小点 X^*。

举例来说,对于目标函数 $f(x_1,x_2)=2x_1^2-4x_2$来说,先算出梯度,也就是对目标函数求导 $g(x_1,x_2)=(4x_1,-4)$。对于给定初始点(x_1,x_2)的附近,它在$(4x_1,-4)$处的方向变化率最大,而其负梯度方向就是$(-4x_1,4)$。例如,在点(2,1)附近处,它的负梯度方向就是(−8,4)。在此处,点(2,1)向这个负梯度方向移动,这会使得 $f(x_1,x_2)=2x_1^2-4x_2$值减小的速率最快。反之,如果点(2,1)向这个正梯度方向(8,−4)移动,会使得 $f(x_1,x_2)=2x_1^2-4x_2$值增加的速率最快。

理解了计算梯度的作用之后,其实就可以很容易地推导出梯度下降法的算法过程。梯度下降法的思想就是选取适当的初始值 x_0,不断迭代更新 x 的值,极小化目标函数,最终收敛。由于负梯度方向就是使目标函数值下降最快的方向,因此梯度下降法在每一步都采用负梯度方向更新 x 的值,最终达到极小化函数值。

梯度下降法的公式为

$$x_{k+1}=x_k-g_k\lambda_k$$

其中,g_k 为当前梯度,而 $\lambda_k=\frac{|x_{k+1}-x_k|}{g_k}$是实际步长除以梯度的模,称为学习率。接下来用一维问题来说明如何利用梯度下降法求解目标函数 $f(x)=(x-1)^2-3$。

显然,从图 17-14 中可以看出最小值在 $x=1$ 处,现在使用 Python 实现梯度下降法,解是否会接近于 1 呢?

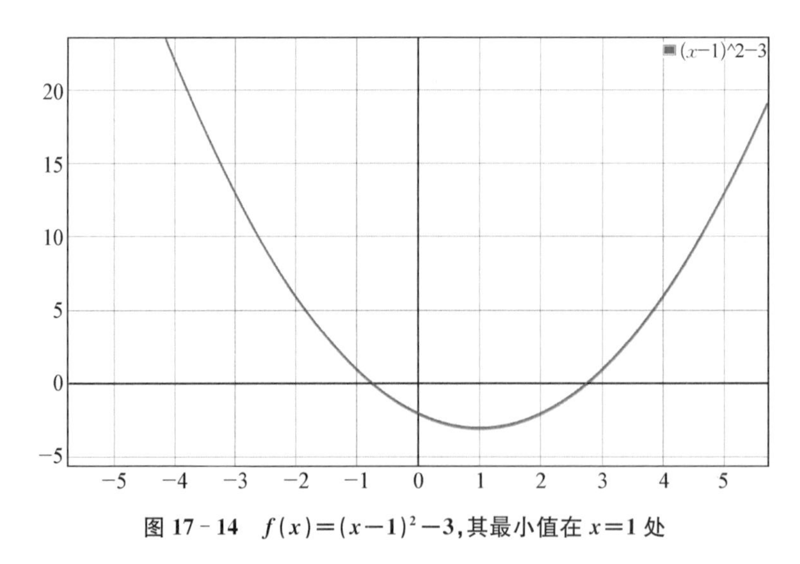

图 17-14　$f(x)=(x-1)^2-3$,其最小值在 $x=1$ 处

如图 17-15 所示,首先定义目标函数和对应的梯度函数,在 gradient_descent 函数定义初始化 x 值、学习率、收敛精度和最大迭代次数的参数。

在迭代 16 次后,当 $x=1.003\,2$ 左右时,梯度小于收敛精度,得到近似最小值(见图 17-16),读者可以尝试更改每个参数,观察有什么不同。

* 为了缩减搜索求得最小值的时间,通过设定收敛精度得到的解来"近似"最小值。

```
def function(x):
    #目标函数
    return (x-1)**2 - 3

def grad_function(x):
    #求导
    return 2*(x-1)

def gradient_descent(init_x, learning_rate, precision, max_iters):
    """
    一维问题的梯度下降法
    :param init_x: 初始化x的值
    :param learning_rate: 学习率
    :param precision: 设置收敛精度
    :param max_iters: 最大迭代次数
    """
    for i in range(max_iters):
        grad = grad_function(init_x)
        if abs(grad) < precision:
            break  # 当梯度小于收敛精度时，离开循环
        init_x = init_x - grad * learning_rate
        print("第", i, "次迭代: x 值为 ", init_x)
    print("目标函数极小点时, x =",init_x)
    return init_x

if __name__ == '__main__':
    gradient_descent(init_x=20, learning_rate=0.2, precision=0.01, max_iters=1000)
```

＊注意：求解目标函数的导数需要运用微积分知识得出解析的结论。

图 17－15　梯度下降法求解目标函数

```
====================== RESTART: D:\python\C15\ex15.py ======================
第 0 次迭代: x 值为  12.399999999999999
第 1 次迭代: x 值为  7.839999999999999
第 2 次迭代: x 值为  5.103999999999999
第 3 次迭代: x 值为  3.4623999999999997
第 4 次迭代: x 值为  2.4774399999999996
第 5 次迭代: x 值为  1.8864639999999997
第 6 次迭代: x 值为  1.5318783999999999
第 7 次迭代: x 值为  1.31912704
第 8 次迭代: x 值为  1.1914762239999999
第 9 次迭代: x 值为  1.1148857343999998
第 10 次迭代: x 值为  1.06893144064
第 11 次迭代: x 值为  1.041358864384
第 12 次迭代: x 值为  1.0248153186303999
第 13 次迭代: x 值为  1.0148891911782398
第 14 次迭代: x 值为  1.0089335147069438
第 15 次迭代: x 值为  1.0053601088241664
第 16 次迭代: x 值为  1.0032160652945
目标函数极小点时, x = 1.0032160652945
>>>
```

＊注意：学习率过大可能会产生 x 值振荡，最终不收敛。

图 17－16　当 $x=1.0032$ 时求得极小点

第 18 章　机器学习①

我们已经学习了 Python 的基础知识，包含数字运算、数据类型、循环与函数设计等相关内容与示例，同时结合与本书配套的《人工智能基础与进阶》一书中学到的人工智能知识点，我们已经具备能够完成人工智能算法的能力。本章将介绍如何使用 Python 编程机器学习算法来解决实际生活中的问题。

＊所谓算法，可以理解成解决某种问题的具体方法。

机器学习(machine learning)是通过算法使用大量的已知数据进行训练，并找到对应的模型，对于未知的数据能够正确地预测。机器学习广泛应用于医疗诊断、语音识别、自然语言处理、计算机视觉和数据分析等领域。

机器学习可分为：监督学习(supervised learning)、无监督学习(unsupervised learning)、半监督学习(semi-supervised learning)和强化学习(reinforcement learning)。本章主要介绍监督学习(线性回归、支持向量机、决策树)和无监督学习(K-means)常见的算法，其余两种学习读者可以自行查阅相关书籍。

监督学习包括分类和回归问题，而分类又分为二分类和多分类。二分类问题常见的例子有“今天会不会下雨”“这个是不是人脸的图像”等，输出值为(1：正确、0：不正确)；多分类问题常见的例子有“这是哪种动物的图像”“这个声音信号是哪个人发出的”等，输出值是根据这个多分类问题的类别而定；回归问题常见的例子有“这一年的产品销量如何”“这栋房屋的价格如何”等，输出值是一个连续值，与分类问题的输出值截然不同。

＊多分类的输出结果只能是几种结果中的某一种，比如猫、狗或小鸟等。而回归的结果可以是任意一个连续值，比如房屋值中的任何一个价格都有可能。

系统进行监督学习时会用一组已知答案(label)的数据来训练一个模型，然后用一组未包含答案的数据来评估模型的性能，将预测的值与真实的值算出误差，就能评估这个模型的准确度。

如图 18－1 所示，监督学习的训练数据是由多个特征(features)和 1 个标签

① 由于第 18 和第 19 章代码较长且需要用到外部数据，特此提供这两章的代码。代码链接：https://pan.baidu.com/s/19fUpgnh9S8er8nwXaHDgWA。提取码：yswv。

(label)组成，features 代表数据的特征，例如气温、湿度、风速、气压等；而 label 代表数据的标签，也就是希望预测的目标，例如降雨(二分类 0，不会下雨、1：会下雨)、天气(多分类 1，晴天、2：雨天、3：阴天、4：下雪)、气温(回归连续值)。

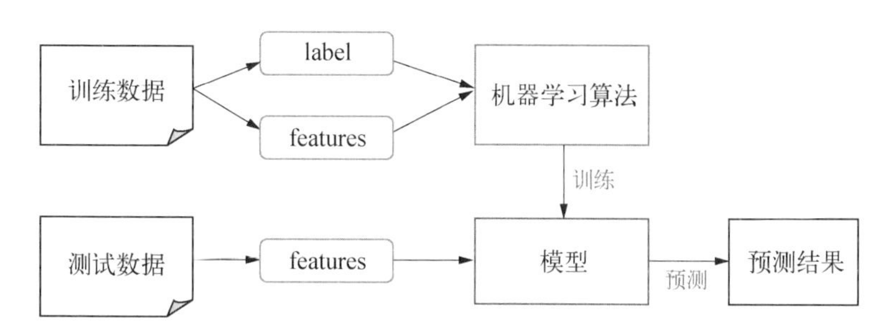

图 18-1　监督学习训练过程

18.1　线性回归

使用回归方法归纳糖尿病病情指标与一些特征的关系，可以使用线性回归、岭回归与 Lasso 回归分别比较不同回归方法效果的差异。对于连续的自变量和因变量，回归方法使计算机能够找到一种可用的自变量的线性组合来描述因变量，从而表达因变量与自变量之间的关系。

*这里自变量可以理解成糖尿病病情的不同指标特征；因变量为是否患有糖尿病的这个结果。

```
1   "线性回归演示"
2   import matplotlib.pyplot as plt
3   import numpy as np
4   from sklearn import datasets, linear_model
5
6   "获取糖尿病数据集"
7   diabetes = datasets.load_diabetes()
8   "使用其中的一个特征，np.newaxis的作用是增加维度"
9   diabetes_X = diabetes.data[:, np.newaxis, 2]
10
11  "多种方法可选"
12  method = 'linear'
13  if method == 'linear':
14      "创建线性回归对象"
15      linear = linear_model.LinearRegression()
16      "使用训练数据来训练模型"
17      linear.fit(diabetes_X, diabetes.target)
18      "画出预测的点"
19      print(diabetes_X, linear.predict(diabetes_X))
20
21      plt.plot(diabetes_X, linear.predict(diabetes_X), color="blue", linewidth=3)
22
23  elif method == 'ridge':
24      "岭回归-交叉验证"
25      ridge = linear_model.RidgeCV()
26      ridge.fit(diabetes_X, diabetes.target)
27      plt.plot(diabetes_X, ridge.predict(diabetes_X), color="blue", linewidth=3)
28
29  elif method == 'lasso':
```

```
30        lasso = linear_model.LassoCV()
31        lasso.fit(diabetes_X, diabetes.target)
32        plt.plot(diabetes_X, lasso.predict(diabetes_X), color='blue', linewidth=3)
33
34    else:
35        print("wrong method")
36    "画出样本点"
37    plt.scatter(diabetes_X, diabetes.target, color="black")
38    plt.show()
```

* 在数据集中关于糖尿病的指标不是只有一种，为了便于结果的可视化，这里只选择了一种特征当作自变量进行训练。实际上糖尿病数据共有 10 个特征。

这里使用 sklearn 第三方库并且调用其中的 datasets 和 linear_model 模块，使用 datasets 加载 diabetes 数据集，然后取出病情指标和一种样本特征，接着对此指标和特征使用回归模型，可以透过 method 变量选择不同的回归模型，最后用 matplotlib 绘制散点图，显示回归结果，如图 18-2 所示。其中横轴为输入特征(自变量)、纵轴为输出病情指标(因变量)，黑点为样本，直线为求解得到的回归模型。

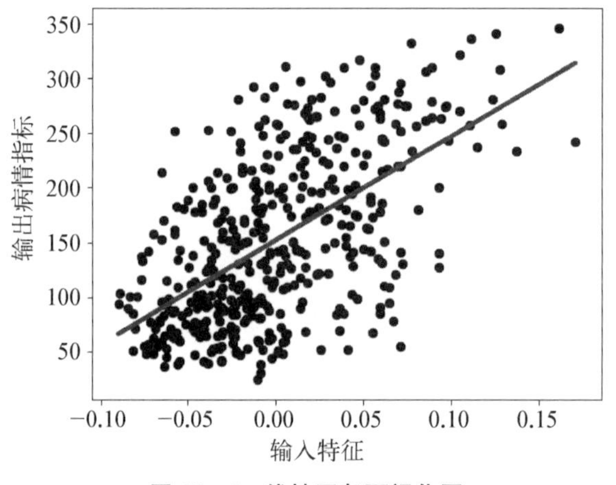

图 18-2　线性回归可视化图

18.2　支持向量机

* SVM 本身是用来解决二分类问题的。

使用支持向量机(support vector machine，SVM)通过两种特征对两种鸢尾花进行分类。SVM 使用非线性映射算法，将低维输入空间线性不可分的样本转化到高维特征空间，使其线性可分。

```
1    import matplotlib.pyplot as plt
2    import numpy as np
3    from sklearn import datasets, svm
4
5    "获取鸢尾花数据集"
6    iris = datasets.load_iris()
7    print(iris.target)
8    "选取其中两类，数据集中一共有三种鸢尾花，选出其中两种的全部数据集"
9    index = np.where(iris.target > 0)
```

```
10    "选取其中两个特征，一共有四个特征"
11    #print(iris.data.shape)
12    x = np.squeeze(iris.data[index, 2:4])
13    print(x)
14    y = iris.target[index]
15    "画出样本点"
16    plt.scatter(x[:, 0], x[:, 1], c=y, marker='o')
17    "选择核函数"
18    clf = svm.SVC(kernel="linear")
19    "训练模型"
20    clf.fit(x, y)
21    "画支持向量"
22    plt.scatter(clf.support_vectors_[:, 0], clf.support_vectors_[:, 1], c='red', marker='x')
23    "画分界面"
24    ax = plt.gca()
25    x1 = np.linspace(plt.xlim()[0], plt.xlim()[1], 30)
26    y1 = np.linspace(plt.ylim()[0], plt.ylim()[1], 30)
27    #print(plt.ylim())
28    Y, X = np.meshgrid(y1, x1)
29    P = np.zeros_like(X)
30
31    for i, xi in enumerate(x1):
32        for j, yj in enumerate(y1):
33            tmp = np.array([xi, yj])
34            tmp = tmp.reshape((1, -1))
35            P[i, j] = clf.decision_function(tmp)
36    ax.contour(X, Y, P, colors='k', levels=[-1, 0, 1], alpha=0.5, linestyles=['--', '-', '--'])
37    plt.show()
```

加载 sklearn 数据集中的 Iris 数据集，取出鸢尾花种类标签和萼片长宽、花瓣长宽等特征，选择两种特征作为 SVM 的输入特征，训练 SVM 分类器，进而对两类鸢尾花进行分类，绘制支持向量并显示两类样本的分界面。

Iris 数据集特征为 0～3(0：萼片长度、1：萼片宽度、2：花瓣长度、3：花瓣宽度)，而 label 为 0—2(0：山鸢尾花、1：变色鸢尾花、2：弗吉尼亚鸢尾花)。

图 18－3 中横轴、纵轴分别代表一种特征(花瓣长度和花瓣宽度)，浅色与深色的圆点代表不同样本，直线为分界面，x 标记表示支持向量。

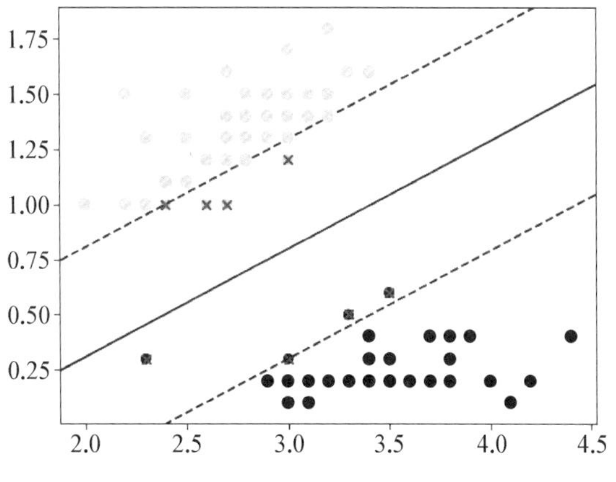

图 18－3　支持向量机可视化图

* 支持向量是影响分界面位置的关键因素。

18.3 决策树

使用决策树通过两种以上特征对两种以上鸢尾花进行分类。决策树将样本的特征空间划分为足够小的部分,在每个子区域内使用线性或者常值函数,最终实现多种样本分类。

*特征空间可以理解成特征的类别,不同类别的特征属于不同的特征空间。例如花瓣长宽和花萼长宽就属于不同的特征空间。

```
1   """决策树演示"""
2   from sklearn import tree
3   from sklearn.datasets import load_iris
4   import os
5   import pydotplus
6
7   """导入鸢尾花的数据集"""
8   iris = load_iris()
9   """构建模型"""
10  clf = tree.DecisionTreeClassifier()
11  """训练模型"""
12  clf.fit(iris.data, iris.target)
13
14  """保存模型"""
15  with open("./iris.dot", "w") as f:
16      f = tree.export_graphviz(clf, out_file=f)
17
18  """设置图像参数"""
19  dot_data = tree.export_graphviz(clf, out_file=None,
20                                  feature_names=iris.feature_names,
21                                  class_names=iris.target_names,
22                                  filled=True, rounded=True,
23                                  special_characters=True)
24  graph = pydotplus.graph_from_dot_data(dot_data)
25  """保存图像到PDF文件"""
26  graph.write_pdf("./iris.pdf")
```

加载 sklearn 数据集中的 Iris 数据集,取出鸢尾花种类标签、萼片长宽和花瓣长宽等特征。选择两种以上特征作为决策树的输入特征,两种以上鸢尾花作为分类目标,然后训练决策树,训练好的模型保存在 Iris.dot 中。绘制形成的决策树的结构(见图 18-4),结构图像保存在 Iris.pdf 中。

尚未分类完全的节点共有 5 行描述:第 1 行代表分类条件;第 2 行为 Gini 系数,代表分类不纯度,一般认为越低越好;第 3 行 samples 代表输入该节点的样本总数;第 4 行 value 数组代表输入该节点每类样本的个数;第 5 行表示该节点的分类结果。程序运行时,当输入一个样本满足第 1 行分类条件时,则进入左下角节点,否则进入右下角节点,直到节点再无子节点,决策树终止。

18.4 K-means

无监督学习是使用未标注标签(label)的数据来训练模型。与监督学习截然不

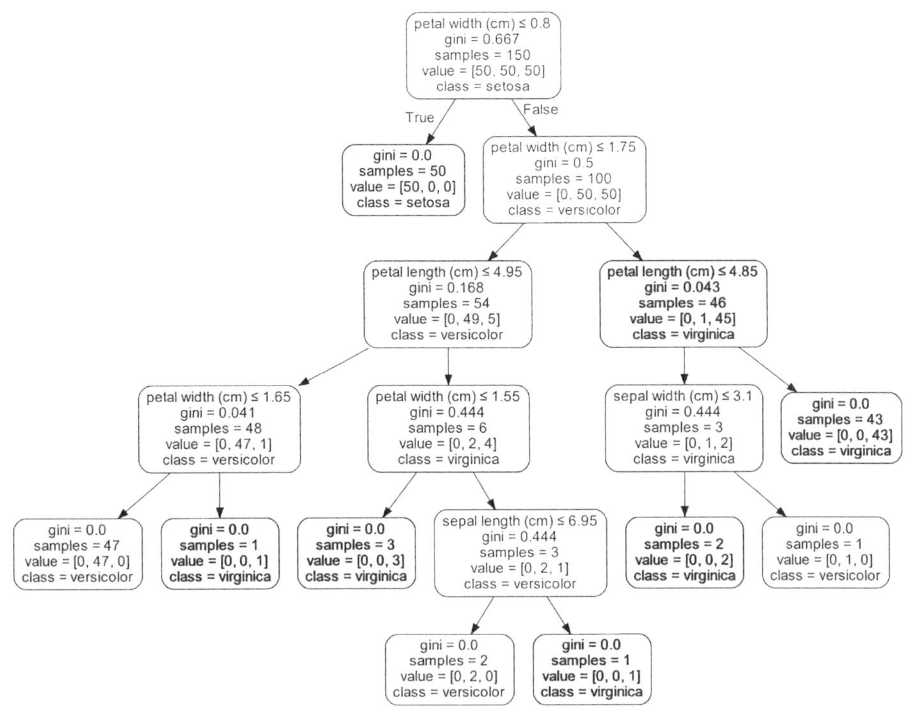

图 18-4　决策树可视化图

同，典型的方法就是聚类算法。聚类的目的在于把相似的数据归成一类，但并不关心这一类是什么。最常见的聚类算法是 K 均值聚类(K-means)。

* 无标签的意思是：你只知道这朵花的花瓣长宽和花萼长宽，但并不知道这是什么种类的花。

使用 K-means 算法对一堆无标签数据进行聚类，K-means 算法是将相似的数据或对象归到同一簇中，将不相似的对象归为不同簇。簇内的对象越相似，聚类的效果就越好。与分类算法类似，聚类算法为每个数据点分配(或预测)一个数字，表示这个点属于哪个簇。

K-means 算法首先需要选择数据并将其聚成 K 个簇，然后随机初始化 K 个点作为中心点，接着迭代执行以下两个步骤：① 将每个数据点分配给最近的簇中心；② 将每个簇中心更新，设置为所分配的所有数据点的平均值。如果簇的分配不再发生变化，那么算法结束。

假设现在有两组数据(见图 18-5)进行 $K=3$ 聚类(也就是分成三个簇)，结果如图 18-6 所示。图中"+"符号代表簇中心，而不同的符号代表不同的簇。从图中可以很直观地发现，K-means 算法将数据准确地分成 3 个簇，代表每个簇内的数据点是很相似的。

```
1    import numpy as np
2    import matplotlib.pyplot as plt
3    # 加载数据
4    def loadDataSet(fileName):        # 解析文件，按tab分割字段，得到一个浮点数字类型的矩阵
5        dataMat = []                  # 文件的最后一个字段是类别标签
6        fr = open(fileName)
7        for line in fr.readlines():
```

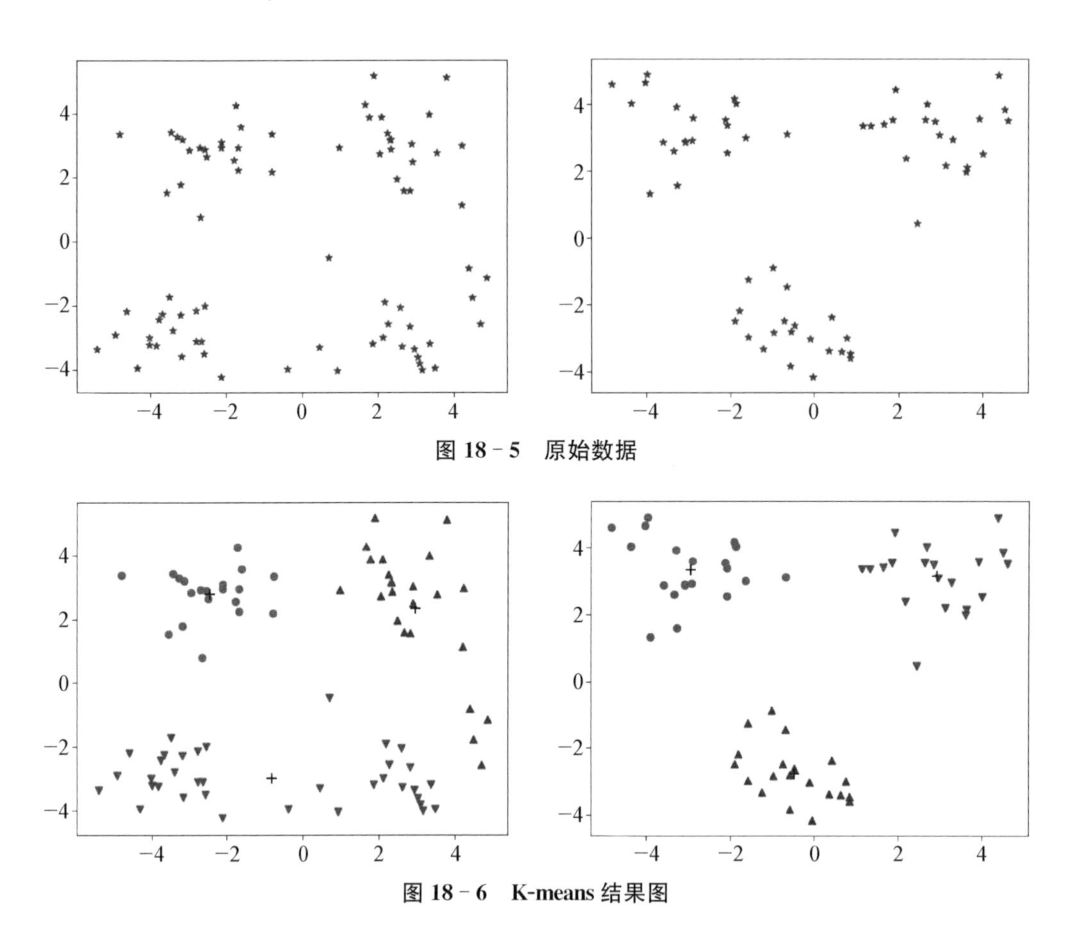

图 18-5 原始数据

图 18-6 K-means 结果图

```
8              curLine = line.strip().split('\t')
9              for i in range(len(curLine)):
10                 curLine[i]=float(curLine[i])
11             fltLine = curLine      # 将每个元素转成float类型
12             dataMat.append(fltLine)
13         return dataMat
14     # 计算欧几里得距离
15     def distEclud(vecA, vecB):
16         return np.sqrt(np.sum(np.power(vecA - vecB, 2))) # 求两个向量之间的距离
17     # 构建聚簇中心，取k个(此例中为4)随机质心
18     def randCent(dataSet, k):
19         n = np.shape(dataSet)[1]
20         centroids = np.mat(np.zeros((k,n)))
21         for j in range(n):                    # 每个质心有n个坐标值，总共要k个质心
22             minJ = min(dataSet[:,j])
23             rangeJ = float(max(dataSet[:,j]) - minJ)
24             centroids[:,j] = np.mat(minJ + rangeJ * np.random.rand(k,1))
25         return centroids
26     # k-means 聚类算法
27     def kMeans(dataSet, k, distMeas=distEclud, createCent=randCent):
28         m = np.shape(dataSet)[0]
29         clusterAssment = np.mat(np.zeros((m,2))) # 用于存放该样本属于哪类及质心距离
30                                                  # clusterAssment第一列存放该数据所属的中心点，第二列是该数据到中心点的距离
31         centroids = createCent(dataSet, k)
32         clusterChanged = True      # 用来判断聚类是否已经收敛
33         while clusterChanged:
34             clusterChanged = False
35             for i in range(m):     # 把每一个数据点划分到离它最近的中心点
36                 minDist = np.inf; minIndex = -1
```

```
37             for j in range(k):
38                 distJI = distMeas(centroids[j,:],dataSet[i,:])
39                 if distJI < minDist:
40                     minDist = distJI; minIndex = j  # 如果第i个数据点到第j个中心点更近，则将i归属为j
41             if clusterAssment[i,0] != minIndex: clusterChanged = True # 如果分配发生变化，则需要继续迭代
42             clusterAssment[i,:] = minIndex,minDist**2 # 并将第i个数据点的分配情况存入字典
43         for cent in range(k): # 重新计算中心点
44             ptsInClust = dataSet[np.nonzero(clusterAssment[:,0].A==cent)[0]] # 去第一列等于cent的所有列
45             centroids[cent,:] = np.mean(ptsInClust, axis=0) # 算出这些数据的中心点
46     return centroids, clusterAssment
47 
48 K = 3
49 dataMat = np.mat(loadDataSet('testSet.txt'))
50 markers=['^', 'o', 'v', '*', 'x']
51 centroids, clusterAssment = kMeans(dataMat, K, distMeas=distEclud, createCent=randCent)
52 for k in range(0,K):
53     x = []
54     y = []
55     for i in range(0, dataMat.shape[0]):
56         if int(clusterAssment[i, 0])==k:
57             x.append(dataMat[i, 0])
58             y.append(dataMat[i, 1])
59     x = np.array(x)
60     y = np.array(y)
61     plt.scatter(x,y,marker=markers[k])
62     plt.scatter(centroids[k,0],centroids[k,1], marker='+', s=72, c='b')
63 plt.show()
```

定义读取数据、计算距离、构建簇中心以及 K-meas 算法的函数。设定指定的 K 值，然后读取文件，调用 K-means 算法就能得到图 18－6 中的结果图。

第19章 实验算法说明[①]

与本书配套的《人工智能基础与进阶》一书中介绍了简单形状的识别以及智能微缩车的实验，本章将补充说明相关的代码，请读者结合之前的内容，实际上机练习。

19.1 基于 Harris 角点检测分类标志牌

首先，创建一个 Harris 角点检测的 class 类，具体的角点检测算法过程请参考《人工智能基础与进阶》一书中简单形状识别的内容。如图 19 - 1 所示，检测标志牌的角点，根据角点的差异性就能分类标志牌。

图 19 - 1 Harris 角点检测示意图

*注意：需要导入 OpenCV 和 numpy 工具包。

```
from __future__ import print_function
import cv2
import numpy as np
class Harris:
  def __init__(self, blockSize, ksize, k):
    self.blockSize = blockSize  # 角点检测中要考虑的领域大小
    self.ksize = ksize  # Sobel 求导中使用的窗口大小
    self.k = k  # Harris 角点检测方程中的自由参数,取值参数为[0,04,0.06]
  def predict(self, img):
```

① 由于第 18 和第 19 章代码较长且需要用到外部数据，特此提供这两章的代码。代码链接：https://pan.baidu.com/s/19fUpgnh9S8er8nwXaHDgWA。提取码：yswv。

```
gray = cv2.cvtColor(img, cv2.COLOR_BGR2GRAY)  #将图像转化为灰度图
gray = np.float32(gray)  #转为浮点型
# 输入图像必须是 float32 ,最后一个参数在 0.04 到 0.05 之间
dst = cv2.cornerHarris(gray, self.blockSize, self.ksize, self.k)  #对灰度图进行 Harris 角点检测
dst = cv2.dilate(dst, None)  #膨胀操作
corner_points = []
corners = dst > 0.01 * dst.max()  #采取阈值,筛选出有可能是角点的像素点
for i in range(len(corners)):
  for j in range(len(corners[0])):
    if corners[i][j] == True:
      corner_points.append([i, j])
# 求图像的重心
median_point_x = 0
median_point_y = 0
for point in corner_points:
  median_point_x += point[0]
  median_point_y += point[1]
median_point_x /= len(corner_points)
median_point_y /= len(corner_points)
median_point_x = int(median_point_x)
median_point_y = int(median_point_y)
print("重心坐标为:({},{})".format(median_point_x, median_point_y))
# 检测角点聚类
final_points = []
final_points.append(corner_points[0])
for p in corner_points:
  flag = 0
  for i in final_points:
    d = abs(p[0] - i[0]) + abs(p[1] - i[1])
    if d < 20:
      flag = 1
      break
  if flag == 0:
    final_points.append(p)
print("检测到{}个角点".format(len(final_points)))
```

* 提示:膨胀操作可以使得角点更突出,但也可以不做。

* 提示:聚类后利用求平均值的方式求出类别中心,这样能获得更好的角点检测效果,请读者尝试。

```
#求出箭头顶点,并得出方向
top_point = (0, 0)
orientation = ''
for p in final_points:
  if abs(p[0] - median_point_x) < 3 and abs(p[1] - median_point_y) > 30:
    top_point = p
    if p[1] - median_point_y > 0:
      orientation = 'right'
    else:
      orientation = 'left'
    break
  elif abs(p[1] - median_point_y) < 3 and abs(p[0] - median_point_x) > 30:
    top_point = p
    if p[0] - median_point_x > 0:
      orientation = 'down'
    else:
      orientation = 'up'
    break
print(orientation)
#画重心
cv2.circle(img, (median_point_y, median_point_x), 2, (0, 0, 255), -1)
#画角点
for p in final_points:
  cv2.circle(img, (p[1], p[0]), 2, (0, 0, 255), -1)
#把箭头顶点标记为绿色
cv2.circle(img, (top_point[1], top_point[0]), 2, (0, 255, 0), -1)
#显示图像
cv2.imshow('dst', img)
cv2.waitKey(0)
cv2.destroyAllWindows()
#存储检测结果
cv2.imwrite('output.png',img)
```

*提示：完整算法详解请参考与本书配套的《人工智能基础与进阶》中第4章。

Harris角点检测的类创建完后，建立一个main.py主函数文件将其调用，使用OpenCV读取待检测图像，设定Harris角点参数，就能显示检测结果了，如图19-1所示。

```
from HarrisClass import Harris
import cv2
harris = Harris(4,3,0.04)
img = cv2.imread('straight.png')
harris.predict(img)
```

19.2　红绿灯检测与标志牌检测

本节利用颜色空间及霍夫圆检测相关知识对目标标志物进行位置提取，针对《人工智能基础与进阶》一书中简单形状识别的内容做出更详细的代码说明。此实验需要 get_pixel.py 获取指定像素点的工具脚本、detection.py 工具类文件以及红绿灯和标志牌的测试图像(见图 19 - 2)。

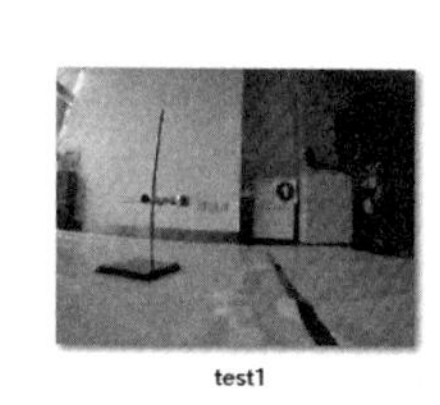

图 19 - 2　实验所需材料

get_piexl.py 文件是一个工具函数，通过鼠标点击读取图像中的某一位置像素获取 hsv 参数，按“Esc”键退出。

```
import cv2
import numpy as np
def show_HSV(event,x,y,flags,param):
  if event = = cv2.EVENT_FLAG_LBUTTON:
    print(hsv[y,x,:])
img = cv2.imread("extend.png")
hsv = cv2.cvtColor(img,cv2.COLOR_BGR2HSV)
cv2.namedWindow('image')
cv2.setMouseCallback("image",show_HSV)
while(1):
  cv2.imshow("image",img)
  if cv2.waitKey(20)&0xFF = = 27:
    break
```

* 本节介绍的目标检测根据目标的颜色、形状特点来确定目标区域。

```
cv2.destroyAllWindows()
```

*程序中的参数为参考值,在实际使用时需要根据采集到的图像做适当调整。

在 detection.py 文件的类中提供了 6 个方法,分别执行颜色分割提取目标和霍夫圆检测提取目标,综合两种方法进行目标提取,在图像中框出目标(用圆形框出),改变 H 分量的阈值的功能。

```
import cv2
import numpy as np
class detection():
  def __init__(self):
    #初始化参数
    self.H_low_thresh = 112
    self.H_high_thresh = 125
    self.S_low_thresh = 120
    self.V_low_thresh = 100
    self.use_h_only = 0
  def show_circles(self, im, circles):
"""
```

输入为图像以及圆的位置与半径,在图像中画出圆并显示出来。

im:图像。

circles:二维的 list,存储结构为[[c_x, c_y, r], [c_x, c_y, r], ...],其中 c_x, c_y为圆的中心的位置,r 为圆的半径。

```
  """
  if len(circles) ! = 0:
    for i in range(0, len(circles)):
      cv2.circle(im, (circles[i][0], circles[i][1]), circles[i][2], (0, 0, 255), 2)
  cv2.imshow("circles", im)
  cv2.waitKey(0)
def show_rects(self, im, rects):
  """
```

*对于类内方法的调用需要仔细确定其输入参数和返回值的类型,避免程序出现运行错误。

输入为图像以及方框的位置与半径,在图像中画出方框并显示出来。

im:图像。

rects:二维或一维的 list,当为一维的 list 时,存储方式为[xmin, ymin, xmax, ymax],当为二维的 list 时,存储结构为[[xmin, ymin, xmax, ymax], [xmin, ymin, xmax,ymax], ...],其中 xmin,ymin 为矩形左上角的位置,xmax,ymax 为矩

形右下角的位置。

```
    """
    if len(rects) ! = 0:
        if type(rects[0]) = = list:
            for i in range(0, len(rects)):
                cv2.rectangle(im, (rects[i][0], rects[i][1]), (rects[i][2], rects
[i][3]), (0, 0, 255), 2)
        else:
                cv2.rectangle(im, (rects[0], rects[1]), (rects[2], rects[3]), (0, 0,
255), 2)
    cv2.imshow("rects", im)
    cv2.waitKey(0)
def change_threshold(self, h_low, h_high):
    """
```

此方法可以改变预先设定的阈值，从而分割指定颜色的目标。

h_low：指定颜色的 H 分量的低阈值。

h_high：指定颜色的 H 分量的高阈值。

```
    """
    self.H_low_thresh = h_low
    self.H_high_thresh = h_high
    self.use_h_only = 1
def seg_color(self, im):
    """
```

利用颜色信息进行阈值分割，输入为待处理的图像，输出目标的位置。当未检测到目标时，返回的 list 为空。

im：二维的 list，结构为[[xmin，ymin，xmax，ymax]，[xmin，ymin，xmax，ymax]，...]，第一维为目标的个数，第二维存储目标的左上角与右下角的 X，Y 坐标。

```
    """
    gray = cv2.cvtColor(im, cv2.COLOR_BGR2GRAY)
    hsv = cv2.cvtColor(im, cv2.COLOR_BGR2HSV)
    blue = im[:, :, 0]
    h = hsv[:, :, 0]
    s = hsv[:, :, 1]
    v = hsv[:, :, 2]
```

```
  if self.use_h_only == 0:
    label = (h > self.H_low_thresh) * (h < self.H_high_thresh) * (s > self.S_low_thresh) * ( v > self.V_low_thresh)
  else:
    label = (h > self.H_low_thresh) * (h < self.H_high_thresh)
  gray = gray * label
  gray[label] = 255
  element = cv2.getStructuringElement(cv2.MORPH_CROSS, (5, 5))
  eroded = cv2.erode(gray, element)
  dilated = cv2.dilate(eroded, element)
  ret, thresh = cv2.threshold(dilated, 127, 255, cv2.THRESH_BINARY)
  # for opencv3
  binary, contours, hierarchy = cv2.findContours(thresh, cv2.RETR_TREE, cv2.CHAIN_APPROX_SIMPLE)
  # for opencv2
  # contours, hierarchy = cv2.findContours(thresh,cv2.RETR_TREE,cv2.CHAIN_APPROX_SIMPLE)
  rects = []
  for i in range(0, len(contours)):
    rect = cv2.boundingRect(contours[i])
    w = rect[2]
    h = rect[3]
    if w > 15 and h > 15:
      rects.append([rect[0], rect[1], rect[0] + rect[2], rect[1] + rect[3]])
  return rects
def det_circle(self, img):
  """
```

利用霍夫圆检测提取圆形标志,输入为待处理的图像,输出圆的位置。当未检测到目标时返回的 list 为空。

img：存储在一个二维的 list 中,结构为[[c_x, c_y, r], [c_x, c_y, r], ...],第一维为目标的个数,第二维存储中心坐标与半径。

```
  """
  gray = cv2.cvtColor(img, cv2.COLOR_BGR2GRAY)
  # for opencv3
  circles = cv2.HoughCircles(gray, cv2.HOUGH_GRADIENT, 1, 100, param1=120,
```

```
param2 = 40, minRadius = 5, maxRadius = 40)
  # for opencv2
  # circles = cv2.HoughCircles(gray,cv2.cv.CV_HOUGH_GRADIENT,1,100,param1 =
120,param2 = 40,minRadius = 5,maxRadius = 40)
  res_circles = [ ]
  if type(circles) = = np.ndarray:
    for circle in circles[0]:
      x = int(circle[0])
      y = int(circle[1])
      r = int(circle[2])
      res_circles.append([x, y, r])
  return res_circles
def ensemble(self, img):
  """
```

*不同的OpenCV版本可能会改变其中某些变量或对象的名字，甚至不再支持使用某些模块。在运行程序时可能会遇到这些原因产生的报错，所以出现报错不要怕，仔细阅读报错信息，也许只是由版本不同而引起的。

整合两种检测结果，获得可靠的检测结果 dets，存储在一个一维的 list 中，结构为[xmin，ymin， xmax， ymax]，当图像中有多个目标时，返回面积最大的目标。xmin，ymin 为左上角的坐标，xmax，ymax 为右下角的坐标。

im：图像。

```
"""
res_rects = []
max_index = []
circles = self.det_circle(img)
rects = self.seg_color(img)
if len(circles) ! = 0 and len(rects) ! = 0:
  for i in range(0, len(circles)):
    for j in range(0, len(rects)):
      r = circles[i][2]
      inter_xmin = max(circles[i][0] - r, rects[j][0])
      inter_ymin = max(circles[i][1] - r, rects[j][1])
      inter_xmax = min(circles[i][0] + r, rects[j][2])
      inter_ymax = min(circles[i][1] + r, rects[j][3])
      rect_w = rects[j][2] - rects[j][0]
      rect_h = rects[j][3] - rects[j][1]
      inter_w = inter_xmax - inter_xmin
      inter_h = inter_ymax - inter_ymin
```

```
        if inter_w > 0 and inter_h > 0 and abs(
            (2 * inter_w * inter_h * 1.0) / (4 * r * r + rect_w * rect_h)
- 1) < 0.3:res_rects.append(rects[j])
          max_index.append(rect_w * rect_h)
if len(max_index) ! = 0:
  index = max_index.index(max(max_index))
  return res_rects[index]
else:
  return res_rects
```

如何进行红绿灯检测呢？创建 main 主函数利用 detection 模块中的 seg_color 函数以及 change_threshold 方法检测红绿灯图像中的黄灯。为了获取黄灯的 H 分量的取值范围，运行 get_pixel.py 功能函数并单击弹出的窗口中的图片像素点，在控制台中会显示该像素点的 HSV 值，观察黄灯区域的 HSV 值的特点选择合适的阈值，即可分割黄灯。(按 ESC 键退出窗口)获得阈值后，通过 change_threshold 方法修改阈值，并利用 seg_color 方法提取指定颜色的目标的位置(见图 19－3)。

```
import cv2
from detection import detection
detector = detection()
im = cv2.imread("test2.png")
detector.change_threshold(h_low = , h_high = )
rects = detector.seg_color(im)
detector.show_rects(im, rects)
```

图 19－3　通过 HSV 值提取目标位置

经过以上的操作就能正确利用颜色空间检测黄灯。那么，如何进行标志牌检测呢？利用霍夫圆检测检测标志牌，创建 main 主函数，利用霍夫圆检测的方法检测“test1.png”中的标志牌，并将其图像中框出，将结果图像命名为“circle.png”(见图 19－4)。

```
import cv2
from detection import detection
detector = detection()
im = cv2.imread(image_path)
roi = im[ymin:ymax, xmin:xmax,:]
circles = detector.det_circle(roi)
detector.show_rects(roi, rects)
```

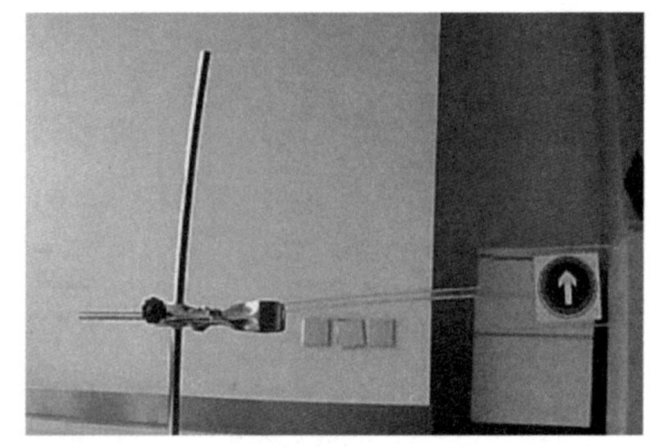

图 19－4　利用霍夫圆检测标志牌

经过以上的操作就能正确利用霍

夫圆检测标志牌。

19.3　使用 SVM 检测标志牌

《人工智能基础与进阶》一书中介绍的智能微缩车实验使用 SVM 算法对 3 种交通标志牌(左转、右转和直行)的图像进行分类。实验步骤分为：图像特征提取、训练 SVM 分类器和测试分类 3 部分，这里要求读者理解 SVM 算法的基本原理，能够熟练运行相应 Python 代码并得到正确的分类结果。

本实验包括 3 个步骤：特征提取、训练 SVM 和测试 SVM。特征提取部分参考 prepare.py 文件，提供的接口为 prepare_data(feature_type)函数。其功能是：给定特征类型('hog'、'gray'、'hsv'或'rgb')，将 data/train_data 下的图片数据集按 80%和 20%的比例随机分为训练数据集和验证数据集，然后分别进行特征提取并创建标签数据，之后将提取的特征分别保存在 feature/train 和 feature/val 文件夹中，同时函数返回 data 数据用于训练 SVM 分类器。训练和测试 SVM 的函数封装在 svm.py 的类中，该类提供两个调用接口。

```
import numpy as np
from sklearn.svm import LinearSVC
from sklearn.externals import joblib
from prepare import extract_feature
class SVM():
  def __init__(self):
    self.model_path = './model/SVC.model'
    self.train_data = './feature/train/train_data.npy'
    self.train_label = './feature/train/train_label.npy'
    self.val_data = './feature/val/val_data.npy'
    self.val_label = './feature/val/val_label.npy'
    self.svc = LinearSVC()
    self.svc = joblib.load(self.model_path)
  def train(self, data):
    """
```

＊提示：SVC.model 文件保存着训练好的 SVM 的参数。

svm.train(data)

调用该接口得到训练的 SVM 模型。

data：训练集、验证集的特征和标签，列表结构：[train_data，train_label，val_data，val_label]。

```
    """
    svc = LinearSVC()
    x_train = np.load(self.train_data)
    y_train = np.load(self.train_label)
    x_valid = np.load(self.val_data)
    y_valid = np.load(self.val_label)
    x_train, y_train, x_valid, y_valid = data
    svc.fit(x_train, y_train)
    accuracy = round(svc.score(x_valid, y_valid))
    print('Test accuracy of SVC: ', accuracy)
    joblib.dump(svc, self.model_path)
    return accuracy
def predict(self, image, feature_type):
    """
        svm.predict(image, feature_type)
        调用该接口得到预测结果。
        image: 测试图像。
        feature_type: 特征类型,可选'hog'、'gray'、'rgb'或'hsv'。
        """
        X = []
        img = image
        X.append(img)
        X = extract_feature(X, feature_type)
        ID = self.svc.predict(X)
        ID_num = ID[0]
        print('Sign prediction class ID: ', ID_num)
        return ID_num
```

特征提取,调用 prepare.py 文件的 prepare_data 函数对 data/train_data 文件夹中的训练图片进行特征提取,并将提取得到的特征向量保存在 feature/train 和 feature/val 两个文件夹里,其中 train 文件夹里面的特征向量用于训练 SVM 分类器,val 文件夹里面的特征向量作为验证数据集测试 SVM 模型的准确性。运行 prepare_data 函数时接收一个参数 feature_type,表示希望提取的图像特征的类型,参数可选 hog、gray、hsv 和 rgb,默认为 hog 特征。

```
import cv2
```

```
import glob
import os
import numpy as np
import pandas as pd
def _get_data(img_dir):
  dfs = []
  for train_file in glob.glob(os.path.join(img_dir, '*/GT-*.csv')):
    folder = '/'.join(train_file.split('\\')[:-1])
    df = pd.read_csv(train_file, sep=';')
    df['Filename'] = df['Filename'].apply(lambda x: os.path.join( folder, x))
    dfs.append(df)
  train_df = pd.concat(dfs, ignore_index=True)
  n_classes = np.unique(train_df['ClassId']).size
  print('Number of training images : {:>5}'.format(train_df.shape[0]))
  print('Number of classes         : {:>5}'.format(n_classes))
  return train_df
def _get_features(data, feature=None, cut_roi=False, test_split=0.2, seed
=113):
    """
```

加载 gtsrb 数据集,该功能加载德国交通标志识别基准(GTSRB)执行特征提取,并将数据分割成相互排斥的训练集和测试集。

:param feature: 哪个特征提取: NONE,GRAY,RGB,HSV,HOG

:param cut_roi: 标志是否移除区域周围实际交通标志(正确)或否(错误)

:param test_split: 将部分样本保留用于测试集

:param plot_samples: 是否标记样本(真)还是(假)

:param seed: 用哪个随机种子

:returns: (X_train, Y_train), (X_test, Y_test)

"""

```
# 读取所有训练样本和相应类别标签
X = []  # 训练样本
labels = []  # 相应类别标签
for c in range(len(data)):
  im = cv2.imread(data['Filename'].values[c])
  # 移除实际交通标志周围区域
  if cut_roi:
```

```
        im = im[np.int(data['Roi.X1 '].values[c]):np.int(data['Roi.X2 '].values
             [c]),\np.int(data['Roi.Y1 '].values[c]):np.int(data['Roi.Y2 '].
             values[c]), :]
    X.append(im)
    labels.append(data['ClassId'].values[c])
#执行特征提取
X = extract_feature(X, feature)
    np.random.seed(seed)
    np.random.shuffle(X)
    np.random.seed(seed)
    np.random.shuffle(labels)
    X_train = X[:int(len(X) * (1 - test_split))]
    y_train = labels[:int(len(X) * (1 - test_split))]
    X_test = X[int(len(X) * (1 - test_split)):]
    y_test = labels[int(len(X) * (1 - test_split)):]
    return (X_train, y_train), (X_test, y_test)
def extract_feature(X, feature):
    """
    执行特征提取
    :param x: 数据(行=图像,cols=像素)
    :param feature: 哪个特征被提取
    - None: 无特征被提取
    - "gray": 灰度特征
    - "rgb": RGB 特征
    - "hsv": HSV 特征
    - "hog": hog 特征
    returns: X (rows=samples, cols=features)
    """

    # 变换颜色空间
    if feature == 'gray':
        X = [cv2.cvtColor(x, cv2.COLOR_BGR2GRAY) for x in X]
    elif feature == 'hsv':
        X = [cv2.cvtColor(x, cv2.COLOR_BGR2HSV) for x in X]
    # 在较小的图像上操作
        small_size = (32, 32)
```

```
    X = [cv2.resize(x, small_size) for x in X]
    # 提取特征
    if feature == 'hog':
        # 阶梯直方图
        block_size = (small_size[0] // 2, small_size[1] // 2)
        block_stride = (small_size[0] // 4, small_size[1] // 4)
        cell_size = block_stride
        num_bins = 9
        hog = cv2.HOGDescriptor(small_size, block_size, block_stride, cell_
size, num_bins)
        X = [hog.compute(x) for x in X]
    elif feature is not None:
        # 将所有特征标准化为介于 0 和 1 之间
        X = np.array(X).astype(np.float32) / 255
        # 减去平均值
        X = [x - np.mean(x) for x in X]
    X = [x.flatten() for x in X]
    return X
def prepare_data(feature_type):
    img_dir = './data/train_data'
    train_data = './feature/train/train_data.npy'
    train_label = './feature/train/train_label.npy'
    val_data = './feature/val/val_data.npy'
    val_label = './feature/val/val_label.npy'
    types = ['hog', 'gray', 'hsv', 'rgb']
    if feature_type not in types:
        print('Error: unknown feature type! ')
        exit(0)
    else:
        train_df = _get_data(img_dir)
        (x_train, y_train), (x_valid, y_valid) = _get_features(train_df,
feature_type, cut_roi=False, test_split=0.2, seed=113)
        np.save(train_data, x_train)
        np.save(train_label, y_train)
        np.save(val_data, x_valid)
        np.save(val_label, y_valid)
```

```
    data = []
    data.append(x_train)
    data.append(y_train)
    data.append(x_valid)
    data.append(y_valid)
    return data
```

运行以上命令后,会在 feature/train 和 feature/val 文件夹中分别出现两个以'.npy'后缀的特征文件(train_data.npy 和 val_data.npy)和标注文(train_label.npy 和 val_label.npy)。

训练 SVM 分类器,初始化 SVM 对象,运行 SVM.train(data)训练 SVM 分类模型,并将模型结果保存到 model 文件夹中。

*首先尝试准备好数据并训练 SVM 分类器。

```
from svm import SVM
from prepare import prepare_data
svm = SVM()
data = prepare_data('hog')
svm.train(data) #同时返回在验证集上的正确率。
```

测试分类,初始化 svm 对象,运行 svm.predict(image, feature_type)对测试标志牌进行分类。函数运行接受两个参数:image 表示测试图片,feature_type 表示希望提取的特征。需要注意的是,这里的特征需要与训练 SVM 模型时使用的特征保持一致。

*注意:测试时所采用的特征类型要与训练时采用的特征类型一致。例子中均采用 HOG 特征。

```
import cv2
from svm import SVM
img = cv2.imread('./data/test_data/left.png')
svm = SVM()
ID_num = svm.predict(img,'hog')
print('Sign prediction class ID: ', ID_num)
```

加入新的标志牌进行分类,按照上述的实验步骤完成标志牌分类的整个流程,得到训练好的 SVM 分类模型。分别对表示“左转”“右转”和“直行”的图片进行测试,判断分类结果是否正确。然后在此基础上对表示“停止”的图片进行分类并判断分类结果的正确性,分析是否需要加入新的标志牌数据进行训练并分类,展开讨论并进行实验。在 task.py 中根据步骤编写相应代码,实现如下任务:调用训练好的 SVM 模型对标志牌数据进行分类,将分类结果打印到图片上并显示。显示出如图 19-5 所示图片的实验步骤如下。

左转

图 19-5 SVM 检测标志牌结果

```
import cv2
from prepare import extract_feature
from svm import SVM
#交通标志词典
sign_classes = {14: 'Stop',33: 'Turn right',34: 'Turn left',35: 'Straight'}
img = cv2.imread('./data/test_data/left.png')
svm = SVM()
ID_num = svm.predict(img, 'hog')
#图片加文字
cv2.putText(img,sign_classes[ID_num], (x,y), cv2.
FONT_HERSHEY_COMPLEX, 0.6, (0,0,255), 1)
cv2.imshow('Result', img)
cv2.waitKey()
```

* 提示：在 cv2.putText 函数中 (X,Y) 表示文字在图像中的空间坐标。

经过以上的操作就能利用 SVM 检测标志牌。

小试牛刀解答

第3章

1. 请计算出下列数值的二进制数、八进制数和十六进制数。

(a) 32　　(b) 100　　(c) 175　　(d) 499　　(e) 321

解答：使用 bin( )、oct( )、hex( )函数(左为代码，右为输出结果)。

```
print("32的二进制为：",bin(32))
print("32的八进制为：",oct(32))
print("32的十六进制为：",hex(32))

print("100的二进制为：",bin(100))
print("100的八进制为：",oct(100))
print("100的十六进制为：",hex(100))

print("175的二进制为：",bin(175))
print("175的八进制为：",oct(175))
print("175的十六进制为：",hex(175))

print("499的二进制为：",bin(499))
print("499的八进制为：",oct(499))
print("499的十六进制为：",hex(499))

print("321的二进制为：",bin(321))
print("321的八进制为：",oct(321))
print("321的十六进制为：",hex(321))
```

```
32的二进制为： 0b100000
32的八进制为： 0o40
32的十六进制为： 0x20

100的二进制为： 0b1100100
100的八进制为： 0o144
100的十六进制为： 0x64

175的二进制为： 0b10101111
175的八进制为： 0o257
175的十六进制为： 0xaf

499的二进制为： 0b111110011
499的八进制为： 0o763
499的十六进制为： 0x1f3

321的二进制为： 0b101000001
321的八进制为： 0o501
321的十六进制为： 0x141
```

2. 请计算出下列数值的十进制数。

(a) 0b11010101　　(b) 0o5627　　(c) 0xaf5

解答：使用 int( )函数即可。

代码：

```
print("0b11010101的十进制为：",int(0b11010101))
print("0o5627的十进制为：",int(0o5627))
print("0xaf5的十进制为：",int(0xaf5))
```

输出结果：

```
0b11010101的十进制为： 213
0o5627的十进制为： 2967
0xaf5的十进制为： 2805
```

3. 请使用 input( )函数输入华氏温度，将结果转成摄氏温度 print( )函数输出。

解答：使用 input 函数、float( )函数以及格式化字符串。

代码：

```
degree_F = float(input("请输入华氏温度（℉）：")）
degree_C = float((degree_F-32)/1.8) #华氏温度转成摄氏温度
print("华氏温度%d转成摄氏温度(℃)：%f" %(degree_F,degree_C))
```

输出结果：

```
请输入华氏温度（℉）：80
华氏温度80转成摄氏温度(℃)：26.666667
```

4. 请设计一个程序，能够实现以下的功能：

(1) 若输入是大写英文字符，转成小写英文字符输出。

(2) 若输入是小写英文字符，转成大写英文字符输出。

(3) 若输入是单一数字，则直接输出。

(4) 若输入其他字符，则输出错误信息。

解答：使用 if 判断句和 ord( )、chr( )函数的操作(大小写英文字母 ASCII 差 32)。

代码：

```
s = input('请输入一个字符或是一个数字：')
if 'a' <= s <= 'z':
    print(chr(ord(s) - 32))
elif 'A' <= s <= 'Z':
    print(chr(ord(s) + 32))
elif '0' <= s <= '9':
    print(s)
else:
    print('输入错误')
```

输出结果：

```
请输入一个字符或是一个数字：E
e

请输入一个字符或是一个数字：t
T

请输入一个字符或是一个数字：6
6

请输入一个字符或是一个数字：@
输入错误
```

5. 请设计一个购票程序，能够实现以下的功能：

(1) 购票者输入年龄，读者们自行定义票价。

(2) 若年龄 2—12 岁，购买儿童票(5 折)，输出票价。

(3) 若年龄小于 2 岁或大于 65 岁，购买婴儿票或老人票(免费)，输出票价。

(4) 其余年龄购买全票，输出票价。

解答：使用 if 判断句和 input( )函数。

代码：

```
ticket_price = 60
print("欢迎来到上海动物园，门票为%d（元）/1人" %(ticket_price))
age = int(input("请输入您的年龄（岁）："))
if 2 <= age <= 12:
    print("票价为儿童票优惠：%d" %(ticket_price*0.5))
elif age < 2:
    print("票价为婴儿票优惠：免费" )
elif age > 65:
    print("票价为老人票优惠：免费" )
else:
    print("票价为成人票无优惠：%d" %ticket_price)
```

输出结果：

```
欢迎来到上海动物园，门票为60（元）/1人
请输入您的年龄（岁）：1
票价为婴儿票优惠：免费

欢迎来到上海动物园，门票为60（元）/1人
请输入您的年龄（岁）：8
票价为儿童票优惠：30

欢迎来到上海动物园，门票为60（元）/1人
请输入您的年龄（岁）：75
票价为老人票优惠：免费

欢迎来到上海动物园，门票为60（元）/1人
请输入您的年龄（岁）：23
票价为成人票无优惠：60
```

第 4 章

1. 请建立一个列表,输入 10 个喜欢的食物(英文或拼音),并执行以下操作：

(1) 输出全部的列表

(2) 输出反向的列表

(3) 输出由小到大的列表

(4) 输出由大到小的列表

(5) 请在第一个位置增加'apple'元素,最后位置增加'banana'元素,并输出

(6) 请在中间位置增加'cake'元素,并输出

(7) 请删除第 4 和第 8 位置元素,并输出

解答: 使用列表的方法和操作。

代码：

```
foods = ['danta','niuroumian','pasta','dumplings','chocolates',\
        'roujiamo','juice','cookies','bread','milk']
print("(1):输出全部的列表：")
print(foods)
print("(2):输出反向的列表：")
print(foods[::-1])
print("(3)输出由小到大的列表：")
sorted_foods = sorted(foods)
print(sorted_foods)
print("(4)输出由大到小的列表：")
sortedreverse_foods = sorted(foods,reverse=True)
print(sortedreverse_foods)
print('(5)第一个位置增加' apple' 元素，最后位置增加' banana' 元素')
foods.insert(0,'apple')    #首位增加元素
foods.append('banana')     #末位增加元素
print(foods)
print('(6)中间位置增加' cake' 元素')
foods[int(len(foods)/2)]='cake'
print(foods)
print("(7)删除第4个和第8个位置元素")
foods.pop(3)   #第4个位置元素-1为索引值（3）
foods.pop(6)   #因为列表已经少一个，所以第8个位置元素-2为索引值（6）
print(foods)
```

输出结果：

```
(1):输出全部的列表:
['danta', 'niuroumian', 'pasta', 'dumplings', 'chocolates', 'roujiamo', 'juice',
 'cookies', 'bread', 'milk']
(2):输出反向的列表:
['milk', 'bread', 'cookies', 'juice', 'roujiamo', 'chocolates', 'dumplings', 'pa
sta', 'niuroumian', 'danta']
(3)输出由小到大的列表:
['bread', 'chocolates', 'cookies', 'danta', 'dumplings', 'juice', 'milk', 'niuro
umian', 'pasta', 'roujiamo']
(4)输出由大到小的列表:
['roujiamo', 'pasta', 'niuroumian', 'milk', 'juice', 'dumplings', 'danta', 'cook
ies', 'chocolates', 'bread']
(5)第一个位置增加'apple'元素，最后位置增加'banana'元素
['apple', 'danta', 'niuroumian', 'pasta', 'dumplings', 'chocolates', 'roujiamo',
 'juice', 'cookies', 'bread', 'milk', 'banana']
(6)中间位置增加'cake'元素
['apple', 'danta', 'niuroumian', 'pasta', 'dumplings', 'chocolates', 'cake', 'ju
ice', 'cookies', 'bread', 'milk', 'banana']
(7)删除第4个和第8个位置元素
['apple', 'danta', 'niuroumian', 'dumplings', 'chocolates', 'cake', 'cookies', '
bread', 'milk', 'banana']
```

2. 本章提到 list 列表和 str 字符串的方法，请读者使用 dir( )函数查看方法名称和 help( )函数查看方法说明，练习其他方法的使用。

举例：help(str.strip)，查看使用 str 字符串 strip 方法的说明。

解答：请读者学习 dir( )和 help( )函数。

```
Python 3.6.5 (v3.6.5:f59c0932b4, Mar 28 2018, 16:07:46) [MSC v.1900 32
bit (Intel)] on win32
Type "copyright", "credits" or "license()" for more information.
>>> help(str.strip)
Help on method_descriptor:

strip(...)
    S.strip([chars]) -> str

    Return a copy of the string S with leading and trailing
    whitespace removed.
    If chars is given and not None, remove characters in chars instead.

>>> string = 'aaaaaaabcdefgaaaaaaaa'
>>> print(string.strip('a'))
bcdefg
>>> |
```

第 5 章

1. 请建立一个元组，自行设定元组内的元素，尝试修改元组的长度和元组的元素，观察与列表的差异。

解答：可以使用索引值更改元素，结果发现列表会更改长度的方法或函数，元组也无法使用；发现 pop( )方法和 del 关键字都会造成操作元组时产生错误的信息。

2. 练习查看元组的方法说明，并实际操作一遍此方法。

解答：请读者学习 dir( )和 help( )函数。

```
Python 3.6.5 Shell
File Edit Shell Debug Options Window Help
Python 3.6.5 (v3.6.5:f59c0932b4, Mar 28 2018, 16:07:46) [MSC v.1
900 32 bit (Intel)] on win32
Type "copyright", "credits" or "license()" for more information.
>>> tup_number = (1,3,6,8,9)  #定义一个元组
>>> tup_number[0] = 8  #将第一个元素更改成8
Traceback (most recent call last):
  File "<pyshell#1>", line 1, in <module>
    tup_number[0] = 8  #将第一个元素更改成8
TypeError: 'tuple' object does not support item assignment
>>> tup_number.pop()
Traceback (most recent call last):
  File "<pyshell#2>", line 1, in <module>
    tup_number.pop()
AttributeError: 'tuple' object has no attribute 'pop'
>>> del tup_number[0]
Traceback (most recent call last):
  File "<pyshell#3>", line 1, in <module>
    del tup_number[0]
TypeError: 'tuple' object doesn't support item deletion
>>> |
Ln: 19 Col: 4
```

第 6 章

1. 有一个字典是 foods = {'咖喱饭':15,'豚骨拉面':12,'肉夹馍':10},请设计一个程序,能输入键-值,并且检查键是否出现在 foods 字典内,如果出现则输出键已经在字典了;如果不出现则在 foods 字典内增加此"键-值",并输出整个字典。

解答: 使用 input( )函数增加"键-值",利用判断句和 in 关键字检查字典。

代码:

```
foods = {'咖喱饭':15, '豚骨拉面':12,'肉夹馍':10 }
print("欢迎来到Python餐厅！！！")
foods_key = input("请输入食物名称（键key）：")
foods_value = int(input("请输入食物价格（值value）："))
if foods_key in foods:
    print("%s已经在菜单内了！！！" %(foods_key))
else:
    foods[foods_key] = foods_value
    print("在菜单内增加%s，新的菜单：" %(foods_key),foods)
```

输出结果:

```
欢迎来到Python餐厅！！！
请输入食物名称（键key）：汉堡
请输入食物价格（值value）：40
在菜单内增加汉堡，新的菜单： {'咖喱饭': 15, '豚骨拉面': 12, '肉夹馍': 10, '汉堡': 40}

欢迎来到Python餐厅！！！
请输入食物名称（键key）：咖喱饭
请输入食物价格（值value）：12
咖喱饭已经在菜单内了！！！
```

2. 练习查看其他的字典方法说明,并实际操作一遍此方法。

解答: 请读者学习 dir( )和 help( )函数。

第 7 章

1. 请建立两个集合:

A：1,3,5,7,9,10

B：1,2,3,4,5,6,7,8,9,10

计算出交集(A&B)、并集(A|B)和差集(A—B、B—A)。

解答：直接使用集合的操作，注意集合没有顺序，空集合为 set( )。

代码：

```
a = {1,3,5,7,9,10}
b = {1,2,3,4,5,6,7,8,9,10}
print("A & B = ",a & b)
print("A | B = ",a | b)
print("A - B = ",a - b)
print("B - A = ",b - a)
```

输出结果：

```
A & B =  {1, 3, 5, 7, 9, 10}
A | B =  {1, 2, 3, 4, 5, 6, 7, 8, 9, 10}
A - B =  set()
B - A =  {8, 2, 4, 6}
```

2. 练习查看其他的集合方法说明，并实际操作一遍此方法。

解答：请读者学习 dir( )和 help( )函数。

第 8 章

1. 假设你的银行存款有 5 000 元，每年利息为 1.1%，请计算出你 10 年后的存款。

解答：利用 for 循环，了解 range( )函数的操作，可以作为循环次数的方法。

代码：

```
save_money = 5000
rate = 1.1
for years in range(1,11):
    save_money *= rate
print("十年后的存款为: ",save_money)

print("\n")
```

输出结果：

```
10年后的存款为:  12968.712300500012
```

2. 请设计出以下结果的程序：

```
* * * * * * * * * *
* * * * * * * * *
* * * * * * * *
* * * * * * *
* * * * * *
* * * * *
```

```
****
***
**
*
```

解答：理解 for 循环和字符串的操作(加减乘除)。

代码：

```
for i in range(1,11):
    print('*'*(11-i))
```

输出结果：

```
**********
*********
********
*******
******
*****
****
***
**
*
```

3. 请计算出以下数列的值，其中 n 值是由使用者输入(输入错误还能重复输入)。

(a) $1+3+5+\ldots+n$　　# n 请输入奇数

(b) $1/n+2/n+\ldots+n/n$

解答：了解数列的规律，用 for 循环即可，使用 while 循环可以多次执行 input()。

代码(a)：

```
while(True):
    n = int(input("n(请输入奇数)  = "))
    total = 0
    if n % 2 !=0:
        for i in range(1,n+1,2):
            total += i
        break
    else:
        print("输入错误，请输入奇数")
print("1 + 3 + 5 + ... + n 数列总和(n=%d)为: " %n,total)
```

输出结果(a)：

```
n(请输入奇数)  = 10
输入错误，请输入奇数
n(请输入奇数)  = 24
输入错误，请输入奇数
n(请输入奇数)  = 25
1 + 3 + 5 + ... + n 数列总和(n=25)为:  169
```

代码(b)：

```
n = int(input("n = "))
total = 0
for i in range(1,n+1):
    total += i/n
print("1/n + 2/n + ... + n/n 数列总和(n=%d)为: " %n,total)
```

输出结果(b):

```
n = 5
1/n + 2/n + ... + n/n 数列总和(n=5)为:  3.0
```

第 9 章

1. 请设计出 absolute( )函数,实现绝对值的功能。

解答: 熟悉如何使用 def 自定义函数,利用 return 得到函数的回传值。

代码:

```
def absolute(n):
    if n > 0:
        return n
    else:
        return -n

n = int(input("请输入一个数字: "))
print("绝对值为: ",absolute(n))
```

输出结果:

```
请输入一个数字: 5        请输入一个数字: -8
绝对值为:  5             绝对值为:  8
```

2. 请设计出学生成绩系统,能够在一个字典内增加或删除学生名字和成绩。

解答:

代码:

```
global students_dict  #全局变量
students_dict = {}    #空字典
def students_system(name,score):
    students_dict[name]=score
print("欢迎来到学生成绩系统! ! ! ")
num = int(input("输入一共有几位学生: "))
for i in range(1,num+1):
    name = input("输入第%d位学生名字: "%i)
    score = input("输入第%d位学生成绩: "%i)
    students_system(name,score)
print("学生成绩系统: ",students_dict)
```

输出结果:

```
欢迎来到学生成绩系统! ! !
输入一共有几位学生: 3
输入第1位学生名字: 王大明
输入第1位学生成绩: 92
输入第2位学生名字: 陈小白
输入第2位学生成绩: 86
输入第3位学生名字: 张佳佳
输入第3位学生成绩: 96
学生成绩系统:  {'王大明': '92', '陈小白': '86', '张佳佳': '96'}
```

第 10 章

1. 请使用面向对象编程建立一个银行系统，创建 Banks( )父类，能够实现账户存钱、取钱和显示金额的方法。

解答：熟悉面向对象编程，结合 if 判断句完成银行系统。

代码：

```
class Bank():
    def __init__(self):
        global Bank_accounts
        Bank_accounts = {}
        self.title = 'Bank'
    def new_accounts(self,name):
        Bank_accounts[name]=0
    def show_accounts(self,name=None):
        if name == None:
            print(Bank_accounts)
        elif name in Bank_accounts.keys():
            print('%s账户总金额为: %d元' %(name,Bank_accounts[name]))
        else:
            print('此账户不在系统里，请先创建账户')
    def deposit_money(self,name,money):
        if money >= 0:
            if name in Bank_accounts.keys():
                print('%s账户存入%d元' %(name,money))
                Bank_accounts[name] += money
            else:
                print('此账户不在系统里，请先创建账户')
        else:
            print('金额必须大于零！！！')
    def withdraw_money(self,name,money):
        if money >= 0:
            if name in Bank_accounts.keys():
                print('%s账户取出%d元' %(name,money))
                Bank_accounts[name] -= money
            else:
                print('此账户不在系统里，请先创建账户')
        else:
            print('金额必须大于零！！！')
```

输出结果：

```
Python 3.6.5 Shell
File Edit Shell Debug Options Window Help
======================== RESTART: D:\python\解答\11.py ========================
>>> bank = Bank()
>>> bank.new_accounts('王大明')
>>> bank.deposit_money('王大明',5000)
王大明账户存入5000元
>>> bank.show_accounts()
{'王大明': 5000}
>>> bank.show_accounts('王大明')
王大明账户总金额为：5000元
>>> bank.withdraw_money('王大明',1400)
王大明账户取出1400元
>>> bank.show_accounts('王大明')
王大明账户总金额为：3600元
>>> bank.new_accounts('林中天')
>>> bank.show_accounts()
{'王大明': 3600, '林中天': 0}
>>> bank.deposit_money('陈小二',400)
此账户不在系统里，请先创建账户
>>> |
Ln: 31 Col: 4
```

2. 在第一题基础上增加 Shanghai_bank( )和 Beijing_bank( )子类，能够实现父类的功能外，还能有两两互相转账的方法，两家分行建立独立的账户资料库(包含姓名和存款金额)。

解答：

代码：

```
class Shanghai_bank(Bank):
   def __init__(self):
       self.title = 'Shanghai_bank'
       global Shanghai_bank_accounts
       Shanghai_bank_accounts = {}
   def new_accounts(self,name):
      Shanghai_bank_accounts[name]=0
   def show_accounts(self,name=None):
      if name == None:
         print(Shanghai_bank_accounts)
      elif name in Shanghai_bank_accounts.keys():
         print('%s账户总金额为：%d元' %(name,Shanghai_bank_accounts[name]))
      else:
         print('此账户不在系统里，请先创建账户')
   def deposit_money(self,name,money):
      if money >= 0:
         if name in Shanghai_bank_accounts.keys():
            print('%s账户存入%d元' %(name,money))
            Shanghai_bank_accounts[name] += money
         else:
            print('此账户不在系统里，请先创建账户')
      else:
         print('金额必须大于零！！！')
   def withdraw_money(self,name,money):
      if money >= 0:
         if name in Shanghai_bank_accounts.keys():
            print('%s账户取出%d元' %(name,money))
            Shanghai_bank_accounts[name] -= money
         else:
            print('此账户不在系统里，请先创建账户')
      else:
         print('金额必须大于零！！！')
   def Transfer_Beijing_bank(self,name1,name2,money):
      '''name1上海分行账户,name2北京分行账户'''
      if name1 in Shanghai_bank_accounts.keys():
         if name2 in Beijing_bank_accounts.keys():
            Shanghai_bank_accounts[name1] -= money
            Beijing_bank_accounts[name2] += money
            print('%s上海分行账户转账%d给%s北京分行账户'%(name1,money,name2))
         else:
            print('%s不在北京分行账户系统里' %name2)
      else:
         print('%s不在上海分行账户系统里' %name1)
class Beijing_bank(Bank):
   def __init__(self):
      self.title = 'Beijing_bank'
      global Beijing_bank_accounts
      Beijing_bank_accounts = {}
   def new_accounts(self,name):
      Beijing_bank_accounts[name]=0
   def show_accounts(self,name=None):
      if name == None:
         print(Beijing_bank_accounts)
      elif name in Beijing_bank_accounts.keys():
         print('%s账户总金额为：%d元' %(name,Beijing_bank_accounts[name]))
      else:
         print('此账户不在系统里，请先创建账户')
   def deposit_money(self,name,money):
      if money >= 0:
         if name in Beijing_bank_accounts.keys():
            print('%s账户存入%d元' %(name,money))
            Beijing_bank_accounts[name] += money
         else:
            print('此账户不在系统里，请先创建账户')
      else:
         print('金额必须大于零！！！')
   def withdraw_money(self,name,money):
      if money >= 0:
         if name in Beijing_bank_accounts.keys():
            print('%s账户取出%d元' %(name,money))
            Beijing_bank_accounts[name] -= money
         else:
            print('此账户不在系统里，请先创建账户')
      else:
         print('金额必须大于零！！！')
   def Transfer_Shanghai_bank(self,name1,name2,money):
      '''name1北京分行账户,name2上海分行账户'''
      if name1 in Beijing_bank_accounts.keys():
```

```
        if name2 in Shanghai_bank_accounts.keys():
            Beijing_bank_accounts[name1] -= money
            Shanghai_bank_accounts[name2] += money
            print('%s北京分行账户转账%d给%s上海分行账户'%(name1,money,name2))
        else:
            print('%s不在上海分行账户系统里' %name2)
    else:
        print('%s不在北京分行账户系统里' %name1)
```

输出结果：

```
======================= RESTART: D:\python\解答\11.py =======================
>>> shanghai = Shanghai_bank()
>>> beijing = Beijing_bank()
>>> shanghai.new_accounts('潘大金')
>>> beijing.new_accounts('刘小银')
>>> shanghai.deposit_money('潘大金',5000)
潘大金账户存入5000元
>>> beijing.deposit_money('刘小银',3000)
刘小银账户存入3000元
>>> shanghai.Transfer_Beijing_bank('潘大金','刘小银',1500)
潘大金上海分行账户转账1500给刘小银北京分行账户
>>> shanghai.show_accounts('潘大金')
潘大金账户总金额为：3500元
>>> beijing.show_accounts('刘小银')
刘小银账户总金额为：4500元
>>> beijing.Transfer_Shanghai_bank('刘小银','潘大金',700)
刘小银北京分行账户转账700给潘大金上海分行账户
>>> shanghai.show_accounts()
{'潘大金': 4200}
>>> beijing.show_accounts()
{'刘小银': 3800}
>>> |
```

第 11 章

1. 请设计一个程序，使用者可以输入文件名称以及文件内容，将内容写入文件中，并且以指定的名称存储文件。

解答： 熟悉文件开启的模式，以及字符串如何相加成为文件路径。

代码：

```
file_name = input("请输入文件名称：")
file_text = input("请输入文件内容：")
file_path = file_name + 'txt'
with open(file_path,'w') as file_obj:
    file_obj.write(file_text)
    print("写入成功！！！！")
```

输出结果：

```
请输入文件名称：日记
请输入文件内容：今天星期五，天气晴。
写入成功！！！！
```

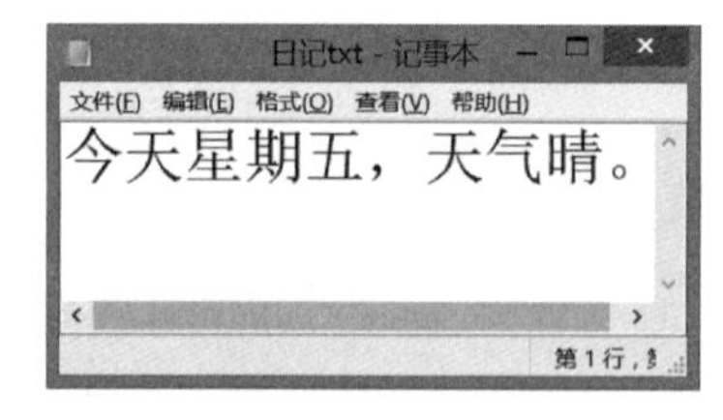

2. 请设计一个程序，找出 200 以内的质数，并且写入这些数值然后存储文件。

解答： 了解质数的定义，循环嵌套找出质数，将结果写入文件。

代码：

```
with open('prime.txt','w') as file_obj:
    prime = []
    for i in range(2,201):
        for j in range(2,i):
            if (i % j) == 0:
                break
        else:
            file_obj.write(str(i))
            file_obj.write('\n')
    print("写入成功！！！！")
```

输出结果：

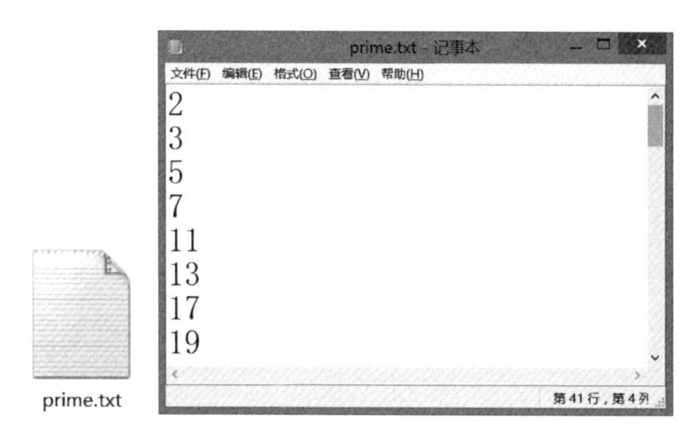

第 12 章

1. 使用 random 模块完成 1～100 猜数字的游戏，为了让玩家更容易猜测，会提示正确数字是否大于或是小于所猜的数字。

解答：学会如何导入模块，并且使用模块的函数来完成猜数字的游戏！

代码：

```
import random
true_number = random.randint(1,100)
while(True):
    guess_number = int(input("请猜一个数字（1-100）："))
    if guess_number > true_number:
        print("正确数字比%d小" %guess_number)
    elif guess_number < true_number:
        print("正确数字比%d大" %guess_number)
    else:
        print("恭喜你猜对了！！！")
        break
```

输出结果：

```
请猜一个数字（1-100）：50
正确数字比50大
请猜一个数字（1-100）：75
正确数字比75大
请猜一个数字（1-100）：88
正确数字比88大
请猜一个数字（1-100）：93
正确数字比93小
请猜一个数字（1-100）：91
正确数字比91大
请猜一个数字（1-100）：92
恭喜你猜对了！！！
```

2. 请读者自行学习其他的内建模块和第三方库,在自己开发的项目需求,找到适合的模块和库,加快开发的效率。此练习题读者学习 math 数学内建模块。

解答: 了解内建模块和第三方库的重要性。

```
Python 3.6.5 (v3.6.5:f59c0932b4, Mar 28 2018, 16:07:46) [MSC v.1
900 32 bit (Intel)] on win32
Type "copyright", "credits" or "license()" for more information.
>>> import math
>>> math.pow(5,3)
125.0
>>> math.log(1024,2)
10.0
>>> |
```

参考文献

[1] 雨先生.Python 实现简单的梯度下降[EB/OL].https://www.cnblogs.com/noluye/p/11108513.html,2019-06-30.

[2] Moverzp.K 均值聚类算法(K-Means)[EB/OL].https://blog.csdn.net/xuelabizp/article/details/51872462,2016-07-10.

[3] 洪锦魁.Python 王者归来[M].北京:清华大学出版社,2019.

[4] 磐创 AI.使用 Keras 进行深度学习:(二)CNN 讲解及实践[EB/OL].https://blog.csdn.net/fendouaini/article/details/79789748,2018-04-02.

[5] 埃里克·马瑟斯(Eric Matthes).Python 编程:从入门到实践[M].北京:人民邮电出版社,2016.